普通高等教育“十一五”国家级规划教材

地下水动力学

（第三版）

主编　薛禹群　吴吉春

地质出版社

·北　京·

内容提要

本书叙述了地下水运动的基本原理、计算方法和实验方法。全书共分9章，内容包括渗流理论基础，区域地下水流问题，地下水向完整井的稳定运动，地下水向完整井的非稳定运动，地下水向边界附近井的运动，地下水向不完整井的运动，非饱和带的地下水运动，地下水中的溶质（污染物）运移和热量运移，研究地下水运动的物理模拟方法。

本书是在1997年出版的《地下水动力学》（第二版）的基础上修编而成的。编者对原书中的一些内容进行了删改，部分进行了更新，并补充了一些最新的研究进展。

本书可作为高等院校相关专业的学生用书，也可供水文地质科研人员、工程技术人员参考。

图书在版编目（CIP）数据

地下水动力学/薛禹群等主编. -3版. -北京. 地质出版社，2010.3（2021.8重印）
普通高等教育“十一五”国家级规划教材
ISBN 978-7-116-06499-7

Ⅰ.①地… Ⅱ.①薛… Ⅲ.①地下水动力学-高等学校-教材 Ⅳ.①P641.2

中国版本图书馆CIP数据核字（2010）第027848号

责任编辑：李惠娣
责任校对：杜　悦
出版发行：地质出版社
社址邮编：北京市海淀区学院路31号，100083
电　　话：（010）66554646（邮购部）；（010）66554579（编辑室）
网　　址：http：//www.gph.com.cn
印　　刷：三河市华骏印务包装有限公司
开　　本：787 mm×1092 mm 1/16
印　　张：15.25　　插图：6
字　　数：370千字
版　　次：2010年3月北京第3版
印　　次：2021年8月河北第8次印刷
定　　价：30.00元
书　　号：ISBN 978-7-116-06499-7

（如对本书有建议或意见，敬请致电本社；如本书有印装问题，本社负责调换）

前　言

地下水动力学是地下水科学与工程、水文与水资源工程等专业的一门基础理论课。学习本课程的目的在于掌握地下水运动的基本理论，能初步运用这些理论分析水文地质问题，建立相应的数学模型并提出适当的计算方法，对地下水资源进行定量评价，预测地下水污染的发展趋势，控制地下水污染。本课程要求学生重点掌握各种条件下地下水水流方程和溶质运移方程的原理，以及稳定流和非稳定流解析解的原理和计算方法，深刻理解其适用条件。

早在1979年，薛禹群、朱学愚就编写并出版了文化大革命后我国第一本《地下水动力学》教材，至今已30年有余。1981年6月，地质矿产部水文地质学教材编审委员会第一次会议制订了地下水动力学课程教学大纲。根据这个大纲编写的普通高等学校地质矿产类规划教材《地下水动力学原理》于1986年12月正式出版，这是本教材的第一版。此后，1997年9月又出版了它的修订本《地下水动力学》（第二版）。它们都受到广大师生、水文地质科研人员和工程技术人员的欢迎和高度评价，曾多次重印。时过境迁，随着地下水科学的发展，课程教学计划已有了很大调整，教材的修订不仅必要，而且必须。但原书的基本风格、基本内容以及它的严谨性仍应继承，并尽量汲取近年来国内外新的研究成果，同时根据新的专业特点作适当调整。

考虑到现有教学计划一般都有水力学课程，所以附录“水力学基础”已经删除。模拟法除保存部分相似基础和砂槽模拟外，其余也一并删除。同时，根据学科发展和地下水污染日益严重的事实，把原来“地下水运动中的若干专门问题”分为两章论述，以加强非饱和带地下水运动和地下水中溶质运移部分。海水入侵本质上是溶质运移，所以并入新增的溶质运移一章中；双重介质学说则作为基础理论放入第1章中。另一方面，不再局限于地下水向河渠的运动，改为更广阔的区域地下水流问题，包含基本的水工建筑物附近地下水运动。贮水系数、贮水率的符号也根据国际惯例作了更改。这样本教材共9章。第1章介绍渗流基本概念、基本定律、基本方程、定解条件及数学模型的建立和解法，是全书的基本理论部分和重点内容之一，要求学生深入理解和牢固掌握；第2章为区域地下水流问题；第3章、第4章、第5章、第6章全面介绍了地下水向井的运动和求参数的方法，其中第3章、第4章的地下水向完整井的稳定和非稳定运动也是本教材重点内容之一；第7章、第8章介绍非饱和带中地下水的运动和地下水中的溶质运移和热量运移；第9章则扼要介绍模拟方法。考虑到参与本书第一版、第二版编写的同志都已退休，如果从各校再组织一些新同志来修编，由于不熟悉原书风格，不仅他们会有困难，而且根据以往经验，还会增大主编将来统稿修改的工作量。为此，根据地质出版社提出的修编意见，在向相关院校师生广泛征询对原书修改意见的基础上，修订工作由我们代劳。但参与本书第一版、第二版写作的同志的功绩是永远应该牢记的，是他们奠定了本书的基础，现在的工作只是在他们的基础上根据时代要求进行了修改。

本书的著作权始终是包括他们在内的所有作者的。他们是：第一版，南京大学薛禹群（主编）、朱学愚；长春地质学院刘金山、贾贵庭。第二版，南京大学薛禹群（主编）、朱学愚、吴吉春；长春地质学院李同斌、林绍志；河北地质学院贾贵庭。

时光流逝，对于一个向八旬迈进的老人来说，显然已不可能像第三版这样，十多年后，再独自主编这本书的第四版了，但地下水动力学的教学还要继续下去，显然，只有依靠年轻同志来完成这项工作了。为了保持工作的连续性，本版为此增加了一位主编，这是需要向第一版、第二版的老同志说明并请给予理解的。

编者对所有为本书修改、出版付出辛勤劳动的同志致以衷心的感谢。本书内容涉及面广，不当之处在所难免，恳请读者给予指正。

薛禹群
2010 年 1 月

第二版前言

地下水动力学是水文地质或水文地质工程地质等专业的一门重要的专业基础理论课。学习本课程的目的，在于掌握地下水运动的基本理论，并能初步运用这些基本理论分析水文地质问题，建立相应的数学模型和提出适当的计算或模拟方法，对地下水资源进行定量评价。本课程要求学生重点掌握各种条件下地下水稳定流和非稳定流的解析解的原理和方法，深刻理解其适用条件。

根据 1981 年 6 月在武汉召开的地质矿产部水文地质学教材编审委员会第一次会议上制订的本课程教学大纲，于 1986 年 12 月出版的《地下水动力学原理》一书发行几年来，得到了广大师生、水文地质科研人员和工程技术人员的欢迎和高度评价，曾几度重印。同时，读者也诚恳地指出了该书篇幅过多及部分内容过深的不足。因此，我们根据这几年的教学实践和学科发展，对该书进行了全面修编；并应出版社要求，将篇幅压缩 1/4 左右。但原书的基本风格和基本内容仍保持不变，并尽可能汲取国内外最新研究成果。

本教材共八章。第一章介绍渗流基本概念、基本定律、基本方程、定解条件及数学模型的建立和解法，这是全书的基本理论部分和重点内容之一，要求学生深入理解并牢固掌握；第二章为地下水向河渠的运动；第三章、第四章、第五章、第六章全面介绍了地下水向井的运动和求参数的方法，其中第三章、第四章是地下水向完整井的稳定和非稳定运动，也是本教材重点内容之一；第七章介绍了本学科中几个重要新领域中一些主要问题；第八章为研究地下水运动的实验室方法；本书最后附有“水力学基础”，是学习地下水动力学须先行掌握的基础知识。

参加这次修编的有南京大学的薛禹群、朱学愚、吴吉春，长春地质学院的李同斌、林绍志和河北地质学院的贾贵庭。绪言，第一章，第四章第 4 节，第七章第 2 节、第 3 节、第 4 节，以及符号与量纲的说明由薛禹群、吴吉春执笔；第五章、第七章第 1 节和附录由朱学愚执笔；第二章，第四章第 1 节、第 2 节、第 3 节、第 4 节由贾贵庭执笔；第三章、第六章由李同斌执笔；第八章由林绍志执笔。最后由主编薛禹群在吴吉春的协助下，统一修改、编撰、定稿。其中的三章，由于与第一版相比，初稿改动甚少，不符合出版要求，最后定稿时主编作了较大改动，以压缩篇幅。1994 年 5 月，水文地质课程教学指导委员会对本教材进行了全面评审。会后由薛禹群根据会上提出的意见统一作了修改，最后定稿。

编者对所有为本书审订、修改、出版付出辛勤劳动的同志致以衷心感谢。本书内容广泛，不当之处在所难免，恳请读者给予指正。

编　者

1997 年 1 月

第一版前言

地下水动力学是水文地质或水文地质工程地质等专业的一门重要专业基础理论课。学习本课程的目的在于掌握地下水运动的基本理论，能初步运用这些基本理论分析水文地质问题，并能建立相应的数学模型和提出适当的计算或模拟方法，对地下水进行定量评价。本课程要求学生重点掌握各种条件下地下水稳定流和非稳定流的解析解的原理和方法，深刻理解其适用条件。

本教材是根据1981年6月在武汉召开的地质矿产部水文地质学教材编审委员会第一次会议上制订的本课程教学大纲编写的。考虑到从制订大纲到本教材出版，中间有五六年时间，情况已有很大变化，故在编写本教材时，根据现代地下水动力学的发展，对少数章节作了少量调整，如适当增加了有关渗透系数张量、水动力弥散（地下水污染问题）和非饱和带中地下水运动的内容，以适应现代科学的发展。各校在讲授时可视具体情况灵活掌握。

本教材共八章。第一章介绍渗流基本概念、基本定律、基本方程、定解条件、数学模型的建立和解法，这是全书的基本理论部分和重点内容之一，要求学生深入理解并牢固掌握；第二章为地下水向河渠的运动；第三章、第四章、第五章、第六章全面介绍了地下水向井的运动和求参数的方法，其中第三章、第四章是地下水向完整井的稳定和非稳定运动，也是本教材重点内容之一；第七章介绍了本学科中几个主要的新领域中的一些主要问题；第八章为研究地下水运动的实验室方法；本书最后附有“水力学基础”，作为学习地下水动力学的先行基础知识。

本教材由南京大学和长春地质学院合编。绪言，第一章，第二章第4节，第四章第4节，第七章第2节、第3节、第4节由薛禹群执笔；第一章、第三章、第五章，第七章第1节和附录由朱学愚执笔；第二章第1节、第3节、第4节，第四章第1节、第2节、第3节、第4节由贾贵庭执笔；第六章由腾绪金执笔；第八章由刘金山执笔。最后由薛禹群统一修改、编撰、定稿。1985年9月，在水文地质学教材编审委员会大连会议上对本教材进行了全面评审。会后由薛禹群根据会上提出的意见统一修改，最后定稿，并编写了符号说明和索引。

本书图件由郑意春清绘，张彩霞植字。编者对所有为本书审订、修改、出版付出了辛勤劳动的同志，对地质矿产部水文地质学教材编审委员会致以衷心感谢。由于本书内容广泛，不当之处在所难免，恳请读者予以指正。

编　者

1986年1月

符号与量纲

符号	说　明	量纲
A	面积	L^2
a	相对粗糙度	
	压力传导系数	L^2T^{-1}
B	宽度或距离	L
	越流因素	L
b	裂隙宽度	L
C	井损常数	$L^{-5}T^2$
	容水度	L^{-1}
	多孔介质热容量	$ML^{-1}T^{-2}K^{-1}$
C_w	水的热容量	$ML^{-1}T^{-2}K^{-1}$
c	浓度	ML^{-3}
c_0	含示踪剂液体的浓度	ML^{-3}
	初始浓度	ML^{-3}
c_s	与最大密度（ρ_s）对应的浓度	ML^{-3}
c^*	注入水的浓度	ML^{-3}
$\bar{c}$	第一类边界上给定的浓度	ML^{-3}
D	水动力弥散系数（弥散系数）	L^2T^{-1}
	疏干因素	L
	扩散系数	L^2T^{-1}
D'	机械弥散系数	L^2T^{-1}
D''	多孔介质中的分子扩散系数	L^2T^{-1}
D_d	溶液中的分子扩散系数	L^2T^{-1}
D_L	纵向弥散系数	L^2T^{-1}
d	直径	L
	含水层颗粒平均粒径	L
	含水层顶板到过滤器顶部距离	L
	隔水顶板到海平面的垂直距离	L
E	蒸发强度	LT^{-1}

符号	说　明	量纲
E_0	水面蒸发强度	LT^{-1}
g	重力加速度	LT^{-2}
H	总水头、水头	L
	孔隙中水头	L
H_f	裂隙中水头	L
H_n	测压管水头	L
H_0	水头初值，潜水流初始厚度	L
	咸淡水界面坡脚处的潜水水位	L
	作用水头，上下游水头差	L
H_r	上下游总水头差	L
$\overline{H}$	平均水头	L
H^*	浸润面上的水头	L
h	液柱高度	L
	潜水流厚度	L
	等效淡水水头（参考水头）	L
	咸淡水界面在隔水顶板以下深度	L
h_c	毛管压力水头	L
h_f	淡水高出海平面的高度	L
h_m	潜水流平均厚度	L
h_s	淡咸水界面位于海平面下的深度	L
	井壁水位	L
h_w	井中水位	L
I	水动力弥散单位时间通过单位面积的溶质质量	$ML^{-2}T^{-1}$
I'	机械弥散单位时间通过单位面积的溶质质量（弥散通量）	$ML^{-2}T^{-1}$
I''	分子扩散单位时间通过单位面积的溶质质量（扩散通量）	$ML^{-2}T^{-1}$

符号	说明	量纲
$I_v(x)$	第一类 v 阶虚宗量 Bessel 函数	
i	斜率	
i_E	早期直线段斜率	
i_L	后期直线段斜率	
i_P	曲线拐点处斜率	
J	水力坡度	
$J_v(x)$	第一类 v 阶 Bessel 函数	
K	渗透系数	LT^{-1}
K_c	紊流时渗透系数	LT^{-1}
K_{cp}	平均渗透系数	LT^{-1}
K_d	垂向、水平渗透系数比值	
K_f	含水层对淡水的渗透系数	LT^{-1}
K_p	平行层面的（等效）渗透系数	LT^{-1}
K_r	水平径向渗透系数	LT^{-1}
K_v	垂直层面的（等效）渗透系数	LT^{-1}
K_s	垂向渗透系数	LT^{-1}
K^f	裂隙渗透系数	LT^{-1}
K_1，K_2	弱透水层 1，2 的渗透系数	LT^{-1}
K^0	淡水条件下的渗透系数	LT^{-1}
$K_v(x)$	第二类 v 阶 Bessel 函数	
k	渗透率	L^2
k_r	相对渗透率	
L	潜水面埋深	L
l	距离，长度	L
	过滤器长度	L
	海水入侵深度	L
l'	含水层顶板到过滤器底部距离	L
l_0	起始断面到承压流转为无压流处距离	L
M	含水层厚度	L
	（层状含水层）总厚度	L
m	质量	M
	水头带数目	
m_1，m_2	弱透水层 1，2 的厚度	L
	过滤器中部至隔水顶、底板的距离	L

符号	说明	量纲
m_0	过滤器中部至隔水底板的距离	L
n	孔隙度	
	外法线方向	
	降深次数、流带数目、井数	
n_e	有效孔隙度	
n_x,n_y,n_z	外法线方向单位矢量在各坐标轴上投影	
P	压力	MLT^{-2}
Pe	Peclet 数	
p	压强	$ML^{-1}T^{-2}$
p_a	大气压强	$ML^{-1}T^{-2}$
p_c	毛管压强	$ML^{-1}T^{-2}$
p_w	水的压强	$ML^{-1}T^{-2}$
Q	流量（涌水量）	L^3T^{-1}
Q_{pf}	单位体积含水层单位时间从孔隙流入裂隙的水量	T^{-1}
Q_r	断面 r 处流量	L^3T^{-1}
q	单宽流量	L^2T^{-1}
	单位涌水量	L^2T^{-1}
	单位体积含水层中源或汇的流量	T^{-1}
q_0	流向海洋地下淡水单宽流量	L^2T^{-1}
R	影响半径	L
	水力半径	L
R_d	阻滞（延迟）因子	
Re	Reynolds 数	
Re_c	临界 Reynolds 数	
r	径向距离	L
r_w	水井半径	L
$\bar{r}$	无量纲距离	
r_1	观测孔到实井的距离	L
r_2	观测孔到虚井的距离	L
r^*	等效距离、等效半径	L
S	贮水系数	
	吸力	L
S_s	贮水率	L^{-1}
S^f	裂隙贮水系数	
S^f_s	裂隙贮水率	L^{-1}

符号	说明	量纲
S_w	饱和度	
S_{w0}	不能再降低的饱和度	
s	水位降深或抬高	L
	距离	L
s_d	无量纲降深	
s_f	裂隙中水位降深	L
s_p	停抽时刻水位降深	L
s_P	拐点处水位降深	L
s_w	抽水井中水位降深	L
s'	剩余降深	L
	修正后的水位降深	L
s^*	停抽后任一时刻水位上升值	L
T	导水系数	L^2T^{-1}
	温度	K
T_0	温度初值	K
T_p	（平行层面）等效导水系数	L^2T^{-1}
T^f	裂隙导水系数	L^2T^{-1}
T_1，T_2	弱透水层1，2的导水系数	L^2T^{-1}
t	时间	T
t_E	抽水早期 $s-t$ 直线段在 $s_d=0$ 轴上的截距	T
t_L	抽水后期 $s-t$ 直线段在 $s_d=0$ 轴上的截距	T
t_p	主井停抽时间	T
t_P	拐点出现的时间	T
t_s	自抽水开始至观测孔水位下降速度为零的时间	T
	无量纲时间	
$t_{w,t}$	迟后重力排水已不再影响降深的开始时间	T
t_y	无量纲时间	
t'	抽水停止后的恢复时间	T
$\bar{t}$	相对时间（无量纲时间）	
u	流速	LT^{-1}
	实际流速	LT^{-1}
$\bar{u}$	实际平均流速	LT^{-1}
V	体积	L^3
V_b	多孔介质样品总体积	L^3
V_i	入渗总量	L^3
ΔV_0	典型单元体积（REV）	L^3
V_s	固体颗粒体积	L^3
V_v	孔隙体积	L^3
$(V_v)_e$	有效孔隙体积	L^3
$(\Delta V_v)_0$	REV中的空隙体积	L^3
$(V_w)_0$	REV中水的体积	L^3
v	断面平均流速	LT^{-1}
	渗流速度（渗透速度、比流量）	LT^{-1}
v_c	临界流速	LT^{-1}
W	单位时间单位面积上的入渗量	LT^{-1}
	单位时间单位面积（或体积）上垂向水量交换	LT^{-1}（或 T^{-1}）
	单位时间单位体积的抽水量	T^{-1}
W_R	单位时间单位体积的注水量	T^{-1}
x	坐标	L
x_S	驻点坐标	L
x_w	抽水井到海岸的距离	L
$\bar{x}$	无量纲距离	
y	坐标	L
y_S	驻点坐标	
z	坐标	L
	位置水头	L
	标高	L
z_0	假想过滤器与真实过滤器交点纵坐标	L
α	多孔介质压缩系数	$M^{-1}LT^2$
	延迟指数的倒数	T^{-1}
	水迁移系数	T^{-1}
	多孔介质弥散度	L
	弥散度	L
α_L	纵向弥散度	L
α_p	孔隙压缩系数	$M^{-1}LT^2$
α_s	有效岩石压缩系数	$M^{-1}LT^2$
α_T	横向弥散度	L

符号	说明	量纲
β	液体体积压缩系数	$M^{-1}LT^2$
	热弥散度	L
Γ	研究区边界	
Γ_1，Γ_2	第一、第二类边界	
γ	容重	$ML^{-2}T^{-2}$
	承压水迁移系数	T^{-1}
γ_f	淡水容重	$ML^{-2}T^{-2}$
γ_s	海水容重	$ML^{-2}T^{-2}$
Δ	地下水埋深	L
	裂隙绝对粗糙度	
δ	表示水流通道形状特征的系数	
	咸淡水界面在海面以下深度为该处淡水高出海面高度的倍数	
	作用在多孔介质表面的压强	$ML^{-1}T^{-2}$
ε	密度差率	
η	密度耦合系数	L^3M^{-1}
θ	角度	
	含水率	
θ_0	不能再降低的含水率	
θ_s	饱和含水率	

符号	说明	量纲
λ	热动力弥散系数	$MLT^{-3}K^{-1}$
λ_c	多孔介质热传导系数	$MLT^{-3}K^{-1}$
λ_v	热机械弥散系数	$MLT^{-3}K^{-1}$
μ	给水度或饱和差	
	动力黏滞系数	$ML^{-1}T^{-1}$
μ_f	淡水黏滞系数	$ML^{-1}T^{-1}$
ν	运动黏滞系数	L^2T^{-1}
ξ,ξ_a，ξ_b,ξ_0	不完整井阻力系数	
π	圆周率 3. 1416	
ρ	密度	ML^{-3}
ρ_0	淡水密度	ML^{-3}
ρ_s	最大密度	ML^{-3}
σ	总应力	$ML^{-1}T^{-2}$
σ_s	粒间应力	$ML^{-1}T^{-2}$
σ'	有效应力	$ML^{-1}T^{-2}$
	越流系数	T^{-1}
τ	抽水开始以后的时间	T
φ	势函数	L
	已知函数	
Ψ	流函数	L^2T^{-1}
ψ_i	注水井井壁温度	K

目　录

绪　言

地下水动力学是研究地下水在孔隙岩石、裂隙岩石和喀斯特（岩溶）岩石中运动规律的科学。它是模拟地下水流基本状态和地下水中溶质运移过程，对地下水从数量和质量上进行定量评价和合理开发利用，以及兴利除害的理论基础。

地下水是一种十分宝贵的资源。从人们的日常生活到发展工业、农业，以至国防建设都需要地下水。这里不仅有正确评价水资源、合理布置取水建筑物的问题，还有如何既充分利用水资源又不致引起资源枯竭、出现地面沉降、海水入侵、水质恶化等环境问题；另外，地下水在一定条件下，有可能危及矿床开采及基坑、水坝的安全，也可使土壤发生次生盐碱化、沼泽化。如何预测未来的矿坑涌水量及土壤中水、盐动态，规划基坑排水、减压，降低坝底扬压力和坝脚地下水逸出速度等是因地制宜采取有效防范措施的重要依据。

随着生产的发展，还出现了许多与地下水有关的新课题，如在一些集中开采地下水的地区出现的区域性水位下降和部分地区出现的地面沉降（我国东、中部地区，沉降总面积已达 $9\times10^4\text{km}^2$），海水入侵到正在被利用的含水层，“三废”的大量排放等导致地下水受到污染等。这些人为影响地下水的规模愈来愈大，正在使地下水资源在数量和质量上不断恶化，并引起其他方面的不良后果。我们的任务是根据地下水动力学的理论和方法估计并预测这些影响的规模和速度，以便提出相应的治理措施。此外，含水层可作为“贮冷”和“贮热”的地下库，为此需要研究热量的移动问题。

由于地下水运动本身的复杂性和受生产力发展水平的限制，尽管人类利用地下水已有几千年的历史，但对地下水运动规律的认识却经历了很长的历史过程。在 19 世纪以前，还谈不上对地下水进行科学的定量评价。19 世纪中叶，随着地下水开发利用规模的扩大，生产中有了计算水井涌水量的要求。达西（Henry Darcy）于 1856 年通过长期试验得出了水在多孔介质中的渗透定律，即著名的 Darcy 定律。这个定律是定量认识地下水运动的开始，直到今天仍然是地下水运动理论的基础。接着，J. Dupuit（1863）以 Darcy 定律为基础研究了一维稳定流动和向水井的二维稳定运动，以后 P. Forchheimer 等研究了更复杂的渗流问题，从而奠定了地下水稳定流理论的基础。此后数十年内，地下水动力学一直沿着这条道路前进，对生产实践起过重要作用。直到今天，稳定流理论仍有一定的适用价值。但这种理论不包括时间这个变量，因而不能反映不断发展、变化的地下水实际运动状态，只能用来描述在一定条件下，地下水所达到的一种暂时的、相对的平衡状态，具有一定的局限性。这是与当时生产力水平相对较低有关。在开采量不大的情况下，井中水位一般来说很快会出现似稳定状态，因而可以近似地认为地下水不随时间变化，用稳定流理论来描述。

到 20 世纪 20 年代末期，美国地下水的开采规模越来越大。地下水的天然状态不断受到破坏，一些地区地下水位出现持续下降，地下水的运动状态表现出明显的随时间变化的特征。于是人们开始注意地下水运动的不稳定性和承压含水层的贮水性质（O. E. Meinzer，1928）。1935 年，C. V. Theis（泰斯）在此基础上提出了地下水向承压水井的非稳定流公式。Theis 公式的出现开创了现代地下水运动理论的新纪元。在 Theis 公式出现以后的三四十年内，解非稳定流动的解析法得到了很大发展，不仅对 Theis 公式的适用做了各种推广，而且出现了越流理论和潜水含水层中的非稳定流理论。咸－淡水界面的问题、溶质在地下水中运移问题及非饱和带水分运移问题等逐渐引起人们的注意。但当把解析法应用于大范围的含水层系统时，其局限性马上就暴露出来了，因为实际水文地质条件远较解析法所依据的假设条件（含水层是均质各向同性和等厚的，形状是规则的）要复杂得多。

为了解决随着地下水开采规模进一步扩大所出现的问题，必须对实际含水层系统进行研究。在 20 世纪 50 年代至 60 年代前期，很多研究人员转向以电网络模拟为代表的模拟技术，到 60 年代初，它已成为解决大范围含水层系统的有力工具。

20 世纪 60 年代后期，随着计算机技术的进步，人们开始把数值模拟应用到地下水计算中。同电网络模拟相比，它迅速显示出了巨大的优越性，不仅易于处理电网络模拟不易处理的潜水流问题和无法处理的溶质运移问题，而且其本身又有很大的通用性。因此，目前在发达国家，数值模拟已完全代替了电网络模拟，后者迅速被淘汰。数值方法不仅可以有效地解决地下水问题，还能解决污染物在地下水中的运移问题、咸－淡水分界面移动问题及地下水的最优管理问题等。总之，近 40 多年来，随着计算机的发展和计算技术的进步，人们在分析地下水问题的能力上有了突破性的进展。

100 多年来，解地下水运动问题的解析法有了很大发展。目前，解析法主要有分离变量法、积分变换（Laplace 变换、Hankel 变换、Fourier 变换）法、保角映射法、速端曲线法、Green 函数法和其他方法（如镜像法、Boltzmann 变换等）。它们分别适合于解不同类型的问题。例如 Hankel 变换适合解径向流问题；而保角映射法适合解二维稳定渗流问题。作为保角映射法的一种特殊情况的速端曲线法，对处理边界渗出面或自由面的问题特别有用。数值法也发展了多种方法。事实上，在处理地下水流问题时，应用数值法所显示出来的计算能力已远远超过我们为此搜集计算机输入所需野外资料的能力。

近 20 多年来，介质非均质性的研究逐渐引起人们的重视，并取得长足进步，如研究尺度对介质参数的影响等。人们逐渐认识到，不仅弥散度是尺度的函数，渗透系数也是尺度的函数。因此，它们在一定范围内还会随时间变化，从而把随机理论和方法引入到地下水动力学研究中来。

100 多年来，尽管地下水动力学有了很大发展，但还有不少薄弱环节。随着人类活动的加强，出现了许多有关地下水运动的新课题。预计今后的研究将着重突破这些薄弱环节和新课题。其中主要有：地下水在裂隙介质、喀斯特（岩溶）介质中运动机制和基本运动规律的研究，非饱和带水、盐运动理论的研究，水中溶质运动机制和运移理论的研究，热量在地下水中运移的研究，地下水最优管理问题的研究和介质非均质性研究等。除了继续加强解析法的研究外，对有效地解决各种实际渗流问题的数值模拟方法进行研究将是主要方面。随机理论和分数阶微积分还会进一步引入到水流和溶质运移研究中来。此外，一些理论问题，如在含多组分溶质的水流中，Darcy 定律的形式需要怎样修改等正引起人们的关注。

第1章　渗流理论基础

1.1　渗流的基本概念

1.1.1　地下水在含水岩石中的运动

在地下水动力学中，把具有孔隙的岩石称为多孔介质。含有孔隙水的岩层，如砂层或疏松砂岩等称为孔隙介质，也称多孔介质。含裂隙水的岩石，如裂隙发育的石英岩、花岗岩等称为裂隙介质。广义地说，可以把孔隙介质、裂隙介质和某些喀斯特不十分发育的由石灰岩和白云岩组成的介质统称为多孔介质。

在多孔介质中，固、液、气三相都可能存在。固相称为骨架，气相的空气主要存在于非饱和带中，液相的地下水可能以吸着水、薄膜水、毛管水和重力水等多种形式存在。吸着水和薄膜水的运动属于专门课题，本书不涉及。本书主要讨论重力水的运动。

地下水在多孔介质中的运动非常复杂，大致可归纳为两类：一类为地下水沿多孔介质的孔隙或遍布于介质中的裂隙运动，即地下水在广义的多孔介质中的运动。另一类为地下水沿大裂隙和管道的流动，如喀斯特地区的地下暗河或地下水沿巨大张开裂隙的流动。这种运动的特点是水流集中，且在相当大的范围内只有一条或几条大裂隙和管道，流量大，水流孤立，一般和别的裂隙或管道联系不密切。在这种情况下，人们关心的是在这种单条裂隙或管道中地下水运动的计算。

1.1.2　地下水和多孔介质的性质

研究地下水在多孔介质中的运动，有必要先了解水和多孔介质的某些基本性质。关于水的动力学性质，在水力学中已经谈过，这里只介绍水的状态方程和多孔介质的一些性质。

1.1.2.1　地下水的状态方程

通过水力学相关知识可以知道，设液体原来的体积为 V，当压强增加 $\mathrm{d}p$ 后，相应的体积压缩了 $\mathrm{d}V$，于是在等温条件下，水的压缩系数（β）为

$$\beta = -\frac{1}{V}\frac{\mathrm{d}V}{\mathrm{d}p}$$

设初始压强为 p_0时，水的体积为 V_0，当压强变为 p 时，体积变为 V，由上式得

$$\int_{V_0}^{V}\frac{\mathrm{d}V}{V} = -\beta\int_{p_0}^{p}\mathrm{d}p$$

积分得

$$\frac{V}{V_0} = e^{-\beta(p-p_0)}$$

改写上式，便得如下的状态方程：

$$V = V_0 e^{-\beta(p-p_0)} \tag{1.1}$$

同理可得

$$\rho = \rho_0 e^{-\beta(p-p_0)} \tag{1.2}$$

将式（1.1）和式（1.2）中的指数项用 Taylor 级数展开，当压强变化不大时，因 $\beta(p-p_0)$ 的数值小，可以忽略级数的高次项，得到如下状态方程的近似表达式：

$$V = V_0[1-\beta(p-p_0)] \tag{1.3}$$

和

$$\rho = \rho_0[1+\beta(p-p_0)] \tag{1.4}$$

此外，还可导出密度变化和压强变化之间的关系式。因为密度（ρ）和液体体积（V）的乘积为常数，故有

$$d(\rho V) = \rho dV + V d\rho = 0$$

由此得

$$d\rho = -\rho\frac{dV}{V} = \rho\beta dp \tag{1.5}$$

1.1.2.2　多孔介质的某些性质

（1）多孔介质的孔隙性

多孔介质的孔隙度是指孔隙体积和多孔介质总体积之比。这里的孔隙体积（V_v）是指孔隙的总体积，不管这些孔隙是否对地下水运动有意义，但从地下水运动的角度来看，只有那些相互连通的孔隙才是有意义的。对于细粒土，如一些粘性土，因为颗粒表面的结合水占据了相当一部分孔隙空间，所以对地下水运动有效的孔隙要比总的孔隙少。把互相连通的、不为结合水所占据的那一部分孔隙称为有效孔隙。有效孔隙体积与多孔介质总体积之比称为有效孔隙度（n_e），即

$$n_e = \frac{(V_v)_e}{V_b} \tag{1.6}$$

式中：$(V_v)_e$ 为有效孔隙体积；V_b 为多孔介质的总体积。在本书以后的叙述中，孔隙度都是指有效孔隙度。

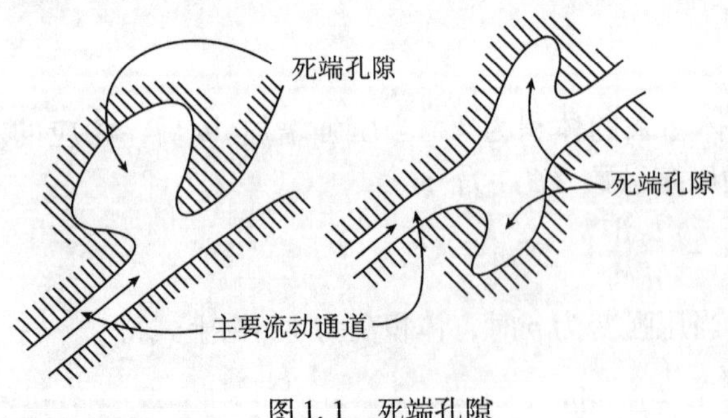

图 1.1　死端孔隙

（据 J. Bear，1972）

还有一种特殊类型的孔隙，称为死端孔隙。它有一端与其他孔隙连通，另一端是封闭的（图 1.1），其中的地下水相对停滞。从地下水运动的角度来说，这种孔隙是无效的。但其中的水在疏干时能排出，对于排水来说是有效的。因此，严格说来，研究地下水运动时所指的有效孔隙度和研究排水时所指的有效孔隙度（即给水度）是不完全相同的。

（2）多孔介质的压缩性

在天然条件下，一定深度处的多孔介质，要受到上覆岩层荷重的压力。设作用在该介质表面的压强为δ，如果δ增加，要引起多孔介质的压缩。与水的压缩系数（β）类似，多孔介质压缩系数（α）的表达式为

$$\alpha = -\frac{1}{V_b}\frac{dV_b}{d\delta} \tag{1.7}$$

式中：$V_b = V_s + V_v$ 为多孔介质中所取单元体的总体积，V_s 是单元体中固体骨架体积，V_v 为其中的孔隙体积，故

$$\frac{dV_b}{d\delta} = \frac{dV_s}{d\delta} + \frac{dV_v}{d\delta}$$

而

$$V_s = (1-n)V_b,\quad V_v = nV_b$$

将其代入式（1.7）中，有

$$\alpha = -\frac{1}{V_b}\frac{dV_s}{d\delta} - \frac{1}{V_b}\frac{dV_v}{d\delta} = -\frac{(1-n)}{V_s}\frac{dV_s}{d\delta} - \frac{n}{V_v}\frac{dV_v}{d\delta}$$

令 $\alpha_s = -\frac{1}{V_s}\frac{dV_s}{d\delta}$，称为多孔介质固体颗粒压缩系数，表示固体颗粒本身的压缩性；$\alpha_p = -\frac{1}{V_v}\frac{dV_v}{d\delta}$，称为孔隙压缩系数，表示孔隙的压缩性，则

$$\alpha = (1-n)\alpha_s + n\alpha_p \tag{1.8}$$

固体骨架本身的压缩性要比孔隙的压缩性小得多，即（$1-n$）$\alpha_s \ll \alpha_p$，故有

$$\alpha \approx n\alpha_p \tag{1.9}$$

1.1.3 贮水率和贮水系数

下面考虑实际承压含水层的受力情况。为简化讨论，假设含水砂层的颗粒之间没有黏聚力。在含水层中切一水平的横截面，面积为A。在这个面积中，有λA为颗粒与颗粒相接触的面积，$(1-\lambda)A$为水和颗粒相接触的面积（图1.2）。若设$A=1$，按Terzaghi的观点，作用在该平面上的上覆荷重分别由颗粒（固体骨架）和水承担，即

$$\sigma = \lambda\sigma_s + (1-\lambda)p \tag{1.10}$$

式中：σ为上覆荷重引起的总应力；σ_s为作用在固体颗粒上的粒间应力；p为水的压强。Terzaghi令$\lambda\sigma_s = \sigma'$，称为有效应力。因为实际上$\lambda$值非常小，$(1-\lambda)p \approx p$，于是式（1.10）变为

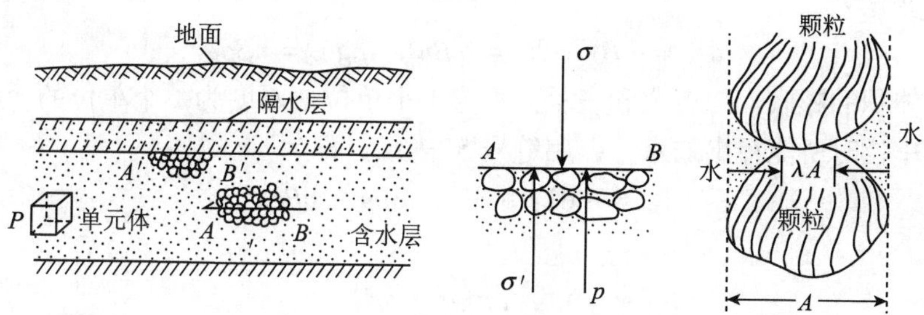

图1.2 承压含水层介质受力示意图

（据J. Bear，1979）

$$\sigma = \sigma' + p \tag{1.11}$$

根据 Newton 第三定律，作用力和反作用力相等。在天然状态下，上覆荷重与颗粒的反作用力及水压力相平衡。如在承压含水层中抽水，水头下降 ΔH，即水的反作用力减小了 $\gamma\Delta H = \rho g\Delta H$，式中 γ 为水的容重（重度），ρ 为水的密度，g 为重力加速度，H 为水头。但上覆荷重不变，于是有

$$\sigma = (p - \gamma\Delta H) + (\sigma' + \gamma\Delta H)$$

即作用于固体骨架上的力增加了 $\gamma\Delta H$。作用于骨架上力的增加会引起含水层的压缩，而水压力的减小将导致水的膨胀。含水层本来就充满了水，骨架的压缩和水的膨胀都会引起水从含水层中释出，前者就像用手挤压充满了水的海绵那样会挤出水。

但在含水层压缩过程中，可以认为固体颗粒体积的压缩可以忽略不计，即 $(1-n)V_b =$ 常数。故有

$$d[(1-n)V_b] = dV_b - n dV_b - V_b dn = 0$$

$$\frac{dV_b}{V_b} = \frac{dn}{1-n}$$

但含水层压缩时侧向受到限制，只有垂直方向上（即 z 方向）有压缩，故

$$\frac{dV_b}{V_b} = \frac{d(\Delta z)}{\Delta z}$$

式中：Δz 为所取单元体在垂向的厚度。将式（1.7）代入，并考虑到有效应力的变化（$d\sigma'$）和水的压强变化（dp）大小相等，方向相反，故有

$$\frac{d(\Delta z)}{\Delta z} = \frac{dn}{1-n} = -\alpha d\sigma' = \alpha dp$$

得

$$d(\Delta z) = \Delta z \alpha dp \tag{1.12}$$

$$dn = (1-n)\alpha dp \tag{1.13}$$

式（1.12）和式（1.13）展示了垂直方向厚度变化或孔隙度变化和水的压强变化之间的关系。

为了讨论水头降低时含水层释出水的特征，取面积为 $1m^2$、厚度为 1m（即体积为 $1m^3$）的含水层，考察当水头下降 1m 时释放的水量。此时，有效应力增加了 $\gamma\Delta H = \rho g \times 1 = \rho g$。由介质压缩系数的定义可知，相应的含水层的体积变化为

$$-dV_b = \alpha \cdot V_b \cdot dp = \alpha \cdot 1 \cdot \rho g = \alpha\rho g$$

负号表示体积减小。同时水压强变化了 $-\gamma\Delta H = -\rho g$，由水的体积压缩系数定义可知，相应的水体积变化为

$$dV = -\beta V \cdot dp = -\beta n(-\rho g) = n\beta\rho g$$

正号表示水体积的膨胀。二者之和表示面积为 1 个单位、厚度为 1 个单位的含水层，当水头降低 1 个单位时所能释出的水量，用符号 S_s 表示，即

$$S_s = -dV_b + dV = \alpha\rho g + n\beta\rho g$$

或

$$S_s = \rho g(\alpha + n\beta) \tag{1.14}$$

式中：S_s 称为贮水率或释水率，其量纲为 $[L^{-1}]$。上述由于水头降低引起的含水层释水

现象称为弹性释水。相反，当水头升高时，会发生弹性贮存过程。把贮水率乘上含水层厚度（M）称为贮水系数或释水系数，即 $S=S_sM$。它表示在面积为 1 个单位、厚度为含水层整个厚度（M）的含水层柱体中，当水头改变 1 个单位时弹性释放或贮存的水量，无量纲。

贮水系数（S）和贮水率（S_s）都是表示含水层弹性释水能力的参数，在地下水动力学计算中具有重要的意义。对于承压含水层，只要水头不降低到相对隔水顶板以下，水头降低只引起含水层的弹性释水，可用贮水系数（S）表示这种释水的能力（图 1.3a）。对于潜水含水层，当水头下降时，可引起两部分水的排出。在上部潜水面下降部位引起重力排水，用给水度（μ）表示重力排水的能力（图 1.3b）；在下部饱水部分则引起弹性释水，用贮水率（S_s）表示这一部分的释水能力。

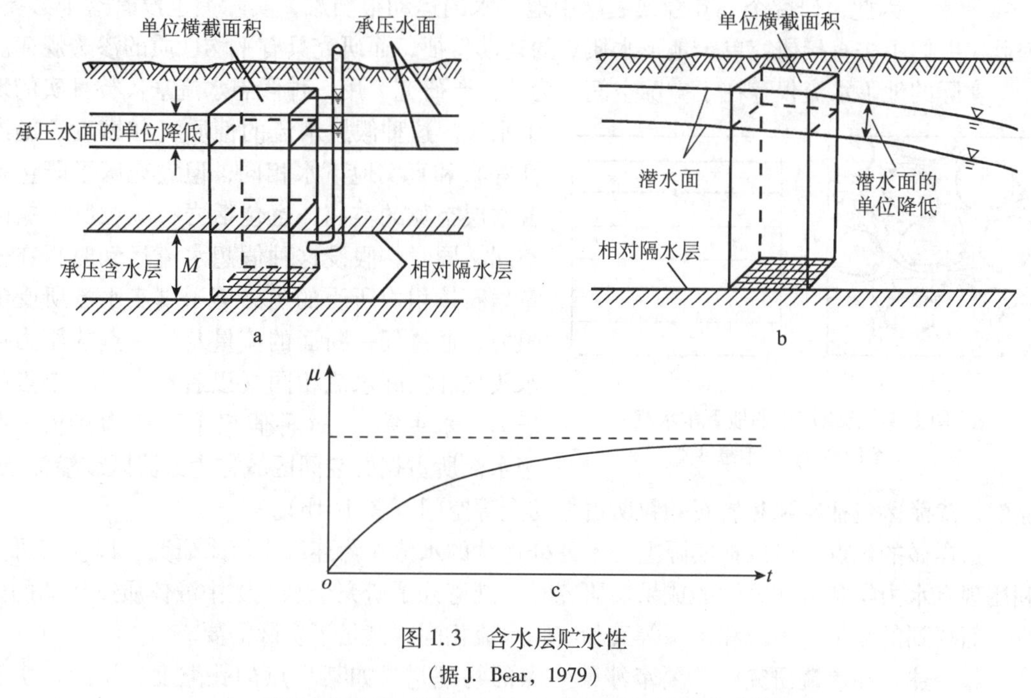

图 1.3　含水层贮水性

（据 J. Bear，1979）

a. 承压含水层；b. 潜水含水层；c. 给水度随时间变化示意图

有些文献指出，大部分承压含水层的贮水系数在 $10^{-5}\sim10^{-3}$之间（de Marsily 认为，贮水系数大约在 $10^{-5}\sim5\times10^{-2}$之间），潜水含水层的给水度值一般为 0.05 ~ 0.25，砂质潜水含水层贮水率的数量级是 $10^{-7}\mathrm{cm}^{-1}$。由此可知，潜水含水层的重力释水量要比弹性释水量大几个数量级。因此，在某些潜水计算中，可忽略弹性释水量，只考虑重力释水量。

必须区别弹性释水和重力排水的不同特点。潜水含水层被疏干时，大部分水是在重力作用下排出的。因疏干不仅限于水位变动带，故给水度值不仅与这个带的岩性有关，而且还与包气带排水部分的岩性有关。承压含水层则是减压造成的弹性释放，故贮水系数值应与整个含水层和水的弹性性质有关。一般假设弹性释放是在瞬时完成的，并假设 S 不随时间变化。潜水含水层的重力疏干则不同，地下水位下降所引起的水量释放有一个过程。当含水层水位下降较快时，由于饱水带中水分的运动滞后于地下水位的降落速度，因而被疏干部分所含的水不是随着地下水位的下降同时排出的。在较短的时间内，从土层中释放出的水量远小于土层被疏干后全部释放的水量，存在着滞后疏干现象，即随着排水时间的长短不同，测出的给水度值也不同。当水位急剧下降时，上述现象更为明显。给水度为时间的函数，排水时间越长，给水度越大，并逐渐趋近于一个固定值（图1.3c）。一般教科书上所指的给水度就是指重力排水结束时所测得的给水度值。在实际工作中，由于排水时间不够长，测出的给水度值往往小于教科书上所给出的值。

1.1.4　渗流

前面谈到，地下水是沿着一些形状不一、大小各异、弯弯曲曲的通道流动的，如图1.4a所示。因此，研究个别孔隙或裂隙中地下水的运动很困难，实际上也没有这个必要。因此，人们不去直接研究单个地下水质点的运动特征，而研究具有平均性质的渗透规律。

实际的地下水流仅存在于空隙空间。为了便于研究，用一种假想水流来代替真实的地下水流。这种假想水流的性质（如密度、黏滞性等）和真实地下水相同，但它充满了既包括含水层空隙的空间，也包括岩石颗粒所占据的空间。同时，假设这种假想水流运动时，在任意岩石体积内所受的阻力等于真实水流所受的阻力；通过任一断面的流量及任一点的压力或水头均和实际水流相同（以后将定义一个点的压力、水头等），这种假想水流称为渗流。假想水流所占据的空间区域称为渗流区或渗流场。显然，渗流区包括空隙和岩石颗粒所占据的全部空间（图1.4b）。

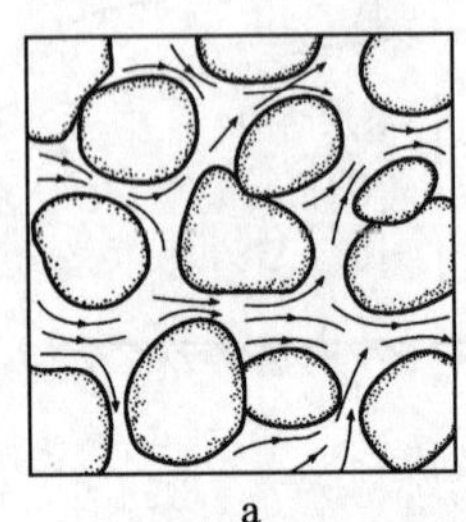

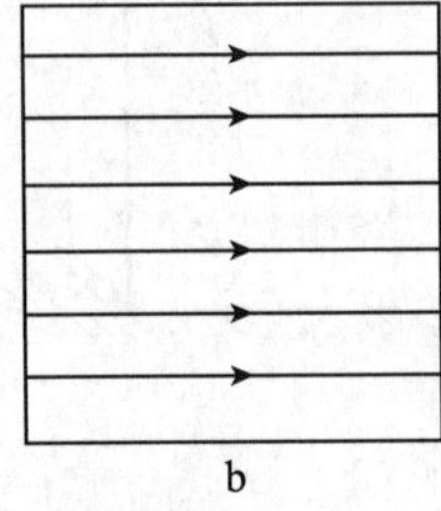

图1.4　含水层中的地下水水流

a. 实际渗流；b. 假想渗流

这样做的优点是可以把实际上并不处处连续的水流作为连续水流来研究，以便有可能利用现有水力学和流体力学的成果。研究时，既避开了研究个别空隙中液体质点运动的困难，而得到的流量、阻力和水头等又和实际水流相同，满足了实际需要。

如上述，在渗流研究中，要牵涉某一点的物理量，如某一点的孔隙度、压力、水头等。对于一个真实的连续水流，如河水，某一点的压力、水头、速度等的物理含义很明确，但对多孔介质则不然。例如孔隙度（n），如果在固体骨架上，显然 $n=0$；而在孔隙中，则 $n=1$。为了对多孔介质中地下水运动作连续性近似，引进了"典型单元体"（简写为REV）的概念（图1.5）。仍以孔隙度作为例子，设 P 为多孔介质中的一个数学点，它可能落在孔隙中，也可能落在固体骨架上。以 P 点为中心，任取一体积（V_i），求出其孔隙度（n_i）。当所取体积（V_i）大小不同时，孔隙度（n_i）的值可能有变化。以 P 点为中心取一系列大小不同的体积 V_i（$i=1, 2, \cdots, N$），相应地得到一系列的孔隙度 n_i（$i=1, 2, \cdots, N$）。作 n_i 和 V_i 的关系曲线，如图1.6所示。从图中可以看出，当 V_i 小于某一数值 V_{min}（该值大致接近于单个孔隙的体积大小）时，孔隙度（n_i）值突然出现大的波动，而且波动愈来愈大；当 V_i 趋近于零时，孔隙度为1或零。当体积（V_i）增大到某一个值 V_{max} 时，若多孔介质为非均质的，则孔隙度（n_i）会发生明显变化。但当体积（V_i）大小在 V_{min} 和 V_{max} 之间时，孔隙度 n_i 值的波动消失，只有由 P 点周围孔隙大小的随机分布所引起的小振幅波动。把该范围内的体积称为“典型单元体”，记为 V_0（$V_{min}<V_0<V_{max}$）。将以 P 点为中心的典型单元体的孔隙度，定义为 P 点的孔隙度。同理，P 点的其他物理量，无论是标量还是矢量，也用以 P 点为中心的典型单元体内该物理量的平均值来定义。

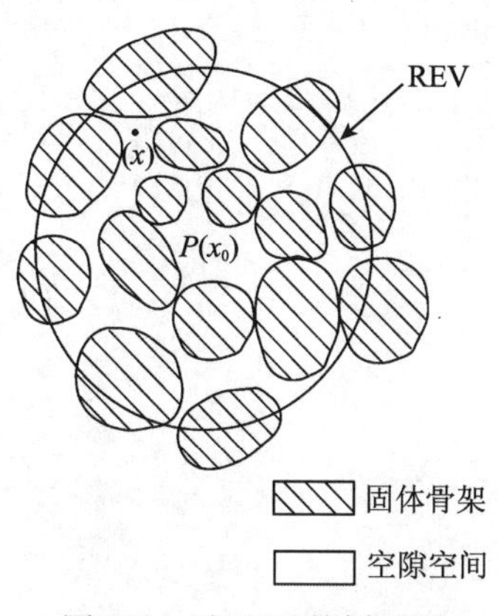

图 1.5　过 REV 的剖面图

（据 J. Bear 和 Y. Bachmat，1987）

$\dot{x}$，x_0—所在点坐标

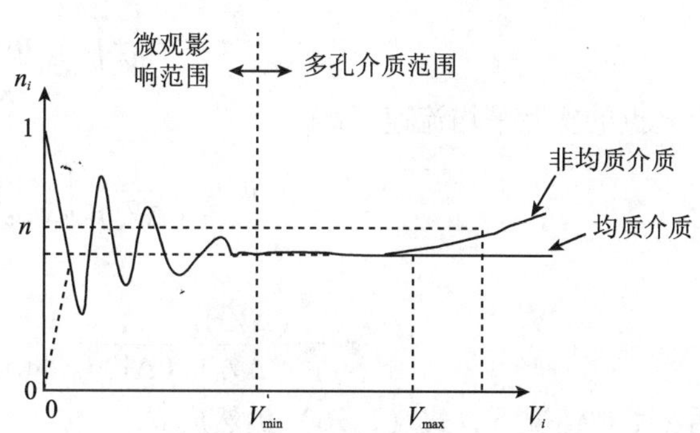

图 1.6　孔隙度随体积变化曲线

（据 J. Bear，1979，有修改）

1.1.5　渗流速度

先讨论一般的情况。前面已提到，渗流是充满整个岩石截面的假想水流。垂直于渗流方向取一个岩石截面，称为过水断面。这里过水断面的概念与水力学中过水断面的概念是有差别的。地下水的过水断面是整个岩石截面，既包括空隙面积也包括固体颗粒所占据的面积。当渗流平行流动时，过水断面为平面，弯曲流动时则为曲面（图 1.7）。

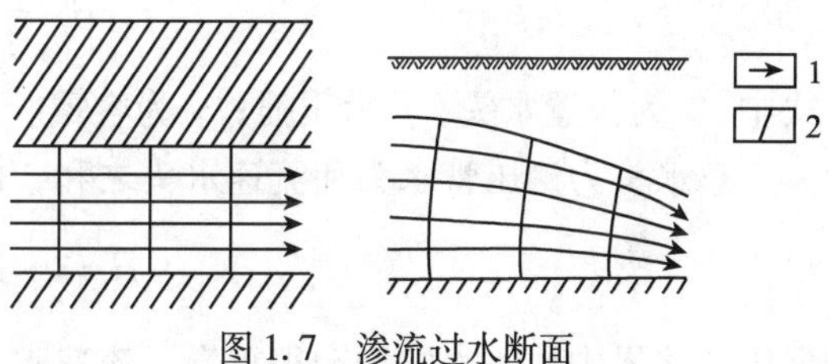

图 1.7　渗流过水断面

1—渗流方向（流线）；2—过水断面

设通过过水断面（A）有一个渗流量（Q），则渗流速度（v，也称渗透速度，比流量）为

$$v = \frac{Q}{A} \tag{1.15}$$

渗流速度代表渗流在过水断面上的平均流速。它不代表任何真实水流的速度，只是一种假想速度。假设整个过水断面都被水充满时，地下水就以这种速度流动。实际上，地下水仅仅在空隙中流动。在空隙中的不同地点，地下水运动的方向和速度都可能不同，平均速度（$\bar{\boldsymbol{u}}$）称为实际平均流速。渗流速度（$\boldsymbol{v}$）和地下水的实际平均流速（$\bar{\boldsymbol{u}}$）之间有下列关系：

$$\boldsymbol{v} = n\bar{\boldsymbol{u}} \tag{1.16}$$

式中：n 为含水层的空隙度。和通常的流速相似，渗流速度（v）也是一个矢量。

仅仅这样定义渗流速度是不够的，还要知道某一点 P 的渗流速度。某一点 P 的渗流速度就是以 P 点为中心的典型单元体的平均渗流速度矢量。设 REV 的体积为 ΔV_0，其中的空隙体积为（ΔV_v）$_0$。在空隙中的不同地点，流速矢量（$\boldsymbol{u}$）是不同的，将流速矢量（$\boldsymbol{u}$）在全部空隙体积（ΔV_v）$_0$ 中求积分，再除以典型单元体积（ΔV_0），即为 P 点的渗流速度，即

$$\boldsymbol{v} = \frac{1}{\Delta V_0}\int_{(\Delta V_v)_0} \boldsymbol{u} \mathrm{d}V_v \tag{1.17}$$

因为 P 点的实际平均流速（$\bar{\boldsymbol{u}}$）为

$$\bar{\boldsymbol{u}} = \frac{1}{(\Delta V_v)_0}\int_{(\Delta V_v)_0} \boldsymbol{u} \mathrm{d}V_v \tag{1.18}$$

故

$$\boldsymbol{v} = \frac{(\Delta V_v)_0}{\Delta V_0}\frac{1}{(\Delta V_v)_0}\int_{(\Delta V_v)_0} \boldsymbol{u} \mathrm{d}V_v = n\bar{\boldsymbol{u}}$$

说明在微观情况下，式（1.16）仍然成立。

1.1.6 地下水的水头和水力坡度

1.1.6.1 地下水的水头

在水力学中已经讨论了水头的概念。测压管水头（H_n）为

$$H_n = z + \frac{p}{\gamma} \tag{1.19}$$

式中：z 为位置水头；p 为压强；γ 为容重。

总水头为测压管水头和流速水头之和，即

$$H = z + \frac{p}{\gamma} + \frac{u^2}{2g} \tag{1.20}$$

但因自然界中地下水的运动很缓慢，流速水头很小，可以忽略不计。例如，当地下水流速 $u = 1\text{cm/s} = 864\text{m/d}$ 时（这对地下水来说已经是很快、很快的运动速度了），流速水头仅仅为 0.0005cm 左右，比测压管水头少几个数量级，显然可以忽略不计。因此，在地下水运动计算中，可以认为总水头（H）等于测压管水头（H_n），即

$$H \approx H_n = z + \frac{p}{\gamma} = z + \frac{p}{\rho g} \tag{1.21}$$

在本书以后的叙述中，不再对二者加以区别，统称水头，用 H 表示。

水头（H）的绝对值大小，随所选取的基准面（可以任意选择）的不同而不同。显然，当选取的基准面不同时，有不同的位置水头（z）值，因而测压管水头也就不同。

1.1.6.2 等水头面和水力坡度

地下水具有黏滞性，在运动过程中能量不断消耗，反映为水头沿流程不断减小。因而在渗流场中各点的水头并不都是相同的。把渗流场内水头值相同的各点连成一个面，称为等水头面。它可以是平面也可以是曲面。等水头面上任意一条线上的水头都是相等的。通

常将等水头面与某一平面的交线，称为等水头线。等水头面（线）在渗流场中是连续的，并且不同数值的等水头面（线）不会相交。

渗流场中各点水头一般是不等的，可表示为$H=H(x, y, z, t)$，它构成一个标量场。由场论可知，标量场可构成一个梯度场。梯度的大小为$\left|\frac{\mathrm{d}H}{\mathrm{d}n}\right|$，方向为沿着等水头面的法线，即水头变化率最大的方向。正向为指向水头增高的方向。在地下水动力学中，把大小等于梯度值，方向沿着等水头面的法线指向水头降低方向的矢量称为水力坡度，用$\boldsymbol{J}$表示，即

$$\boldsymbol{J}=-\frac{\mathrm{d}H}{\mathrm{d}n}\boldsymbol{n} \tag{1.22}$$

式中：$\boldsymbol{n}$为法线方向单位矢量。矢量$\boldsymbol{J}$在空间直角坐标系中的三个分量分别为

$$J_x=-\frac{\partial H}{\partial x}, \quad J_y=-\frac{\partial H}{\partial y}, \quad J_z=-\frac{\partial H}{\partial z} \tag{1.23}$$

1.1.7 地下水运动特征的分类

为了便于对地下水运动进行研究，可以用不同的标准对地下水运动特征进行分类。

表征渗流运动特征的物理量称为渗流的运动要素。主要有渗流量（Q）、渗流速度（v）、压强（p）、水头（H）等。按照这些运动要素和时间的关系，可以把地下水的运动分为稳定运动和非稳定运动。必须指出，地下水不断地得到补给、排泄，严格说来，地下水的运动都是非稳定的。稳定运动只是一种暂时的平衡状态。

根据地下水运动方向（即渗流速度矢量的方向）与空间坐标轴的关系，可把地下水分为一维运动、二维运动和三维运动。

当地下水沿一个方向流动时，把这个方向取作坐标轴，因而地下水的渗流速度只有沿这一坐标轴的方向有分速度，其余坐标轴方向的分速度均为零，这类运动称为地下水的一维运动，如等厚的承压含水层中的地下水运动（图1.8）。一维运动也称单向运动。

如果地下水的渗流速度沿两个坐标轴方向都有分速度，仅仅一个坐标轴方向的分速度为零，则称为地下水的二维运动，如图1.9所示的渠道向河流渗漏时的地下水运动。此时，河、渠几乎平行，而且很长。垂直渠、河方向发生渗漏，因而沿y轴方向的分速度等于零。直角坐标系的二维运动也称平面流动。因为此时的地下水流动是平行于某一垂直平

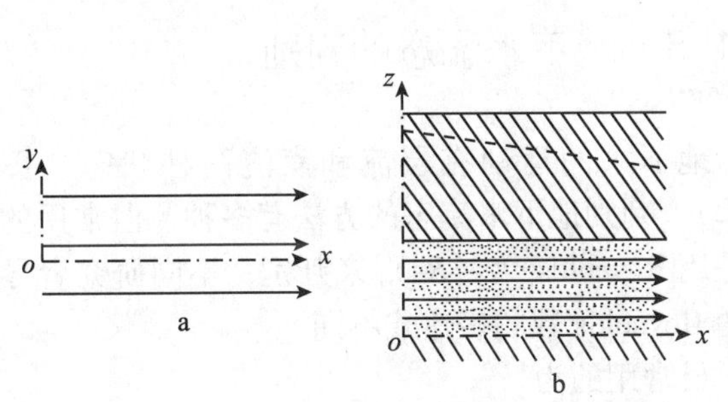

图1.8 承压水的一维流动

a. 平面图；b. 剖面图

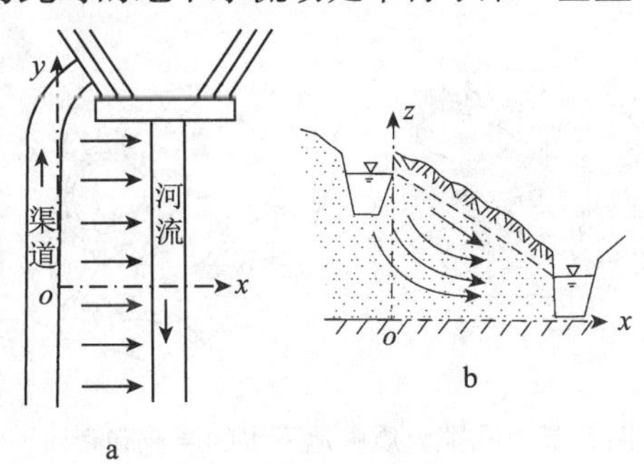

图1.9 渠道向河流渗漏的地下水二维流动

a. 平面图；b. 剖面图

面或水平平面进行的，计算时只要沿垂直于该平面的方向（图上为 y 轴方向）取单位宽度即可。单位宽度的渗流量称为单宽流量（q）。显然，总流量（Q）等于单宽流量（q）乘上宽度（B），即

$$Q = qB \tag{1.24}$$

本书的后面部分，如无特别声明，对于平面流动均按单位宽度进行计算。

如果地下水的渗流速度沿空间三个坐标轴的分量均不等于零，则称为地下水的三维运动，多数的地下水运动都是三维运动，也称空间流动，如图 1.10 所示河湾处的潜水运动。

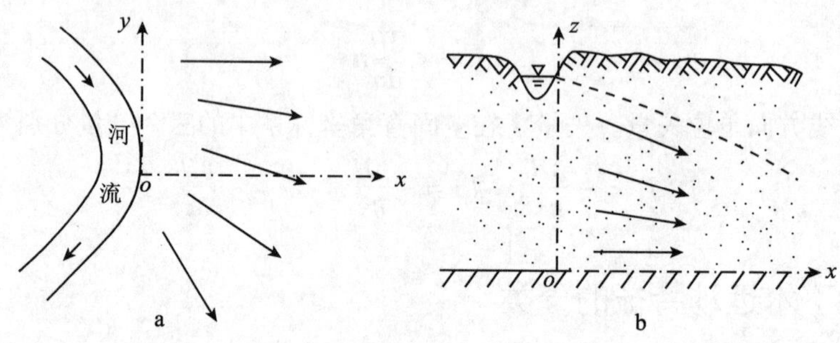

图 1.10　河湾处潜水的三维流动

a. 平面图；b. 剖面图

地下水运动的维数和所选取的坐标系有关。例如在轴对称条件下，如选用直角坐标系［(x, y, z) 坐标系］，则为三维运动。如选用柱坐标系［(r, θ, z) 坐标系］，则变为二维运动（图 1.11）。

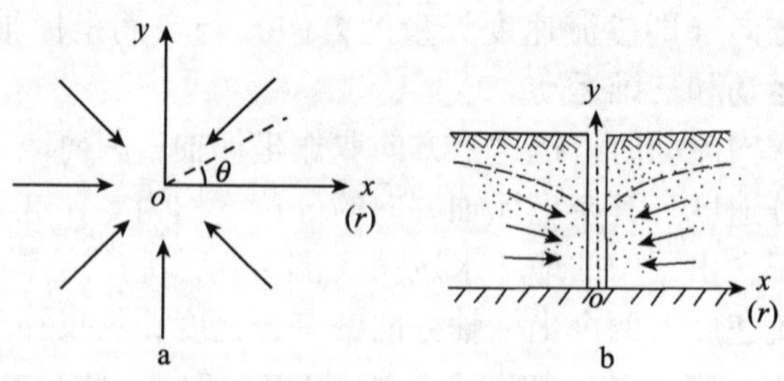

图 1.11　均质各向同性潜水含水层中完整井抽水时的地下水运动

a. 平面图；b. 剖面图

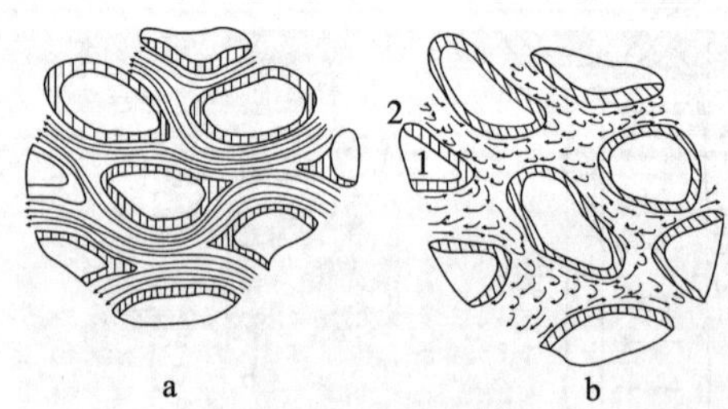

图 1.12　孔隙介质中地下水的层流和紊流

（箭头表示水流运动方向）

a. 层流；b. 紊流

1—固体颗粒；2—结合水

1.1.8　地下水流态的判别

地下水的运动有层流和紊流两种状态（图 1.12）。判别地下水流态的方法有多种，但常用的还是用 Reynolds 数（Re）来判别，不同研究者导出的 Reynolds 数的表达式不同。

最常用的为

$$Re = \frac{vd}{\nu} \tag{1.25}$$

式中：v 为地下水的渗流速度；d 为含水层颗粒的

平均粒径；ν 为地下水的运动黏滞系数。如果求得的 Reynolds 数小于临界 Reynolds 数（Re_c），则地下水处于层流状态；若大于临界 Reynolds 数（Re_c），则地下水运动为紊流状态。对于地下水，用实验方法求临界 Reynolds 数比较困难，不同研究者的结果也不尽相同。有些研究者求得的该值为 150～300。

对于水在裂隙中的流动，有研究者提出应根据水力坡度判别流动状态。可根据大量实验，得到不同的裂隙宽度（b）和裂隙相对粗糙度 $a=\frac{\Delta}{b}$（Δ 为裂隙的绝对粗糙度）时的水力坡度值，见表 1.1。

表 1.1　临界水力坡度表

临界水力坡度 / 相对粗糙度 / 裂隙宽度/cm	0	0.1	0.2	0.3	0.4	0.5
0.1	2.520	1.455	1.354	1.299	1.228	1.118
0.2	0.315	0.182	0.169	0.161	0.153	0.139
0.3	0.093	0.054	0.050	0.048	0.045	0.041
0.4	0.039	0.023	0.021	0.020	0.019	0.017
0.5	0.020	0.012	0.011	0.010	0.010	0.009

天然孔隙含水层中地下水流的 Reynolds 数和裂隙中地下水流的水力坡度，远小于临界 Reynolds 数和临界水力坡度。因此，天然地下水多处于层流状态。

1.2　渗流基本定律

1.2.1　Darcy 定律及其适用范围

1856 年，法国的 H. Darcy 在装满砂的圆筒中（图 1.13）进行实验，得到如下关系式：

$$Q = KA\frac{H_1 - H_2}{l} \tag{1.26}$$

式中：Q 为渗流量；H_1 和 H_2 为通过砂样前后的水头；l 为砂样沿水流方向的长度；A 为试验圆筒的横截面积，包括砂粒和孔隙两部分面积在内；K 为比例系数，称为渗透系数。

式（1.26）中的$\frac{H_1 - H_2}{l}$为水力坡度（J），故可改写为

$$v = \frac{Q}{A} = KJ \tag{1.27}$$

式（1.26）和式（1.27）称为 Darcy 定律。它指出渗流速度（v）与水力坡度（J）的线性关系，故又称线性渗透定律。

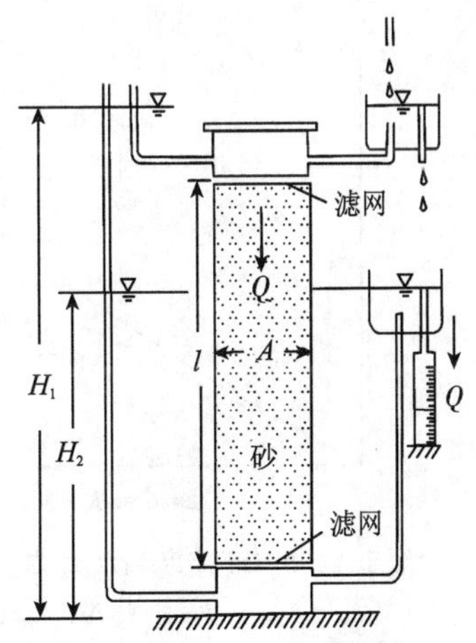

图 1.13　Darcy 实验装置图

在 Darcy 实验中，地下水做一维的均匀运动，即渗流速

度和水力坡度的大小和方向沿流程不变。把它推广到更一般的三维情况，写出 Darcy 定律的微分形式：

$$v = KJ = -K\frac{dH}{dS} \tag{1.28}$$

式中：$-\frac{dH}{dS}$为水力坡度。在直角坐标系中，如以 v_x，v_y，v_z 表示沿三个坐标轴方向的渗流速度分量，则有

$$v_x = -K\frac{\partial H}{\partial x},\quad v_y = -K\frac{\partial H}{\partial y},\quad v_z = -K\frac{\partial H}{\partial z} \tag{1.29}$$

知道水头函数 $H(x, y, z)$，就可由式（1.29）算出渗流区中任一点的渗流速度矢量（v），即

$$\boldsymbol{v} = v_x\boldsymbol{i} + v_y\boldsymbol{j} + v_z\boldsymbol{k} \tag{1.30}$$

式中：$\boldsymbol{i}$，$\boldsymbol{j}$，$\boldsymbol{k}$ 为三个坐标轴上的单位矢量。它给出了渗流速度场与水头场之间的关系。

Darcy 定律有一定的适用范围。超出这个范围地下水的运动就不再符合 Darcy 定律。我们先讨论 Darcy 定律适用的上限。如果作渗流速度（v）和水力坡度（J）的关系曲线（图 1.14），若符合 Darcy 定律则为直线。直线的斜率为渗透系数的倒数。但图上的曲线表明，只有当按式（1.25）计算的 Reynolds 数不超过 1 ~ 10 时，地下水的运动才符合 Darcy 定律。读者可能注意到，在 1.1 节中提到层流的临界 Reynolds 数为 150 ~ 300，它比上述 Reynolds 数的数值要大，即层流范围大，但适用 Darcy 定律的范围小，在两者之间为由层流向紊流转变的过渡带，一般用惯性力的影响来解释这一现象。由于地下水沿着弯弯曲曲的途径运动，并且在不断地改变它的运动速度、加速度和流动方向，这种变动有时很剧烈，因而产生惯性力的影响，使水流的运动不服从 Darcy 定律。地下水流动方向和流速变化取决于孔隙或裂隙通道在空间的弯曲率以及通道横断面积的变化情况。当地下水运动速度较小时，这些惯性力的影响不大，有时微不足道。这时由液体黏滞性产生的摩擦阻力对水流运动的影响远远超过惯性力对它的影响，黏滞力占优势，液体运动服从 Darcy 定律。随着运动速度的加快，惯性力也相应地增大。当惯性力占优势的时候，由于惯性力与速度的平方成正比，Darcy 定律就不再适用了，这时地下水的运动仍然属于层流运动。因此，不要把这种偏离 Darcy 定律的情况和层流向紊流的转变等同起来。

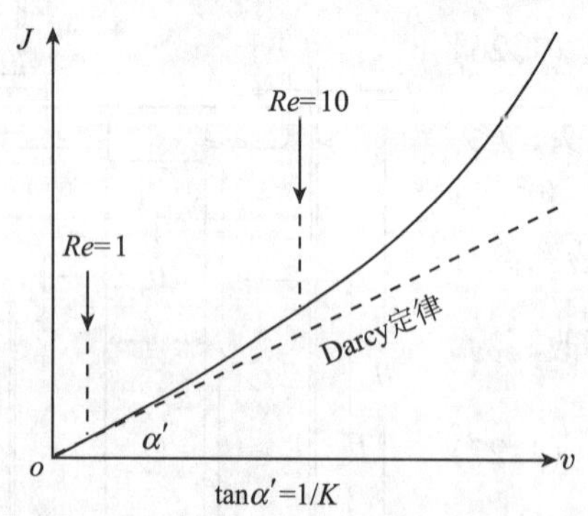

图 1.14 渗流速度和水力坡度的实验关系
（据 J. Bear，1979，有修改）

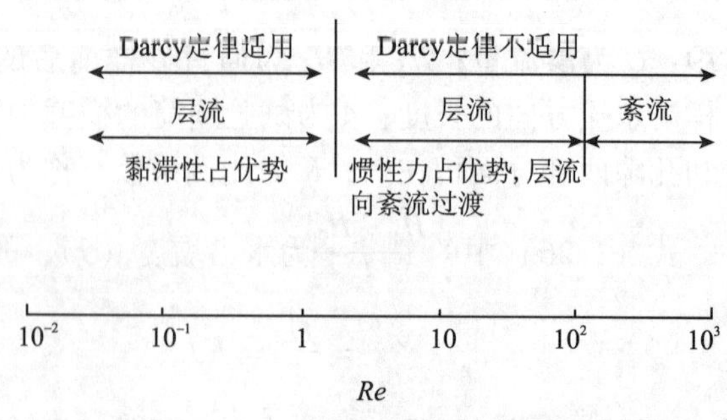

图 1.15 多孔介质中的水流状态

因此，当渗流速度由低到高时，可把多孔介质中的地下水运动状态分为三种情况（图1.15）：①当地下水低速度运动时，即 Reynolds 数小于 1～10 之间的某个值时，为黏滞力占优势的层流运动，适用 Darcy 定律。②随着流速的增大，当 Reynolds 数大致在 1～100之间时，为一过渡带，由黏滞力占优势的层流运动转变为惯性力占优势的层流运动再转变为紊流运动。③高 Reynolds 数时为紊流运动。

即使这样，绝大多数的天然地下水运动仍服从 Darcy 定律。例如，当地下水通过平均粒径 $d=0.5\text{mm}$ 的粗砂层，水温为 15℃ 时，运动黏滞系数 $\nu=0.1\text{m}^2/\text{d}$；当 Reynolds 数 $Re=1$ 时，代入式（1.25）有

$$v = 1 \times \frac{0.1}{0.0005} = 200\text{m/d}$$

这表明，在粗砂中，当渗流速度 $v<200\text{m/d}$ 时，服从 Darcy 定律。在天然状况下，若取粗砂的渗透系数 $K=100\text{m/d}$，水力坡度 $J=1/500$，代入 Darcy 定律，给出天然状态下的地下水渗流速度为

$$v = KJ = 100 \times \frac{1}{500} = 0.2\text{m/d}$$

远小于200m/d。显然，在多数情况下粗砂中的地下水运动服从 Darcy 定律。

有些学者讨论了 Darcy 定律的下限问题。对于某些粘性土，渗流速度和水力坡度的关系如图1.16的曲线所示，即存在一个起始水力坡度（J_0）。当实际水力坡度小于起始水力坡度（J_0）时，几乎不发生流动。关于起始水力坡度的机制，尚未完全研究清楚。某些学者有不同看法。

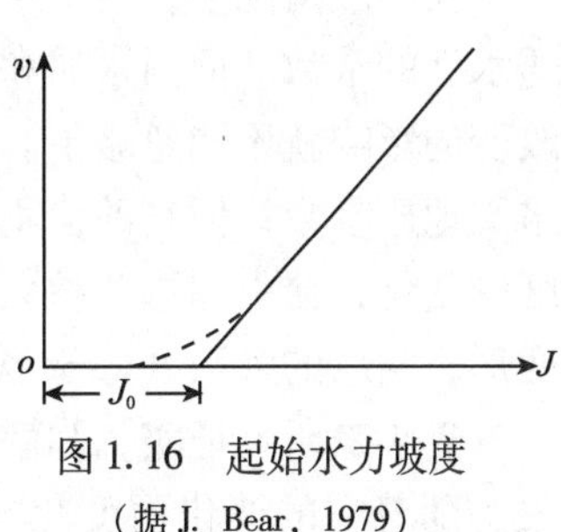

图1.16 起始水力坡度
（据 J. Bear，1979）

1.2.2 渗透系数、渗透率和导水系数

渗透系数（K），也称水力传导系数，是一个重要的水文地质参数。根据式（1.27），当水力坡度 $J=1$ 时，渗透系数在数值上等于渗流速度。因为水力坡度无量纲，所以渗透系数具有速度的量纲。即渗透系数的单位和渗流速度的单位相同，常用 cm/s 或 m/d 表示。

渗透系数不仅取决于岩石的性质（如粒度成分、颗粒排列、充填状况、裂隙性质及其发育程度等），而且与渗透液体的物理性质（容重、黏滞性等）有关。理论分析表明，空隙大小对 K 值起主要作用，这就在理论上说明了为什么颗粒愈粗，透水性愈好。如果在同一套装置中对同一块土样分别用水和油来做渗透实验，在同样的压差作用下，得到的水的流量要大于油的流量，即水的渗透系数要大于油的渗透系数。这说明，对同一岩层而言，不同的液体具有不同的渗透系数。考虑到渗透液体性质的不同，Darcy 定律有如下形式：

$$v = -\frac{k\rho g}{\mu}\frac{\mathrm{d}H^*}{\mathrm{d}S} \tag{1.31}$$

式中：ρ 为液体的密度；g 为重力加速度；μ 为动力黏滞系数；$H^*=z+\frac{p}{\gamma}$，对于水就是水

头；k 为表征岩层渗透性能的常数，称为渗透率或内在渗透率，k 仅仅取决于岩石的性质，而与液体的性质无关。

比较式（1.28）和式（1.31），可求出渗透系数和渗透率之间的关系为

$$K = \frac{\rho g}{\mu} k = \frac{g}{\nu} k$$

式中：ν 为运动黏滞系数。

由上式可导出渗透率的量纲，即

$$k = \frac{K\nu}{g} = \frac{[\mathrm{LT^{-1}}][\mathrm{L^2T^{-1}}]}{[\mathrm{LT^{-2}}]} = [\mathrm{L^2}] \tag{1.32}$$

通常采用的单位是 $\mathrm{cm^2}$ 或 D（达西）。D 是这样定义的：在液体的动力黏滞系数为 0.001Pa · s，压强差为 101325Pa 的情况下，通过面积为 1cm、长度为 1cm 岩样的流量为 $1\mathrm{cm^3/s}$ 时，岩样的渗透率为 1D。D 和 $\mathrm{cm^2}$ 两个单位之间的关系为

$$1\mathrm{D} = 9.8697 \times 10^{-9}\mathrm{cm^2}$$

在某些情况下，采用 cD（厘达西，10^{-2}D）或 mD（毫达西，10^{-3}D）作为渗透率的单位。

在一般情况下，地下水的容重和黏滞性改变不大，可以把渗透系数近似当作表示岩层透水性的常数。但当水温和水的矿化度急剧改变时，如热水、卤水的运动，容重和黏滞性改变的影响就不能忽略了。需要注意的是渗透系数和贮水率都是反映岩层某一方面特性的水文地质参数，但它的值不是固定的常数。当岩层受力作用时，岩层会发生相应的不同程度的变化，会引起这些参数值的变化。如过量抽取地下水引起地面沉降，随着土层的压缩变形，相应的参数（渗透系数、贮水率）也会随之改变，而不是固定不变的常数。

近年来研究证实，弥散度、渗透系数值和试验范围（如抽水试验的影响范围）有关，随着它的变化而变化，这种现象称为尺度效应。因而渗透系数是尺度 $\boldsymbol{x}$ 的函数，$K=K(\boldsymbol{x})$。这就不难解释为什么即使对于均质各向异性含水层，用长时间大降深群孔抽水试验求得的渗透系数值也会比用短时间小降深抽水试验求得的渗透系数值大了。抽水试验持续时间越长，影响范围越大，在一定范围内，渗透系数值会随着抽水持续时间的延长而增大。

渗透系数（K）虽然能说明岩层的透水性，但它不能单独说明含水层的出水能力。一个渗透系数较大的含水层，如果厚度非常小，它的出水能力也是有限的，开采价值不大。为此，就引出了导水系数的概念。下面考虑通过厚度为 M 的承压含水层的地下水运动，如沿流向取为 x 轴（图 1.17）。根据 Darcy 定律

$$Q = KMBJ, \quad q = \frac{Q}{B} = KMJ = TJ \tag{1.33}$$

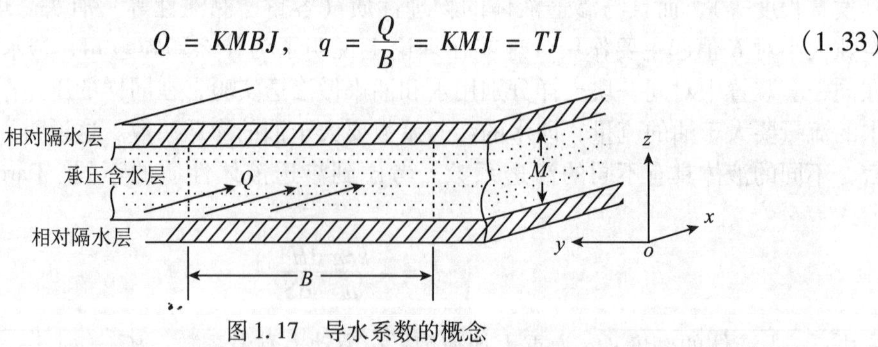

图 1.17　导水系数的概念

（据 J. Bear，1979）

式中：$T=KM$，称为导水系数，是又一个水文地质参数，其量纲是［L^2T^{-1}］，单位通常用 m^2/d。它的物理含义是水力坡度等于1时，通过整个含水层厚度上的单宽流量。导水系数的概念仅适用于二维的地下水流动，对于三维流动是没有意义的。

1.2.3 非线性运动方程

对于 Reynolds 数大于1~10的流动，还没有一个被普遍接受的非线性运动方程。比较常用的是 P. Forchheimer 公式：

$$J = av + bv^2 \tag{1.34}$$

或

$$J = av + bv^m \qquad (1.6 \leqslant m \leqslant 2) \tag{1.35}$$

式（1.34）和式（1.35）中的 a 和 b 为由实验确定的常数。当 $a=0$ 时，式（1.34）变为

$$v = K_c J^{1/2} \tag{1.36}$$

式中：K_c 为该情况下的渗透系数。

式（1.36）称为 Chezy 公式，它和计算河渠水流的 Chezy 公式类似，表明渗流速度与水力坡度的1/2次方成正比。

自然界的地下水运动多数服从 Darcy 定律，大于临界 Reynolds 数的流动很少出现，仅在喀斯特岩层中或井壁及泉水出口处附近可能见到。

1.3 岩层透水特征分类和渗透系数张量

1.3.1 岩层透水特征分类

根据岩层透水性随空间坐标的变化情况，可把岩层分为均质的和非均质的两类。如果在渗流场中，所有点都具有相同的渗透系数，则称该岩层是均质的；否则为非均质的。此时渗透系数 $K=K(x, y, z)$ 为坐标的函数。自然界中绝对均质的岩层是没有的，均质与非均质只是相对而言。

非均质岩层有两种类型。一类透水性是渐变的，如山前洪积扇，由山口至平原，K 逐渐变小。另一类透水性是突变的，如在砂层中夹有一些小的粘土透镜体。

根据岩层透水性和渗流方向的关系，可以分为各向同性和各向异性两类。如果渗流场中某一点的渗透系数不取决于方向。即不管渗流方向如何都具有相同的渗透系数，则介质是各向同性的；否则是各向异性的。当然，各向同性和各向异性也是相对而言的。某些扁平形状的细粒沉积物，水平方向的渗透系数常较垂直方向大。在基岩区，构造断裂常有方向性，沿裂

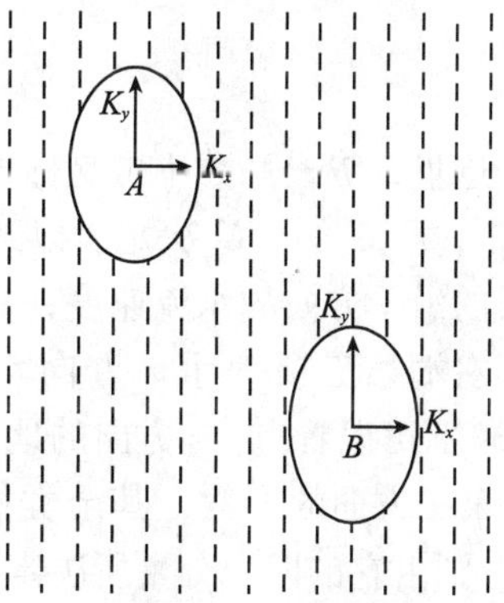

图1.18 均质各向异性介质渗透系数图
（与 xy 平面平行的剖面示意图）
K_x，K_y—x，y 方向的渗透系数

隙方向渗透系数较大。

必须注意，不要把均质与非均质的概念和各向同性与各向异性的概念混淆起来。前者是指岩层透水性和空间坐标的关系，后者是指岩层透水性和水流方向的关系。均质岩层也可以是各向异性的。如某些黄土，垂直方向的渗透系数大于水平方向的渗透系数，因而是各向异性的，而不同点上相同方向的渗透系数又是相等的，因而是均质的。图1.18用椭圆表示渗流场中A点和B点的渗透系数，两椭圆形状完全相同，表示同一方向有相同的渗透系数。类似地，也有非均质各向同性介质。

1.3.2 渗透系数张量

在各向同性介质中，渗透系数值和渗流方向无关，是一个标量。因而，水力坡度和渗流方向是一致的。渗流速度矢量可以用式（1.29）来表达。即使对于非均质各向同性介质中的三维流动来说，式（1.29）依然成立。

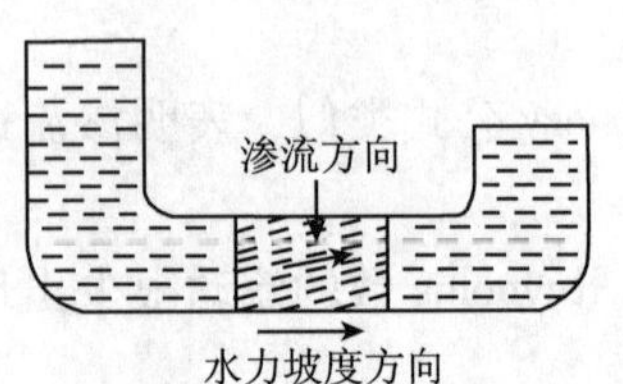

图1.19 水力坡度和渗流方向不一致时
（据G. de Marsily，1986）

各向异性介质的情况就大不相同了。渗透系数值和渗流方向有关，渗透系数不再是标量，水力坡度和渗流的方向一般是不一致的（图1.19）。因此，渗流速度和水力坡度之间的关系也就不能简单地用式（1.29）来表达了。由于渗流方向对空间三个任意选取的、相互垂直的坐标平面来说，可以是任意的。因此，无法简单地用坐标轴上的三个分量来定义空间一个点上的渗透系数，必须像表示空间一个点上的应力那样，采用双下标格式，用它的九个分量来表示。

所采用的双下标格式的含义和应力分量的含义是一致的。在各向异性介质中，渗流速度相应地表示为

$$\left.\begin{aligned} v_x &= -K_{xx}\frac{\partial H}{\partial x} - K_{xy}\frac{\partial H}{\partial y} - K_{xz}\frac{\partial H}{\partial z} \\ v_y &= -K_{yx}\frac{\partial H}{\partial x} - K_{yy}\frac{\partial H}{\partial y} - K_{yz}\frac{\partial H}{\partial z} \\ v_z &= -K_{zx}\frac{\partial H}{\partial x} - K_{zy}\frac{\partial H}{\partial y} - K_{zz}\frac{\partial H}{\partial z} \end{aligned}\right\} \tag{1.37}$$

这里，渗透系数不再是标量而是张量，在三维空间渗透系数张量（$\boldsymbol{K}$）由它的九个分量K_{xx}，K_{xy}，…，K_{zz}决定。以式（1.37）中第一式为例，右端第一项表示x方向水力坡度造成的沿x方向的水流速度；右端第二项表示y方向水力坡度造成的沿x方向的水流速度；右端第三项表示z方向水力坡度造成的沿x方向的水流速度，其余类推。从式（1.37）可以看出，x方向的地下水渗流速度不仅取决于H在x方向的导数，还取决于它在y和z方向的导数，其余类推。这是读者需要注意的。在二维空间中，渗透系数张量（$\boldsymbol{K}$）则由它的四个分量所决定。

通常把渗透系数写成下列形式：

$$\boldsymbol{K} = \begin{pmatrix} K_{xx} & K_{xy} & K_{xz} \\ K_{yx} & K_{yy} & K_{yz} \\ K_{zx} & K_{zy} & K_{zz} \end{pmatrix} \tag{1.38a}$$

或

$$\boldsymbol{K} = \begin{pmatrix} K_{xx} & K_{xy} \\ K_{yx} & K_{yy} \end{pmatrix} \tag{1.38b}$$

因此，式（1.37）可以写成下列更紧凑的形式：

$$\boldsymbol{v} = \boldsymbol{K} \cdot \boldsymbol{J} \tag{1.39}$$

渗透系数张量是对称张量，即

$$K_{xy} = K_{yx}, \quad K_{xz} = K_{zx}, \quad K_{yz} = K_{zy}$$

所以只有六个独立的分量，在二维情况下只有三个不同的分量。

研究各向异性介质发现，虽然总的来说，在各向异性介质中的水力坡度和渗流速度的方向是不一致的，但在三个方向上两者是平行的，而且这三个方向是相互正交的。这三个方向称为主方向。沿主方向测得的渗透系数称为主渗透系数或主值，分别以 K_1，K_2 和 K_3 表示。如果所采用的 Descartes 坐标系的三个轴分别和渗透系数张量的主方向平行，则有

$$K_{xx} = K_1, \quad K_{yy} = K_2, \quad K_{zz} = K_3$$

此时，渗透系数张量（$\boldsymbol{K}$）是个对角阵，即

$$\boldsymbol{K} = \begin{pmatrix} K_1 & 0 & 0 \\ 0 & K_2 & 0 \\ 0 & 0 & K_3 \end{pmatrix} \tag{1.40}$$

此时相应的渗流速度也要适当改变，即

$$v_x = -K_1 \frac{\partial H}{\partial x} + 0 \frac{\partial H}{\partial y} + 0 \frac{\partial H}{\partial z} = -K_1 \frac{\partial H}{\partial x}$$

1.4 突变界面的水流折射和等效渗透系数

1.4.1 越过透水性突变界面时的水流折射

在透水性突变的界面上，如水流斜向通过界面，则会发生折射。这一现象是由界面上水流连续性条件引起的。设介质Ⅰ的渗透系数为 K_1，介质Ⅱ的渗透系数为 K_2，界面上某一点附近的渗透速度和水头在两介质中的值依次为 v_1，v_2 和 H_1，H_2，如图 1.20 所示。从连续性出发，位于界面上的任一点都应满足如下条件：

$$\begin{cases} H_1 = H_2 \\ v_{1,n} = v_{2,n} \end{cases} \tag{1.41}$$

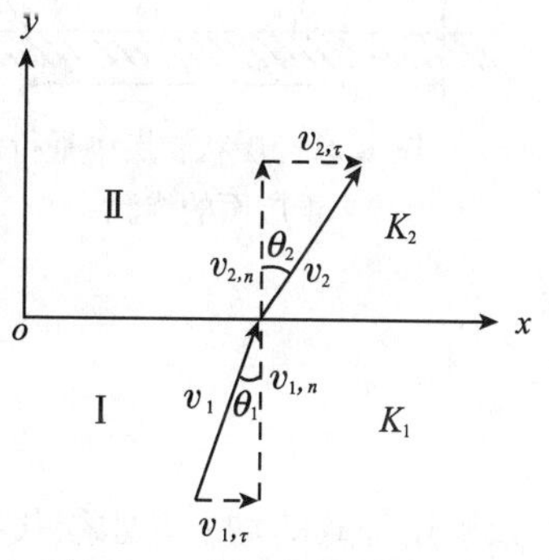

图 1.20　渗透水流的折射

式中：$v_{1,n}$，$v_{2,n}$分别为 v_1 和 v_2 的法向分速度。由图 1.20 的

几何关系可明显地看出：

$$\tan\theta_1 = \frac{v_{1,\tau}}{v_{1,n}}, \quad \tan\theta_2 = \frac{v_{2,\tau}}{v_{2,n}}$$

$$\frac{\tan\theta_1}{\tan\theta_2} = \frac{v_{1,\tau}}{v_{2,\tau}} = \frac{-K_1\dfrac{\partial H_1}{\partial x}}{-K_2\dfrac{\partial H_2}{\partial x}}$$

式中：θ_1，θ_2 分别为分界面法线与两侧流线的夹角；$v_{1,\tau}$，$v_{2,\tau}$ 分别为 v_1，v_2 的切向分速度。因为 $H_1 = H_2$，且 $\frac{\partial H_1}{\partial x} = \frac{\partial H_2}{\partial x}$，则得

$$\frac{\tan\theta_1}{\tan\theta_2} = \frac{K_1}{K_2} \tag{1.42}$$

式（1.42）为渗透水流折射时必须满足的方程（折射定律）。

由式（1.42）可得出如下几点结论：

1）当 $K_1 = K_2$ 时，则 $\theta_1 = \theta_2$。表示在均质岩层中不发生折射。

2）当 $K_1 \neq K_2$，且 K_1，K_2 均不等于 0 时，如 $\theta_1 = 0°$，则 θ_2 亦为 0°，表明水流垂直通过界面时不发生折射。

3）当 $K_1 \neq K_2$，且 K_1，K_2 均为有限值时，如 $\theta_2 = 90°$，则 θ_2 亦为 90°，表明水流平行于界面时不发生折射。

4）当水流斜向通过界面时，介质的渗透系数（K）愈大，θ 角也愈大，流线也愈靠近界面。两介质的 K 值相差愈大，θ_1 和 θ_2 的差别也愈大，流线通过界面后的偏移程度也愈大。

1.4.2 层状岩层的等效渗透系数

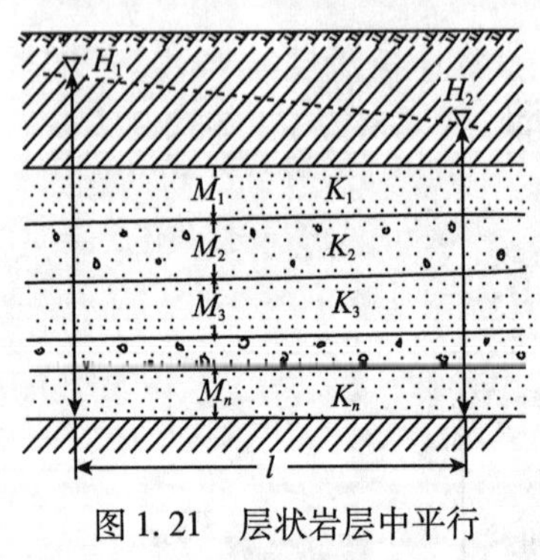

图 1.21 层状岩层中平行于层面的渗流

在自然界中很常见的一种非均质岩层是由许多透水性各不相同的薄层相互交替组成的层状岩层。每一单层的厚度比其延伸长度小得多（图 1.21）。其平行于层面的渗透系数（K_p）和垂直于层面的渗透系数（K_v）不等。当每一分层的渗透系数（K_i）和厚度（M_i）已知时，可求出 K_p 和 K_v。当水流平行于层面时（图 1.21），通过层状含水层的总的单宽流量（q）等于各分层的单宽流量之和，总厚度（M）等于各分层厚度之和。对于每一分层而言，水力坡度（J）均为 $\Delta H/l$。因此，每一分层的流量为

$$q_i = K_i M_i \frac{\Delta H}{l}$$

$$q = \sum_{i=1}^{n} q_i = \sum_{i=1}^{n} K_i M_i \frac{\Delta H}{l} = \frac{\Delta H}{l}\sum_{i=1}^{n} T_i$$

如果用等效的均质含水层代替层状岩层，显然等效层的厚度等于层状岩层的总厚度，并且在同一水力坡度（$J = \Delta H/l$）作用下应当有相同的流量（q），因而有

$$q = K_{\mathrm{p}} M \frac{\Delta H}{l}$$

由此得

$$K_{\mathrm{p}} M \frac{\Delta H}{l} = \sum_{i=1}^{n} K_i M_i \frac{\Delta H}{l}$$

因而求得平行层面方向的等效渗透系数为

$$K_{\mathrm{p}} = \frac{\sum_{i=1}^{n} K_i M_i}{\sum_{i=1}^{n} M_i} \tag{1.43}$$

等效导水系数为

$$T_{\mathrm{p}} = \sum_{i=1}^{n} T_i = \sum_{i=1}^{n} K_i M_i \tag{1.44}$$

类似地，如果渗透系数在垂直方向变化，且没有明显的分层界线，而是逐渐连续过渡的，即

$$K = K(z)$$

$$K_{\mathrm{p}} = \frac{1}{M}\int_0^M K(z)\,\mathrm{d}z, \quad T_{\mathrm{p}} = \int_0^M K(z)\,\mathrm{d}z \tag{1.45}$$

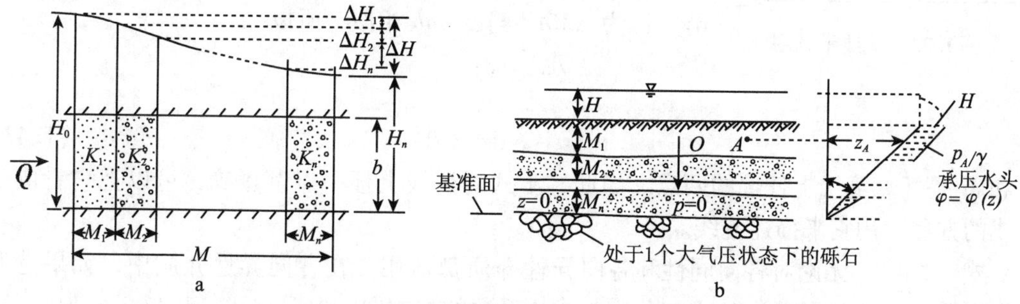

图 1.22 层状岩层中垂直于层面的渗流

（据 J. Bear，1972，修改）

a. 水在承压含水层中流动；b. 通过层状土的垂直下渗，水在 1 个大气压下流出

下面考虑水流方向垂直于岩层层面的情况（图 1.22）。该情况下通过各分层的流量相同，即

$$q_1 = q_2 = \cdots = q_i = \cdots = q_n = q$$

但水头降落和水力坡度不同，总的水头降落 ΔH 等于各分层水头降落 ΔH_i 之和。因此，对每一层都有

$$q = K_i b \frac{\Delta H_i}{M_i}, \quad \Delta H_i = \frac{M_i q}{K_i b}$$

用类似方法可得垂直于层面方向的等效渗透系数为

$$K_{\mathrm{v}} = \frac{\sum_{i=1}^{n} M_i}{\sum_{i=1}^{n} \frac{M_i}{K_i}} \tag{1.46}$$

由式（1.46）可以发现一个有趣的现象：垂直于层面的等效渗透系数主要取决于含水层最小的渗透系数，即阻力最大的分层。如有一层 $K_i=0$，为不透水层，即 $K_v=0$。

平行层面的等效渗透系数（K_p）总是大于垂直于层面的等效渗透系数（K_v）。

1.5 流　　网

1.5.1 流函数

地下水动力学中流线的概念和水力学中流线的概念完全一致。流线应是一根处处和渗流速度矢量相切的曲线。因此，流线簇就代表渗流区内每一个点的水流方向。根据上述定义，显然没有水流穿过流线。现在来研究描述流线的方程式。为此，在任一流线上取任意两点 $M(x, y)$ 和 $M'(x+dx, y+dy)$。M 点的渗流速度矢量为 v，它与它的两个分量 v_x，v_y 构成一个三角形，即 $\triangle MAB$。自 M' 点作垂线 $M'b$，并延长至 a（图1.23）。当 M 和 M' 无限逼近时，弧线 MM' 可用切线 Ma 来代替，故有 $Mb=dx$，$ab=dy$。因为 $\triangle MAB$ 与 $\triangle Mab$ 相似，所以

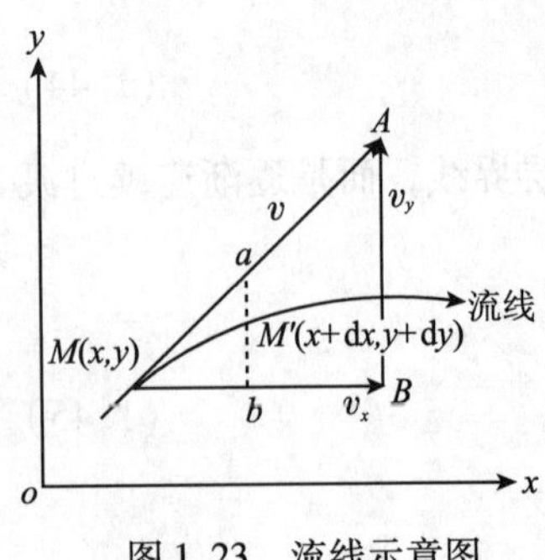

图1.23　流线示意图

$$\frac{dx}{v_x}=\frac{dy}{v_y}$$

$$v_x dy - v_y dx = 0 \tag{1.47}$$

M 和 M' 是任意流线上任选的两点。因此，上式对流线上任一点都正确，可以把它看成是流线的方程，用它来描述流线。

式（1.47）无论对各向同性和各向异性介质都适用。在各向异性介质中，如果选取的坐标轴（直角坐标系）的方向分别与渗透系数的主方向一致，则式（1.47）变为

$$\frac{dx}{K_{xx}\dfrac{\partial H}{\partial x}}=\frac{dy}{K_{yy}\dfrac{\partial H}{\partial y}}$$

对于各向同性介质，$K_{xx}=K_{yy}=K$。由于式（1.47）只涉及一个点的水流情况，故也适用于非均质介质。

另外，设有二元函数 $\Psi(x, y)$，其全微分为

$$d\Psi=\frac{\partial \Psi}{\partial x}dx+\frac{\partial \Psi}{\partial y}dy$$

如果取这样一种函数，使

$$\frac{\partial \Psi}{\partial x}=-v_y,\quad \frac{\partial \Psi}{\partial y}=v_x \tag{1.48}$$

由式（1.47）得

$$d\Psi=\frac{\partial \Psi}{\partial x}dx+\frac{\partial \Psi}{\partial y}dy=v_x dy-v_y dx=0 \tag{1.49}$$

积分得

$$\Psi = 常数$$

式（1.47）是描述流线的方程式，由此而得到函数 Ψ 为常数的结论。表明沿同一流线，函数 Ψ 为常数，不同的流线则有不同的函数值。因此，称函数 Ψ 为流函数，量纲为 $[L^2T^{-1}]$。为了阐明它的物理意义，在无限接近的两条流线 Ψ 和 $\Psi+\mathrm{d}\Psi$ 上，沿某等水头线取两个点 $a(x, y)$ 和 $b(x+\mathrm{d}x, y+\mathrm{d}y)$。自 a 和 b 分别作垂线和水平线，相交于 c（图 1.24）。显然，通过流线 Ψ 和 $\Psi+\mathrm{d}\Psi$ 间的单宽流量 $\mathrm{d}q$ 可以看成是通过 ac 和 bc 的流量的代数和。将渗流速度也相应地分解为 v_x 和 v_y，故有

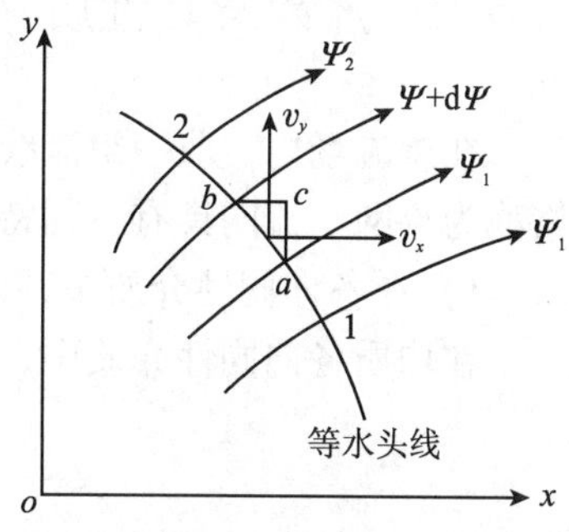

图 1.24　流函数和流量的关系

$$\mathrm{d}q = v_x ac + v_y bc$$

但 $ac=\mathrm{d}y$，$bc=-\mathrm{d}x$，故

$$\mathrm{d}q = v_x \mathrm{d}y - v_y \mathrm{d}x$$

把式（1.48）代入上式，并考虑式（1.49）有

$$\mathrm{d}q = \frac{\partial \Psi}{\partial y}\mathrm{d}y + \frac{\partial \Psi}{\partial x}\mathrm{d}x = \mathrm{d}\Psi \tag{1.50}$$

将式（1.50）在 Ψ_1 和 Ψ_2 的范围内积分，得

$$q = \int_{\Psi_1}^{\Psi_2}\mathrm{d}\Psi = \Psi_2 - \Psi_1 \tag{1.51}$$

由此可知，在平面运动中，两流线间的单宽流量等于和这两条流线相应的流函数之差。在同一流线上，$\mathrm{d}\Psi=0$，$q=0$，$\Psi=$ 常数。

由 Darcy 定律和式（1.48）有

$$v_x = -K\frac{\partial H}{\partial x} = \frac{\partial \Psi}{\partial y},\quad v_y = -K\frac{\partial H}{\partial y} = -\frac{\partial \Psi}{\partial x} \tag{1.52}$$

将式（1.52）中的第一式对 y 求导，第二式对 x 求导，得

$$-K\frac{\partial^2 H}{\partial x\partial y} = \frac{\partial^2 \Psi}{\partial y^2},\quad -K\frac{\partial^2 H}{\partial y\partial x} = -\frac{\partial^2 \Psi}{\partial x^2}$$

因为求导数的结果和求导的次序无关，因而有

$$\frac{\partial^2 \Psi}{\partial y^2} = -\frac{\partial^2 \Psi}{\partial x^2},\quad \frac{\partial^2 \Psi}{\partial x^2} + \frac{\partial^2 \Psi}{\partial y^2} = 0 \tag{1.53}$$

说明在均质各向同性介质中，流函数满足 Laplace 方程。可以类似地证明，在其他情况下，流函数均不满足 Laplace 方程（薛禹群，1986）。

从上面的讨论中可以看出，流函数有下列特性：

1）对于给定的流线，流函数是常数。不同的流线有不同的常数值。流函数取决于流线。

2）在平面运动中，两流线间的流量等于和这两条流线相应的流函数的差值。

3）在均质各向同性介质中，流函数满足 Laplace 方程；在其他情况下均不满足 Laplace方程。

4）在非稳定流中，流线不断地变化，只能给出某一瞬时的流线图。因此，只有对不可压缩的液体的稳定流动，流线才有实际意义。

1.5.2 流网及其性质

在渗流场内，取一组流线和一组等势线（当容重不变时取一组等水头线）组成的网格称为流网。流网具有下列特性。

1）在各向同性介质中，流线与等势线处处垂直，故流网为正交网。

在均质各向同性介质中，把式（1.52）左、右两个等式交错相乘，得

$$-K\frac{\partial H}{\partial y}\frac{\partial \Psi}{\partial y}=K\frac{\partial H}{\partial x}\frac{\partial \Psi}{\partial x} \tag{1.54}$$

消去K，得

$$\frac{\partial H}{\partial x}\frac{\partial \Psi}{\partial x}+\frac{\partial H}{\partial y}\frac{\partial \Psi}{\partial y}=0 \tag{1.55}$$

由场论的知识可知，等水头线和流线的梯度分别为

$$\mathbf{grad}\,H=\nabla H=\frac{\partial H}{\partial x}\boldsymbol{i}+\frac{\partial H}{\partial y}\boldsymbol{j}$$

$$\mathbf{grad}\,\Psi=\nabla \Psi=\frac{\partial \Psi}{\partial x}\boldsymbol{i}+\frac{\partial \Psi}{\partial y}\boldsymbol{j}$$

式中：**grad** 和 ∇均为梯度算子，定义 $\nabla(\ \ )=\frac{\partial(\ \ )}{\partial x}\boldsymbol{i}+\frac{\partial(\ \ )}{\partial y}\boldsymbol{j}$（二维情况下）；$\boldsymbol{i}$ 和 $\boldsymbol{j}$ 为单位矢量。其数量积为

$$\nabla H\cdot\nabla\Psi=\frac{\partial H}{\partial x}\frac{\partial \Psi}{\partial x}+\frac{\partial H}{\partial y}\frac{\partial \Psi}{\partial y}=0 \tag{1.56}$$

或

$$\nabla\varphi\cdot\nabla\Psi=0 \tag{1.57}$$

一般对于非均质液体用式（1.57）。

两矢量的数量积等于零，表示两矢量正交，即流线和等水头线的梯度是正交的；而梯度和流线及等水头线本身垂直，因此流线和等水头线处处正交，流网为正交网格。

用类似的方法可以证明，即使在非均质各向异性介质中仍有

$$\nabla H\cdot\nabla\Psi=0$$

此关系表明，在非均质各向同性介质中，流线仍处处和等水头线正交。即使是非 Darcy 流，在二维均质各向同性介质中仍可证明等水头线和流线也是处处正交的。但是，对于各向异性介质，等水头线簇和流线簇是不正交的（薛禹群，1986），流网不是正交网格。

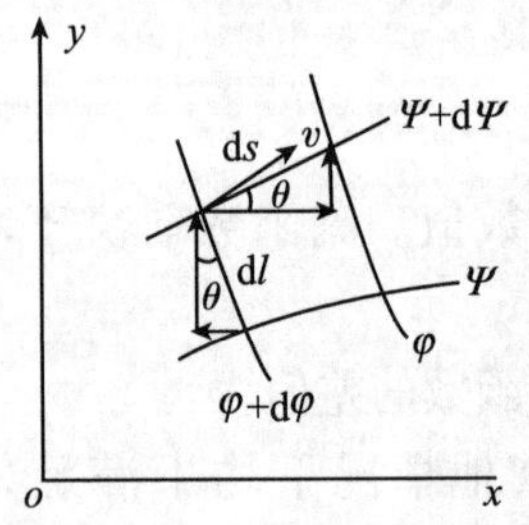

图 1.25 部分流网图

2）在均质各向同性介质中，流网中每一个网格的边长比为常数。

设在流网中取一网格，如图 1.25 所示。相邻流线的间距为 dl，等势线间距为 ds，则 ds 在 x 和 y 方向的投影为

$$\mathrm{d}x=\cos\theta\mathrm{d}s,\quad \mathrm{d}y=\sin\theta\mathrm{d}s$$

dl 在 x 和 y 方向的投影为

$$\mathrm{d}x=-\sin\theta\mathrm{d}l,\quad \mathrm{d}y=\cos\theta\mathrm{d}l$$ [1]

[1] 这里的 dx，dy 和前面由 ds 投影所得的 dx，dy 不一定相等。

同时渗流速度矢量（v）在两个坐标轴上的分量为

$$v_x = v\cos\theta, \quad v_y = v\sin\theta$$

对于均质各向同性介质有

$$\begin{aligned} dH &= \frac{\partial H}{\partial x}dx + \frac{\partial H}{\partial y}dy \\ &= -\frac{1}{K}(v_x dx + v_y dy) \\ &= -\frac{1}{K}(v\cos\theta ds\cos\theta + v\sin\theta ds\sin\theta) \\ &= -\frac{1}{K}v ds \end{aligned}$$

$$\begin{aligned} d\Psi &= \frac{\partial \Psi}{\partial x}dx + \frac{\partial \Psi}{\partial y}dy \\ &= -v_y dx + v_x dy \\ &= -v\sin\theta(-\sin\theta dl) + v\cos\theta\cos\theta dl \\ &= v dl \end{aligned}$$

所以，

$$\frac{dH}{d\Psi} = \frac{-\frac{1}{K}v ds}{v dl} = -\frac{1}{K}\frac{ds}{dl}$$

$$\frac{ds}{dl} = -K\frac{dH}{d\Psi} \tag{1.58}$$

由式（1.58）可知，只要给定相邻流线的流函数差值 $d\Psi$ 和等水头线间的水头差值 dH，则流网的边长 ds/dl 都是定值。为方便起见，通常取 $ds/dl=1$，流网为曲边正方形。

3）当流网中各相邻流线的流函数差值相同，且每个网格的水头差值相等时，通过每个网格的流量相等。

通过流网每一网格的流量（Δq）为

$$\Delta q = KJ\Delta l = K\frac{\Delta H}{\Delta s}\Delta l = K\Delta H\frac{\Delta l}{\Delta s} \tag{1.59}$$

式中：Δs 为该网格相邻两等势线间的平均长度；Δl 为相邻两流线间的平均宽度。因为流网的每一网格的 ΔH 相等，Δq 也就相等。当 $\Delta l/\Delta s=1$，即流网为曲边正方形时，有

$$\Delta q = K\Delta H \tag{1.60}$$

为方便起见，绘制流网时，如上下游的总水头差为

$$H_r = H_1 - H_2$$

则每一网格的水头差为

$$\Delta H = \frac{H_r}{m} \tag{1.61}$$

式中：m 为水头带的数目。图 1.26 为承压水完整井抽水时的流网图。

4）当两个透水性不同的介质相邻时，在一个介质中为曲边正方形的流网，越过界面进入另一介质中，则变成曲边矩形（图 1.27）。

取两条流线所限定的条带，由水流连续性原理有

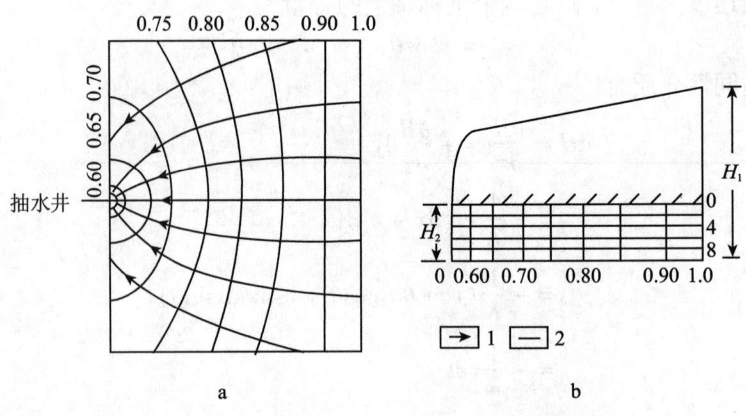

图 1.26 承压水完整井抽水时的流网图

a. 平面图；b. 剖面图

1—流线；2—等势线

$$\Delta q = K_1 \frac{\Delta H}{\Delta s_1}\Delta l_1 = K_2 \frac{\Delta H}{\Delta s_2}\Delta l_2$$

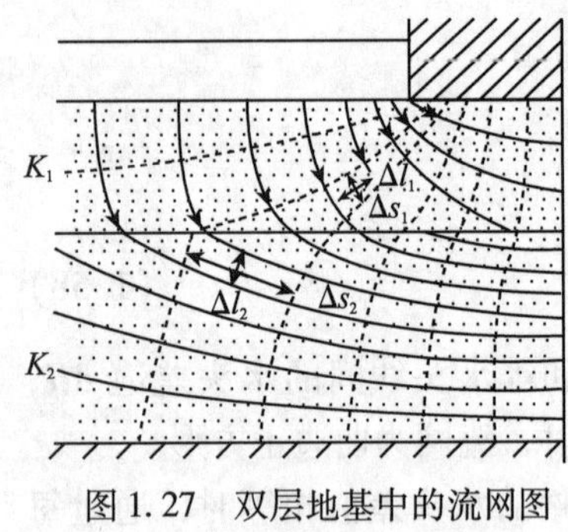

图 1.27 双层地基中的流网图

若在 K_1 介质中取$\frac{\Delta l_1}{\Delta s_1}=1$，则在 K_2 介质中必有$\frac{\Delta l_2}{\Delta s_2}\neq 1$，变成矩形网格，而且保持$\frac{\Delta l_2}{\Delta s_2}=\frac{K_1}{K_2}$，即当水流由渗透系数小的介质进入渗透系数大的介质时，流网成为扁平方格网（图 1.27），$\frac{\Delta l_2}{\Delta s_2}<1$；由渗透系数大的介质进入渗透系数小的介质时，正好相反，$\frac{\Delta l_2}{\Delta s_2}>1$。

1.5.3 流网的应用与土的渗透稳定性

利用流网可以确定渗流各要素。

1.5.3.1 水头和渗透压强

渗流区内任意点的水头（H），可以由等水头线确定。如该点位于两等水头线之间，则用内插法确定。知道了水头，可通过下式计算该点上的渗透压强：

$$\frac{p}{\gamma} = H \pm z \quad 或 \quad p = \gamma(H \pm z) \tag{1.62}$$

式中：z 为该点到基准面的距离。如该点位于基准面下方，则取正值；反之，则取负值。

1.5.3.2 水力坡度和渗流速度

通过某点作流线，沿流线量出相邻两等水头线间的距离为 Δs，若这两条等水头线间的水头差为 ΔH，则该点的水力坡度和渗流速度分别为

$$J = \frac{\Delta H}{\Delta s}, \quad v = KJ$$

1.5.3.3 流量

在各向同性渗流场中，若同一网带内水头差值相等，则每个网格的流量相等。因此，整个渗流区单位宽度的流量（q）应等于各个流线间所夹条带（流带）的流量之和。即

$$q = K\Delta H \sum_{i=1}^{n} \frac{\Delta l_i}{\Delta s_i} \tag{1.63}$$

式中：$\Delta l_i / \Delta s_i$ 为第 i 条流带选定的两等水头线间网格的长和宽的比值；n 为流带的数目。

若网格是曲边正方形，网格又是完整的，则上式简化为

$$q = K\Delta H n = Kn \frac{H_1 - H_2}{m} \tag{1.64}$$

通过前面的分析可见，流网刻画了渗流场的水流特征。有了它，可以方便地确定各渗流要素，解决渗流问题。因此，流网对于解决稳定渗流问题有很大的实用意义，例如可以用来判别土的渗透稳定性。

水在岩土中流动，为了克服岩土颗粒对孔隙中水流动的阻力会产生一定的水头损失。既然岩土对水的流动有一定的阻力，根据牛顿第三定律，水在其中流动时必然会有一定的力作用在每一个岩土颗粒上，其大小等于岩土颗粒对水的阻力，而方向则相反，此力称为渗透力（或渗透压力）。如何来确定渗透力的大小呢？如图 1.28 所示，在有水流动的岩土中（稳定流动），沿水流方向截取长为 l，截面积为 A 的圆柱体。设上游端点 1 的水头为 H_1，下游端点 2 的水头为 H_2，则两点间的平均水力坡度（J）为

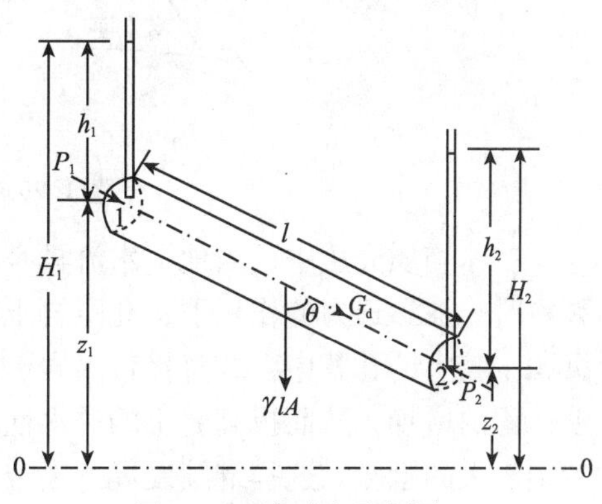

图 1.28 渗透力示意图

$$J = \frac{H_1 - H_2}{l}$$

由于水在岩土中流动一般很慢，惯性力可以忽略不计，作用在圆柱体内流动着的水的力有：$\gamma h_1 A$——点 1 圆柱面上的动水压力，方向设与水流方向一致。$\gamma h_2 A$——点 2 圆柱面上的动水压力，方向与水流方向相反。$\gamma lA\cos\theta$——圆柱体内水的重量加上圆柱体内岩土所受浮力的反力在圆柱体轴线上的分力。RlA——水流动时，所受岩土颗粒给予的阻力，阻力（R）与渗透力（G_d）大小相等，方向相反。根据水力学有关知识，所有作用于圆柱体内流动着的水的力在轴线上的投影之和应等于零，即

$$\gamma h_1 A + \gamma lA\cos\theta - G_d lA - \gamma h_2 A = 0$$

等式除以 A，并以 $\frac{z_1 - z_2}{l} = \cos\theta$ 代入得

$$\gamma[h_1 + z_1 - (h_2 + z_2)] - G_d l = 0$$

或

$$\gamma(H_1 - H_2) - G_d l = 0$$

由此得

$$G_d = \gamma \frac{H_1 - H_2}{l} = \gamma J \tag{1.65}$$

如水的容重 $\gamma = 1$，则

$$G_d = J \tag{1.66}$$

由此不难看出，渗透力的方向与水力坡度一致，其数值则与水力坡度成正比。因此，随着水流方向的改变，渗透力对岩土就会产生不同的作用。当地下水流从上向下流动时，渗透力加强岩土的自重压力。反之，当地下水流自下而上时，渗透力就会减少岩土的自重压力。自然界中，渗透力会造成河岸地带的滑坡（图1.29）。砂性土组成的陡坡，当砂性土中水很少时，在表面张力作用下，岸坡是稳定的（图1.29a）。洪水期，河水位上升，河水向两岸渗透，渗透力方向由外向内，岸坡仍然是稳定的（图1.29b），当洪水消退，河水位下降时，此时砂性土已被水饱和，潜水向河流排泄，渗透力由内向外，指向河流（图1.29c），砂性土的黏聚性又差，在渗透力的作用下极易发生塌岸，影响大堤安全。

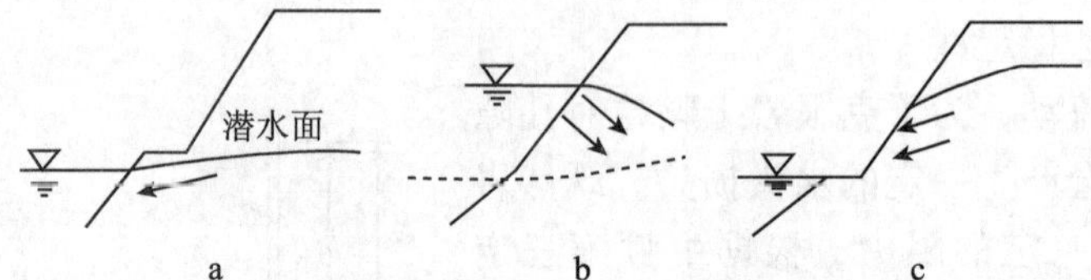

图1.29　渗透力与塌岸、滑坡

在非均质介质中，当地下水流具有一定的水力坡度，使渗透力足以带走岩土中的细小颗粒时，在渗透力的作用下，孔隙岩土中的细小颗粒就会逐渐被地下水流带走，或充填再沉积于较大的孔隙中，或直接带出岩土体。细小颗粒被带走后，必然会引起孔隙数量和孔隙体积的增加，从而提高岩土的透水性和水流的渗流速度。因此，地下水流就可能进一步带走较大的颗粒。这样继续发展下去带走的颗粒就会愈来愈大，最后会使附近的建筑物发生不均匀沉陷，并在地基中形成大孔隙的软弱带，继续发展下去，最终使建筑物破坏。这种细小颗粒被带走的现象称为管涌或潜蚀。管涌对建筑物特别是水工建筑物会带来很大的危害。非均质岩土中流动的天然潜水流，在水力坡度很大的情况下，也可以产生管涌，引起地表塌陷。渗透力可能引起渗透破坏，因此有必要研究土的渗透稳定性，采取降低水力坡度，铺设反滤层等措施来防止管涌的发生。

此外，从流网（或等水头线或流线）的定性分析，还可以了解水文地质条件，如地下水与河网的互补关系等。图1.30a表示导水性变化时的等水头线的疏密变化。图1.30b和图1.30c表示存在不透水带或强透水带时的流网。图1.30中的流网图是平面图。图1.31为Hubbert流动模型的剖面流网图。从图上看出，在有入渗补给或入渗补给结束只有排泄的情况下，潜水面（浸润曲线）既非流线也非等水头线，只有当无入渗和蒸发的稳定流动时，浸润曲线才是流线。

在某一给定区域，作出不同年份的流网图（或等水头线图），可分析水文地质条件的变化，对地下水资源评价有实际意义。

绘制流网的方法有很多，除了应用解析解的结果绘制流网外，主要通过各种模拟实验绘制流网，也可以用渐进法徒手近似绘制流网。

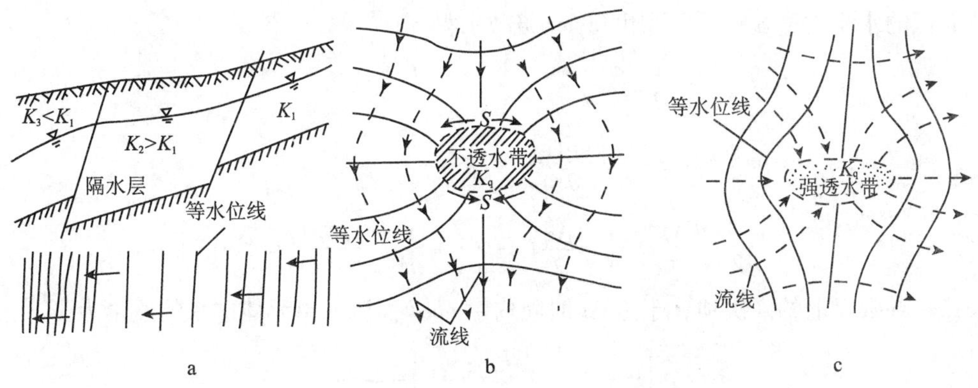

图 1.30　几种情况下的流网图（S 为驻点）

（据 J. Bear，1979）

a. 导水性变化的影响；b. 不透水带的影响；c. 强透水带的影响

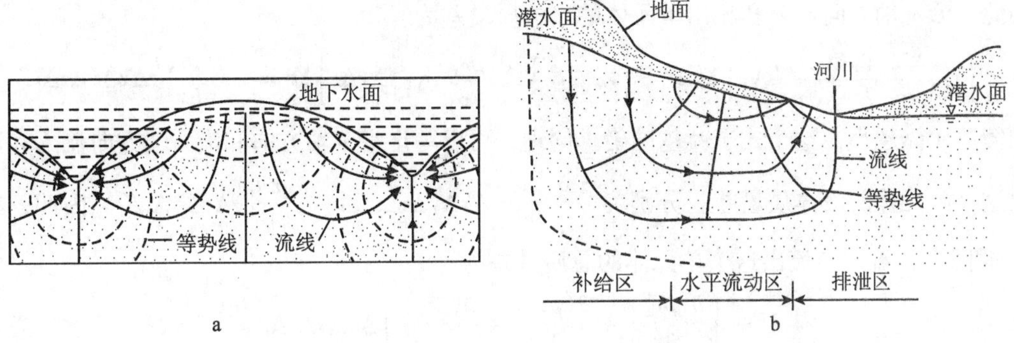

图 1.31　Hubbert 流动模型的剖面流网图

（据 M. K. Hubbert，1954）

a. Hubbert 模型；b. 地下水流的基本状况

1.6　渗流的连续性方程

在渗流场中，各点渗流速度的大小、方向都可能不同。为了反映一般情况下液体运动中的质量守恒关系，就需要在三维空间建立以微分方程形式表达的连续性方程。设在充满液体的渗流区域，以 $P(x, y, z)$ 点为中心取一无限小的平行六面体（其各边长度为 Δx，Δy，Δz，且和坐标轴平行）作为均衡单元体（图 1.32）。如 P 点沿坐标轴方向的渗流速度分量为 v_x，v_y，v_z，液体密度为 ρ，则单位时间内通过垂直于坐标轴方向单位面积的水流质量分别为 ρv_x，ρv_y，ρv_z。那么，通过 $abcd$ 面中点 $P_1\left(x-\dfrac{\Delta x}{2}, y, z\right)$ 的单位时间、

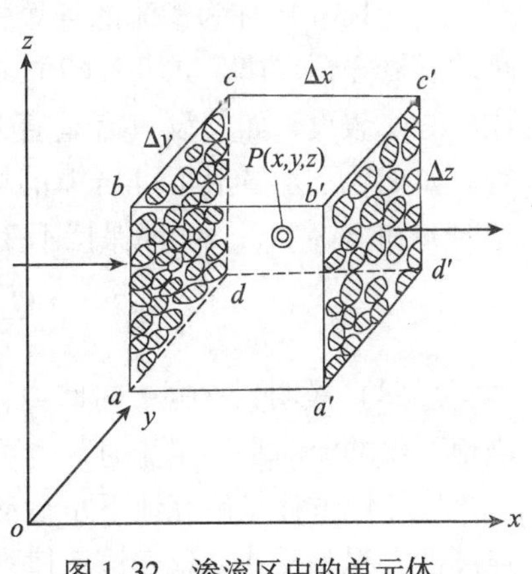

图 1.32　渗流区中的单元体

单位面积的水流质量 ρv_{x_1}，可利用 Taylor 级数求得

$$\begin{aligned}\rho v_{x_1} &= \rho v_x\left(x-\frac{\Delta x}{2},y,z\right)\\ &= \rho v_x(x,y,z)+\frac{\partial(\rho v_x)}{\partial x}\left(-\frac{\Delta x}{2}\right)\\ &\quad+\frac{1}{2!}\frac{\partial^2(\rho v_x)}{\partial x^2}\left(-\frac{\Delta x}{2}\right)^2+\cdots+\frac{1}{n!}\frac{\partial^n(\rho v_x)}{\partial x^n}\left(-\frac{\Delta x}{2}\right)^n+\cdots\end{aligned}$$

略去二阶导数以上的高次项，于是 Δt 时间内由 $abcd$ 面流入单元体的水的质量为

$$\left[\rho v_x-\frac{1}{2}\frac{\partial(\rho v_x)}{\partial x}\Delta x\right]\Delta y\Delta z\Delta t$$

同理，可求出右侧 $a'b'c'd'$ 面流出的质量为

$$\left[\rho v_x+\frac{1}{2}\frac{\partial(\rho v_x)}{\partial x}\Delta x\right]\Delta y\Delta z\Delta t$$

因此，沿 x 轴方向流入和流出单元体的水的质量差为

$$\left\{\left[\rho v_x-\frac{1}{2}\frac{\partial(\rho v_x)}{\partial x}\Delta x\right]\Delta y\Delta z-\left[\rho v_x+\frac{1}{2}\frac{\partial(\rho v_x)}{\partial x}\Delta x\right]\Delta y\Delta z\right\}\Delta t=-\frac{\partial(\rho v_x)}{\partial x}\Delta x\Delta y\Delta z\Delta t$$

均衡单元体越小，这个式子就越准确。同理，可以写出沿 y 轴方向和沿 z 轴方向流入和流出这个单元体的液体质量差，分别为 $-\frac{\partial(\rho v_y)}{\partial y}\Delta x\Delta y\Delta z\Delta t$ 和 $-\frac{\partial(\rho v_z)}{\partial z}\Delta x\Delta y\Delta z\Delta t$。因此，在 Δt 时间内，流入与流出这个单元体的总质量差为

$$-\left[\frac{\partial(\rho v_x)}{\partial x}+\frac{\partial(\rho v_y)}{\partial y}+\frac{\partial(\rho v_z)}{\partial z}\right]\Delta x\Delta y\Delta z\Delta t$$

在均衡单元体内，液体所占的体积为 $n\Delta x\Delta y\Delta z$，其中 n 为孔隙度。相应地，单元体内的液体质量为 $\rho n\Delta x\Delta y\Delta z$。因此在 Δt 内，单元体内液体质量的变化量为 $\frac{\partial}{\partial t}[\rho n\Delta x\Delta y\Delta z]\Delta t$。

单元体内液体质量的变化是由流入与流出这个单元体的液体质量差造成的。在连续流条件下（渗流区充满液体等），根据质量守恒定律，两者应该相等。因此，

$$-\left[\frac{\partial(\rho v_x)}{\partial x}+\frac{\partial(\rho v_y)}{\partial y}+\frac{\partial(\rho v_z)}{\partial z}\right]\Delta x\Delta y\Delta z=\frac{\partial}{\partial t}[\rho n\Delta x\Delta y\Delta z] \tag{1.67}$$

式（1.67）称为渗流的连续性方程。它表达了渗流区内任何一个“局部”所必须满足的质量守恒定律。式（1.67）右端的计算比较困难。具体应用时，为了简化计算，往往作一些假设，如假设只有垂直方向上有压缩（或膨胀）或将 Δx，Δy，Δz 都视为常量等。如把地下水看成不可压缩的均质液体，$\rho=$ 常数；同时，假设含水层骨架不被压缩，这时 n 和 Δx，Δy，Δz 都保持不变，式（1.67）右端项等于零，于是有

$$\frac{\partial(v_x)}{\partial x}+\frac{\partial(v_y)}{\partial y}+\frac{\partial(v_z)}{\partial z}=0 \tag{1.68}$$

式（1.68）表明，在同一时间内，流入单元体的水体积等于流出的水体积，即体积守恒。当地下水的流动是稳定流时，也可以得到相同的结果，即式（1.68）。

连续性方程是研究地下水运动的基本方程。各种研究地下水运动的微分方程都是根据连续性方程和反映动量守恒定律（如 Darcy 定律）的方程建立起来的。即使有时为了简化

起见，不直接采用式（1.67）或式（1.68），但在建立有关关系式时，也必须应用能反映质量守恒原理的另一种形式的连续性方程（见以后有关章节）来代替。

1.7 承压水运动的基本微分方程

由于含水层的侧向受到限制，可假设 Δx，Δy 为常量，只考虑垂向压缩。于是，只有水的密度（ρ）、孔隙度（n）和单元体的高度（Δz）三个量随压力而变化，则式（1.67）的右端可改为下式：

$$\frac{\partial}{\partial t}[\rho n\Delta x\Delta y\Delta z] = \left[n\rho\frac{\partial(\Delta z)}{\partial t} + \rho\Delta z\frac{\partial n}{\partial t} + n\Delta z\frac{\partial\rho}{\partial t}\right]\Delta x\Delta y \tag{1.69}$$

把式（1.5）、式（1.12）和式（1.13）代入式（1.69），简化得

$$\begin{aligned}\frac{\partial}{\partial t}[\rho n\Delta x\Delta y\Delta z] &= \left[n\rho\alpha\Delta z\frac{\partial p}{\partial t} + \rho\Delta z(1-n)\alpha\frac{\partial p}{\partial t} + n\Delta z\rho\beta\frac{\partial p}{\partial t}\right]\Delta x\Delta y \\ &= \rho(\alpha + n\beta)\frac{\partial p}{\partial t}\Delta x\Delta y\Delta z\end{aligned} \tag{1.70}$$

于是连续性方程（1.67）变为

$$-\left[\frac{\partial(\rho v_x)}{\partial x} + \frac{\partial(\rho v_y)}{\partial y} + \frac{\partial(\rho v_z)}{\partial z}\right]\Delta x\Delta y\Delta z = \rho(\alpha + n\beta)\frac{\partial p}{\partial t}\Delta x\Delta y\Delta z \tag{1.71}$$

因为水头 $H = z + \dfrac{p}{\gamma}$，故有

$$\frac{\partial p}{\partial t} = \rho g\frac{\partial H}{\partial t} + Hg\frac{\partial\rho}{\partial t} - zg\frac{\partial\rho}{\partial t} = \rho g\frac{\partial H}{\partial t} + (H-z)g\frac{\partial\rho}{\partial t}$$

或

$$\frac{\partial p}{\partial t} = \rho g\frac{\partial H}{\partial t} + \frac{p}{\rho}\frac{\partial\rho}{\partial t}$$

将式（1.5）代入上式得

$$\frac{\partial p}{\partial t} = \frac{\rho g}{1-\beta p}\frac{\partial H}{\partial t}$$

因为水的压缩性很小，$1-\beta p\approx 1$，所以，

$$\frac{\partial p}{\partial t} \approx \rho g\frac{\partial H}{\partial t} \tag{1.72}$$

将式（1.72）代入式（1.71）得

$$\left[-\rho\left(\frac{\partial v_x}{\partial x} + \frac{\partial v_y}{\partial y} + \frac{\partial v_z}{\partial z}\right) - \left(v_x\frac{\partial\rho}{\partial x} + v_y\frac{\partial\rho}{\partial y} + v_z\frac{\partial\rho}{\partial z}\right)\right]\Delta x\Delta y\Delta z = \rho^2 g(\alpha + n\beta)\frac{\partial H}{\partial t}\Delta x\Delta y\Delta z$$

上式中，左端第二个括弧内的值比第一个括弧内的值要小得多。因此，假设左端第二个括弧项代表的 ρ 的空间变化远小于右端项中所包含的 ρ 的局部的、瞬时的变化，即 $\boldsymbol{v}\cdot\mathbf{grad}\rho \ll n\Delta z\dfrac{\partial\rho}{\partial t}$，因而可以忽略不计，于是上式变为

$$-\rho\left(\frac{\partial v_x}{\partial x} + \frac{\partial v_y}{\partial y} + \frac{\partial v_z}{\partial z}\right)\Delta x\Delta y\Delta z = \rho^2 g(\alpha + n\beta)\frac{\partial H}{\partial t}\Delta x\Delta y\Delta z$$

同时，根据 Darcy 定律，在各向同性介质中有

$$v_x = -K\frac{\partial H}{\partial x},\quad v_y = -K\frac{\partial H}{\partial y},\quad v_z = -K\frac{\partial H}{\partial z}$$

将其代入上式得

$$\left[\frac{\partial}{\partial x}\left(K\frac{\partial H}{\partial x}\right)+\frac{\partial}{\partial y}\left(K\frac{\partial H}{\partial y}\right)+\frac{\partial}{\partial z}\left(K\frac{\partial H}{\partial z}\right)\right]\Delta x\Delta y\Delta z = \rho g(\alpha + n\beta)\frac{\partial H}{\partial t}\Delta x\Delta y\Delta z$$

根据式（1.14）贮水率的定义，上式可改写为

$$\left[\frac{\partial}{\partial x}\left(K\frac{\partial H}{\partial x}\right)+\frac{\partial}{\partial y}\left(K\frac{\partial H}{\partial y}\right)+\frac{\partial}{\partial z}\left(K\frac{\partial H}{\partial z}\right)\right]\Delta x\Delta y\Delta z = S_s\frac{\partial H}{\partial t}\Delta x\Delta y\Delta z$$

上式有明确的物理意义。等式左端表示单位时间内流入和流出单元体的水量差；右端表示该时间段内单元体弹性释放（或贮存）的水量。因为单元体没有其他流入或流出水的“源”或“汇”，水量差只可能来自弹性释水（或贮存），等式显然成立。单元体体积 $\Delta x\Delta y\Delta z$ 根据假设为无限小，可从等式两端约去，得

$$\frac{\partial}{\partial x}\left(K\frac{\partial H}{\partial x}\right)+\frac{\partial}{\partial y}\left(K\frac{\partial H}{\partial y}\right)+\frac{\partial}{\partial z}\left(K\frac{\partial H}{\partial z}\right) = S_s\frac{\partial H}{\partial t} \tag{1.73}$$

对于一般的各向异性介质来说，有

$$\frac{\partial}{\partial x}\left[K_{xx}\frac{\partial H}{\partial x}+K_{xy}\frac{\partial H}{\partial y}+K_{xz}\frac{\partial H}{\partial z}\right]+\frac{\partial}{\partial y}\left[K_{yx}\frac{\partial H}{\partial x}+K_{yy}\frac{\partial H}{\partial y}+K_{yz}\frac{\partial H}{\partial z}\right]$$
$$+\frac{\partial}{\partial z}\left[K_{zx}\frac{\partial H}{\partial x}+K_{zy}\frac{\partial H}{\partial y}+K_{zz}\frac{\partial H}{\partial z}\right] = S_s\frac{\partial H}{\partial t} \tag{1.74}$$

对于各向异性介质，如取坐标轴的方向和各向异性介质的主方向一致，则有

$$\frac{\partial}{\partial x}\left(K_{xx}\frac{\partial H}{\partial x}\right)+\frac{\partial}{\partial y}\left(K_{yy}\frac{\partial H}{\partial y}\right)+\frac{\partial}{\partial z}\left(K_{zz}\frac{\partial H}{\partial z}\right) = S_s\frac{\partial H}{\partial t} \tag{1.75}$$

对于均质各向同性的含水层来说，还可进一步简化为

$$\frac{\partial^2 H}{\partial x^2}+\frac{\partial^2 H}{\partial y^2}+\frac{\partial^2 H}{\partial z^2} = \frac{S_s}{K}\frac{\partial H}{\partial t} \tag{1.76}$$

在二维流的情况下，常用 S 和 T 表示，于是式（1.73）可写成下列形式：

$$\frac{\partial}{\partial x}\left(T\frac{\partial H}{\partial x}\right)+\frac{\partial}{\partial y}\left(T\frac{\partial H}{\partial y}\right) = S\frac{\partial H}{\partial t} \tag{1.77}$$

上述方程就是承压水非稳定运动的基本微分方程和它的几个常见特例。在推导过程中，从实用观点出发，除了已经谈到的假设外，还假设：①水流服从 Darcy 定律；②K 不因 $\rho=\rho(p)$ 的改变而改变；③S_s 和 K 也不受 n 变化（由于骨架变形）的影响。

如果化为柱坐标，则式（1.76）变为

$$\frac{1}{r}\frac{\partial}{\partial r}\left(r\frac{\partial H}{\partial r}\right)+\frac{1}{r^2}\frac{\partial^2 H}{\partial \theta^2}+\frac{\partial^2 H}{\partial z^2} = \frac{S_s}{K}\frac{\partial H}{\partial t} \tag{1.78}$$

式（1.73）或式（1.74）是研究承压含水层地下水运动的基础。它反映了承压含水层地下水运动的质量守恒关系，表明单位时间流入、流出单位体积含水层的水量差等于同一时间内单位体积含水层弹性释放（或弹性贮存）的水量。它还通过应用 Darcy 定律反映了地下水运动中的质量守恒与转化关系。可见，上述基本微分方程表达了渗流区内任何一个“局部”都必须满足质量守恒和能量守恒定律。这一结论也适用于下面将要提到的基

本微分方程。

有了这些概念就可以灵活地把基本微分方程应用于解决实际问题。虽然方程中没有考虑抽水、注水及越流补给等的影响，但要考虑也不难。既然方程的左端代表单位时间内从各个方向流入单位体积含水层水量的总和，则只要在建立连续性方程时加一项来表示这些交换水量即可。其结果是在方程（1.73）~方程（1.77）等号的左端加一项 W，通常称为源汇项，它是位置和时间的函数。当垂向有水流流出（包括抽水）含水层时，W 为负值，表示汇；当垂向有水流流入（包括注水）含水层时，W 为正，表示源。但要注意，对于三维问题，W 表示单位时间从单位体积含水层流入或流出的水量；对于二维问题，W 表示单位时间在垂向上从单位面积含水层中流入或流出的水量。如由式（1.73）得

$$\frac{\partial}{\partial x}\left(K\frac{\partial H}{\partial x}\right)+\frac{\partial}{\partial y}\left(K\frac{\partial H}{\partial y}\right)+\frac{\partial}{\partial z}\left(K\frac{\partial H}{\partial z}\right)+W=S_s\frac{\partial H}{\partial t} \tag{1.79}$$

由式（1.77）得

$$\frac{\partial}{\partial x}\left(T\frac{\partial H}{\partial x}\right)+\frac{\partial}{\partial y}\left(T\frac{\partial H}{\partial y}\right)+W=S\frac{\partial H}{\partial t} \tag{1.80}$$

有些文献中，令 $a=T/S$，称其为压力传导系数（导压系数）。于是对二维情况下的均值各向同性含水层来说，有

$$\frac{\partial^2 H}{\partial x^2}+\frac{\partial^2 H}{\partial y^2}=\frac{1}{a}\frac{\partial H}{\partial t} \tag{1.81}$$

绪言中已指出，地下水总是在不断地发展、变化着，在自然界一般不存在稳定流。所谓稳定只是在有限时间内的一种暂时平衡现象。当地下水变化极其缓慢时，可近似地看作一种相对的稳定状态。因此，地下水稳定运动，可以看成是地下水非稳定运动的特例。只要把非稳定运动方程右端的 $\partial H/\partial t$ 项趋近于零，就可以得到相应的稳定运动方程。对于一般的非均质各向同性含水层来说，由式（1.73）可得

$$\frac{\partial}{\partial x}\left(K\frac{\partial H}{\partial x}\right)+\frac{\partial}{\partial y}\left(K\frac{\partial H}{\partial y}\right)+\frac{\partial}{\partial z}\left(K\frac{\partial H}{\partial z}\right)=0 \tag{1.82}$$

对于均质各向同性的含水层来说，由式（1.76）可得

$$\frac{\partial^2 H}{\partial x^2}+\frac{\partial^2 H}{\partial y^2}+\frac{\partial^2 H}{\partial z^2}=0 \tag{1.83}$$

式（1.83）也称 Laplace 方程。稳定运动方程的右端都等于零，意味着同一时间内流入单元体的水量等于流出的水量。这个结论不仅适用于承压含水层，也适用于潜水含水层和越流含水层。

1.8 越流含水层中地下水非稳定运动的基本微分方程

在自然界中，有不少这样的情况：承压含水层的上、下岩层并不是绝对隔水的，其中一个或者两个可能是弱透水层。虽然含水层会通过弱透水层和相邻含水层发生水力联系，但它还是承压的。因此，有些文献称其为半承压含水层。当这个含水层和相邻含水层间存在水头差时，地下水便会从高水头含水层通过弱透水层流向低水头含水层。对指定含水层来说，可能流入也可能流出该含水层，这种现象称为越流。因此，半承压含水层在我国称

它为越流含水层。在含水层中抽水，由于人为地造成了水头降低，这种现象就更容易发生。这种情况在我国比较普遍。

当弱透水层的渗透系数（K_1）比主含水层的渗透系数（K）小很多时，可以近似地认为水基本上是垂直地通过弱透水层，折射90°后在主含水层中基本上是水平流动的。经用有限元法对此进行研究，发现当主含水层的渗透系数比弱透水层的渗透系数大两个以上数量级时，这个假定所引起的误差一般小于5%。实际上，含水层的渗透系数常常比相邻弱透水层的渗透系数高出三个数量级，故上述假设是允许的。在这种情况下，主含水层中的水流可近似地作二维流问题处理，将水头看作是整个含水层厚度上水头的平均值：

$$\overline{H} = \overline{H}(x,y,t) = \frac{1}{M}\int_0^M H(x,y,z,t)\,\mathrm{d}z$$

为简化起见，在以后叙述中略去 H 上方的横杠；同时假设，和主含水层释放的水量以及相邻含水层的越流量相比，弱透水层本身释放的水量小到可以忽略不计。

图1.33表示一个各向同性越流含水层中的水流。厚度为 M 的承压含水层的上、下各有一个厚度为 m_1 和 m_2、渗透系数为 K_1 和 K_2 的弱透水层。弱透水层的外面又上覆、下伏

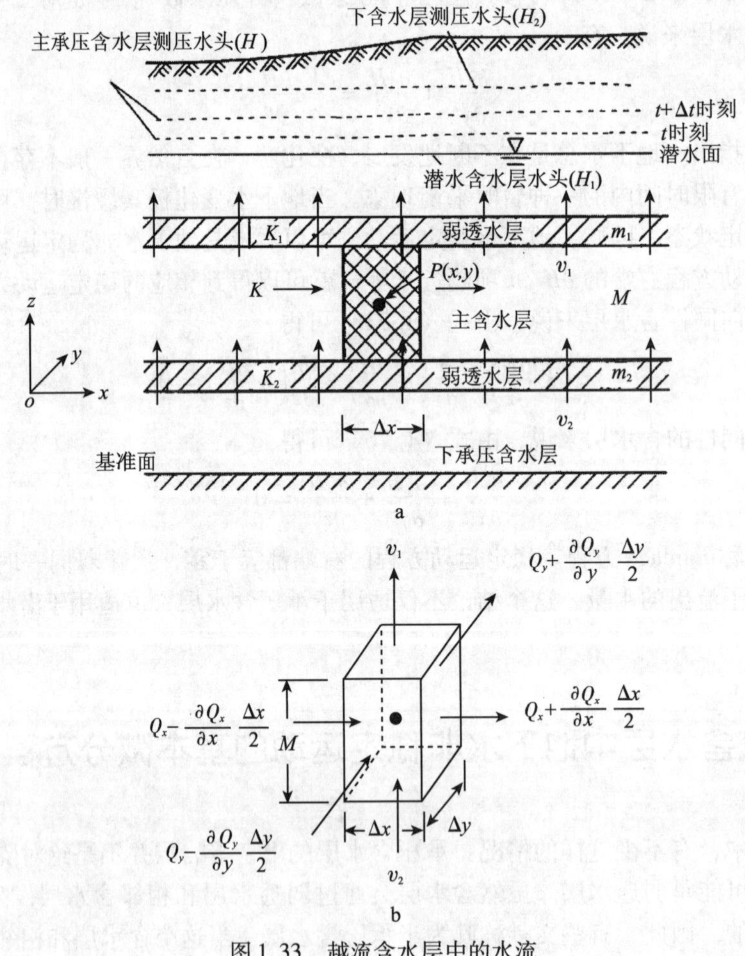

图1.33　越流含水层中的水流

（据 J. Bear，1979）

a. 各向同性越流含水层中的水流；b. 均衡单元体中的水流

有潜水含水层或承压含水层。由于物理意义的实质相同，上述结果也适用于水流方向相反的情况。

由图1.33b的均衡单元体，根据水均衡原理可以写出下列形式的连续性方程：

$$\left[\left(Q_x-\frac{\partial Q_x}{\partial x}\frac{\Delta x}{2}\right)-\left(Q_x+\frac{\partial Q_x}{\partial x}\frac{\Delta x}{2}\right)\right]\Delta t+\left[\left(Q_y-\frac{\partial Q_y}{\partial y}\frac{\Delta y}{2}\right)-\left(Q_y+\frac{\partial Q_y}{\partial y}\frac{\Delta y}{2}\right)\right]\Delta t$$

$$+(v_2-v_1)\Delta x\Delta y\Delta t=S\frac{\partial H}{\partial t}\Delta x\Delta y\Delta t \tag{1.84}$$

式中：v_1，v_2 分别为通过上部和下部弱透水层的垂向越流速率或越流强度，即

$$v_1=-K_1\frac{\partial H_1}{\partial z}=K_1\frac{H-H_1}{m_1},\quad v_2=-K_2\frac{\partial H_2}{\partial z}=K_2\frac{H_2-H}{m_2} \tag{1.85}$$

式中：$H_1(x,y,t)$ 和 $H_2(x,y,t)$ 分别为上含水层（图中为潜水含水层）和下含水层中的水头，如以 T 表示主含水层的导水系数，则

$$Q_x=-T\frac{\partial H}{\partial x}\Delta y,\quad Q_y=-T\frac{\partial H}{\partial y}\Delta x$$

把它们代入式（1.84），并在两端分别约去无限小的 $\Delta x\Delta y\Delta t$，则有

$$\frac{\partial}{\partial x}\left(T\frac{\partial H}{\partial x}\right)+\frac{\partial}{\partial y}\left(T\frac{\partial H}{\partial y}\right)+K_1\frac{H_1-H}{m_1}+K_2\frac{H_2-H}{m_2}=S\frac{\partial H}{\partial t} \tag{1.86}$$

这就是不考虑弱透水层弹性释水条件下非均质各向同性越流含水层中非稳定运动的基本微分方程。对于均质各向同性介质来说，有

$$\frac{\partial^2 H}{\partial x^2}+\frac{\partial^2 H}{\partial y^2}+\frac{H_1-H}{B_1^2}+\frac{H_2-H}{B_2^2}=\frac{S}{T}\frac{\partial H}{\partial t} \tag{1.87}$$

其中，

$$B_1=\sqrt{\frac{Tm_1}{K_1}},\quad B_2=\sqrt{\frac{Tm_2}{K_2}} \tag{1.88}$$

分别称为上、下两个弱透水层的越流因素。

越流因素（B）的量纲为［L］。弱透水层的渗透性愈小，厚度越大，则 B 越大，越流量越小。在自然界中，越流因素值的变化很大，可以从几米到若干千米。对于一个完全隔水的覆盖层来说，B 为无穷大。另一个反映越流能力的参数是越流系数（σ'）。其定义为：当主含水层和供给越流的含水层间水头差为1个长度单位时，通过主含水层和弱透水层间单位面积界面上的水流量。因此，

$$\sigma'=\frac{K_1}{m_1} \tag{1.89}$$

式中：K_1，m_1 分别为弱透水层的渗透系数和厚度。σ'越大，相同水头差下的越流量越多。

1.9 研究潜水运动的基本微分方程

1.9.1 Dupuit 假设

潜水面不是水平的，含水层中存在着垂向上的流速分量。潜水面又是渗流区的边界，随

时间变化，它的位置在问题解出以前是未知的。为了较方便地求解，引出了 Dupuit 假设。

Dupuit 于 1863 年根据潜水面的坡度对大多数地下水流而言是很小的这一事实，提出了如下假设（图 1.34）。对潜水面（在垂直的二维平面内）上任意一点 P 有

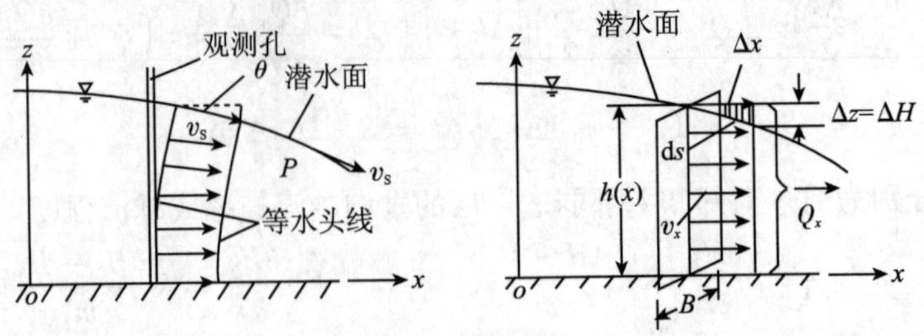

图 1.34 Dupuit 假设

（据 J. Bear，1979，有修改）

$$J = -\frac{\mathrm{d}H}{\mathrm{d}s} = -\frac{\mathrm{d}z}{\mathrm{d}s} = -\sin\theta \tag{1.90}$$

该点的渗流速度方向与潜水面相切，根据 Darcy 定律有

$$v_{\mathrm{s}} = KJ = -K\sin\theta$$

由于坡角（θ）很小，可以用 $\tan\theta$ 代替 $\sin\theta$。这个 θ 很小的假设，意味着假设潜水面比较平缓，等水头面铅直，水流基本上水平，可忽略渗流速度的垂直分量（v_z），$H(x, y, z, t)$ 可近似地用 $H(x, y, t)$ 代替。这样一来，垂直剖面上各点的水头就变成相等的了；或者说，水头不随深度而变化，同一垂直剖面上各点的水力坡度和渗透速度都相等，渗流速度可以表示为

$$v_x = -K\frac{\mathrm{d}H}{\mathrm{d}x}, \quad H = H(x) \tag{1.91}$$

相应地，通过宽度为 B 的垂直平面（在此假设下可近似看成是过水断面）的流量为

$$Q_x = -KhB\frac{\mathrm{d}H}{\mathrm{d}x}, \quad H = H(x) \tag{1.92}$$

式中：Q_x 为 x 方向的流量；h 为潜水含水层厚度，在隔水层水平的情况下，$h = H$。

对于更一般的情况，$h = H(x, y)$ 则有

$$v_x = -K\frac{\mathrm{d}H}{\mathrm{d}x}, \quad v_y = -K\frac{\mathrm{d}H}{\mathrm{d}y}, \quad H = H(x,y) \tag{1.93}$$

和

$$Q_x = -KhB\frac{\mathrm{d}H}{\mathrm{d}x}, \quad Q_y = -KhB\frac{\mathrm{d}H}{\mathrm{d}y} \tag{1.94}$$

Dupuit 假设在 θ 不大的情况下是合理的，很有用。它减少了自变量 z，从而简化了计算。

引入 Dupuit 假设后，会产生多大误差，显然是人们关心的一个问题。经验算，应用 Dupuit 假设，相当于在流量公式中以 $h^2/2$ 代替 $h\overline{H} - h^2/2$，由此引起的误差为

$$0 < \frac{\dfrac{h^2}{2} - \left[h\overline{H} - \dfrac{h^2}{2}\right]}{\dfrac{h^2}{2}} < \frac{i^2}{1 + i^2}, \quad i \equiv \frac{\mathrm{d}h}{\mathrm{d}x} \tag{1.95}$$

故只要 $i^2 \ll 1$（这里 i 是潜水面坡度），产生的误差是很小的。对于各向异性介质，$K_{xx} \neq K_{zz}$，则上式中的 i^2 应代之以 $\left(\frac{K_{xx}}{K_{zz}}\right)i^2$。

Dupuit 的假设忽略了渗流速度的垂直分量（v_z），故在 v_z 大的地段就不能采用，例如在有入渗的潜水分水岭地段（图 1.35a），渗出面附近（图 1.35b）和垂直的隔水边界附近（图 1.35c）。后者只有在 $x > 2h_0$ 的地段才能把等势线看成是垂直线。在下游边界上，潜水面都终止在高出下游水面（河水面、井水面）的某个点上。在下游边界上，潜水面以下、下游水面以上的地段称为渗出面。渗出面上潜水面往往和边界面相切，有较大的垂向分速度。

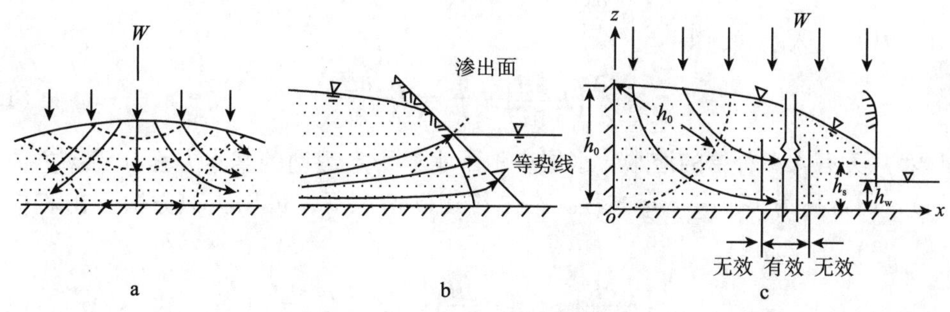

图 1.35 Dupuit 假设无效区

（据 J. Bear，1979，有修改）

h_0—潜水初始水位；h_w—河水位；h_s—渗出水位；W—垂直入渗量

1.9.2 Boussinesq 方程

根据 Dupuit 假设，可以建立有关潜水含水层中地下水流的方程。潜水面是个自由面，相对压强 $p = 0$。因此，对整个含水层来说，可以不考虑水的压缩性。

先考虑一维问题。取平行于 xoz 平面的单位宽度进行研究。在渗流场内取一土样（图 1.36），它的上界面是潜水面，下界面为相对隔水底板，左右为两个相距 Δx 的垂直断面。引起小土体内水量变化的因素，除从上断面流入的流量 $q - \frac{\partial q}{\partial x}\frac{\Delta x}{2}$ 和下断面流出的流量 $q + \frac{\partial q}{\partial x}\frac{\Delta x}{2}$ 外，还有由大气降水入渗补给或由潜水蒸发构成的垂向的水量交换。设单位时间、单位面积上垂向补给含水层的水量为 W（入渗补给或其他人工补给取正值，蒸发取负值）。

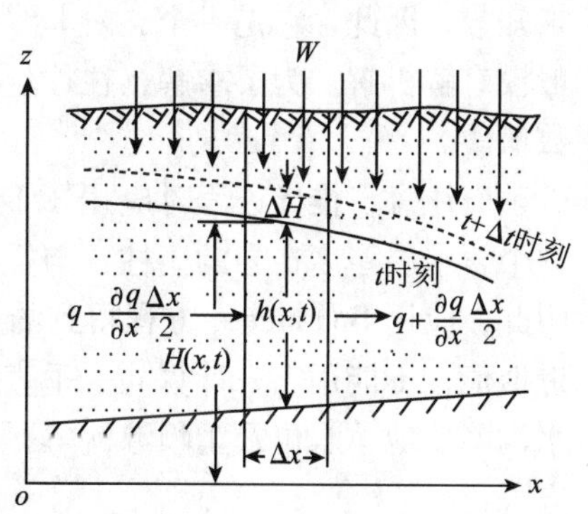

图 1.36 潜水的非稳定运动

在 Δt 时间内，从上游流入和由下游流出的水量差，根据 Dupuit 假设为

$$\left(q - \frac{\partial q}{\partial x}\frac{\Delta x}{2}\right)\Delta t - \left(q + \frac{\partial q}{\partial x}\frac{\Delta x}{2}\right)\Delta t = -\frac{\partial q}{\partial x}\Delta x \Delta t = -\frac{\partial(v_x h)}{\partial x}\Delta x \Delta t$$

在 Δt 时间内，垂直方向的补给量为 $W\Delta x\Delta t$。因此，Δt 时间内小土体中水量总的变化为

$$\left[-\frac{\partial(v_x h)}{\partial x}+W\right]\Delta x\Delta t$$

小土体内水量的变化必然会引起潜水面的升降。设潜水面变化的速率为$\frac{\partial H}{\partial t}$，则在 Δt 时间内，由于潜水面变化而引起的小土体内水体积的增量为$\mu\frac{\partial H}{\partial t}\Delta x\Delta t$。当潜水面上升时，$\mu$ 为饱和差，下降时为给水度，此时忽略了水和固体骨架弹性贮存的变化。

由于假设水是不可压缩的，根据连续性原理，这两个增量应相等，即

$$\left[-\frac{\partial(v_x h)}{\partial x}+W\right]\Delta x\Delta t=\mu\frac{\partial H}{\partial t}\Delta x\Delta t$$

将式（1.91）代入上式，得

$$\frac{\partial}{\partial x}\left(h\frac{\partial H}{\partial x}\right)+\frac{W}{K}=\frac{\mu}{K}\frac{\partial H}{\partial t} \tag{1.96}$$

式（1.96）为有入渗补给的潜水含水层中地下水非稳定运动的基本方程（沿 x 方向的一维运动），通常称为 Boussinesq 方程。在二维运动情况下，可用类似方法导出相应的方程为

$$\frac{\partial}{\partial x}\left(h\frac{\partial H}{\partial x}\right)+\frac{\partial}{\partial y}\left(h\frac{\partial H}{\partial y}\right)+\frac{W}{K}=\frac{\mu}{K}\frac{\partial H}{\partial t} \tag{1.97}$$

当相对隔水层水平时，上式中 $h=H$。对于非均质含水层，Boussinesq 方程有如下形式：

$$\frac{\partial}{\partial x}\left(Kh\frac{\partial H}{\partial x}\right)+\frac{\partial}{\partial y}\left(Kh\frac{\partial H}{\partial y}\right)+W=\mu\frac{\partial H}{\partial t} \tag{1.98}$$

Boussinesq 方程是研究潜水运动的基本微分方程。方程中的含水层厚度（h）也是个未知数，因此，它是一个二阶非线性偏微分方程。除某些个别情况能找到几个特解外，一般没有解析解。为了求解，往往近似地把它转化为线性方程后再求解。目前广泛采用的是数值法。

应注意，推导方程时应用了 Dupuit 假设，忽略了弹性贮存；取的小土体是一个包括整个含水层厚度在内的土柱，与推导承压水非稳定运动方程时取的无限小的单元体不同。因此，应用 Boussinesq 方程得到的 $H(x, y, t)$ 只代表该点整个含水层厚度上平均水头的近似值，不能用它来计算同一垂直剖面上不同点的水头变化。对某些无压渗流问题，如排水沟降低地下水位及土坝渗流等是不适用的，此时应采用不用 Dupuit 假设的一般形式的方程：

$$\frac{\partial}{\partial x}\left(K\frac{\partial H}{\partial x}\right)+\frac{\partial}{\partial y}\left(K\frac{\partial H}{\partial y}\right)+\frac{\partial}{\partial z}\left(K\frac{\partial H}{\partial z}\right)=S_s\frac{\partial H}{\partial t} \tag{1.99}$$

对各向异性介质，如所取坐标轴与各向异性的主方向一致，则有

$$\frac{\partial}{\partial x}\left(K_{xx}\frac{\partial H}{\partial x}\right)+\frac{\partial}{\partial y}\left(K_{yy}\frac{\partial H}{\partial y}\right)+\frac{\partial}{\partial z}\left(K_{zz}\frac{\partial H}{\partial z}\right)=S_s\frac{\partial H}{\partial t} \tag{1.100}$$

对无压渗流来说，它的弹性释水与潜水面下降疏干出来的水量相比，是微不足道的。因此，有时把式（1.99）和式（1.100）的右端项以零代替，认为无压渗流区内水头应满足方程：

$$\frac{\partial}{\partial x}\left(K\frac{\partial H}{\partial x}\right)+\frac{\partial}{\partial y}\left(K\frac{\partial H}{\partial y}\right)+\frac{\partial}{\partial z}\left(K\frac{\partial H}{\partial z}\right)=0 \tag{1.101}$$

或

$$\frac{\partial}{\partial x}\left(K_{xx}\frac{\partial H}{\partial x}\right)+\frac{\partial}{\partial y}\left(K_{yy}\frac{\partial H}{\partial y}\right)+\frac{\partial}{\partial z}\left(K_{zz}\frac{\partial H}{\partial z}\right)=0 \tag{1.102}$$

注意，这时相当于假设固体骨架是不可压缩的，$S_s=0$，同时一开始曾假设忽略水的压缩性，即$\rho=$常数，故右端项为零。

这些方程与承压含水层中水头应满足的方程没有什么不同。方程右端采用的是贮水率（S_s）而不是给水度或饱和差（μ）。其原因是为了计算渗流区内任一点的水头，必须从渗流区内部取一个无限小的单元体来考虑。对这样的单元体来说，因位于渗流区内部，考虑其贮存量的变化时只能是弹性释水而不是疏干排水，因而推导出的无压水非稳定运动方程和承压水非稳定运动方程就没有什么不同了。在这种情况下，地下水非稳定流动的特征则由边界条件反映。如潜水面升降所引起的水量变化可以作为一种补给水源（水位上升时取负值），用第二类边界条件处理，其具体处理方法将在本章“1.11 定解条件”一节中予以阐述。方程（1.99）或方程（1.100）与以后将要谈到的潜水面应满足的边界条件结合起来，便可求解一般的无压渗流问题（当然，还要结合反映渗流区具体情况的其他定解条件）。

对潜水位变化很小的情况，和承压水流一样，可以看成是稳定运动。潜水稳定运动的方程式，当不存在入渗和蒸发时，由式（1.98）和式（1.97），令右端项为零，得

$$\frac{\partial}{\partial x}\left(Kh\frac{\partial H}{\partial x}\right)+\frac{\partial}{\partial y}\left(Kh\frac{\partial H}{\partial y}\right)=0 \tag{1.103}$$

$$\frac{\partial}{\partial x}\left(h\frac{\partial H}{\partial x}\right)+\frac{\partial}{\partial y}\left(h\frac{\partial H}{\partial y}\right)=0 \tag{1.104}$$

在有些文献中，把式（1.77）和式（1.98）写成一个统一的表达式：

$$\frac{\partial}{\partial x}\left(F\frac{\partial H}{\partial x}\right)+\frac{\partial}{\partial y}\left(F\frac{\partial H}{\partial y}\right)+W=E\frac{\partial H}{\partial t} \tag{1.105}$$

其中，

$$F=\begin{cases}T=KM & \text{（在承压含水层区）}\\ Kh=K(H-z) & \text{（在潜水含水层区）}\end{cases}$$

$$E=\begin{cases}S & \text{（在承压含水层区）}\\ \mu & \text{（在潜水含水层区）}\end{cases}$$

式中：z为含水层底板标高。

1.10 双重介质渗流学说

1.10.1 基本假定

前面介绍的基本方程都和孔隙介质中地下水流有关。有关裂隙介质中地下水运动的研究，到目前为止还很不够。这是因为裂隙的形状、大小和分布都很不均匀，同一岩层不同

部位的富水性相差悬殊。赋存条件的这种差异，必然反映到地下水运动中，表现出不同的运动特点。因此，要建立描述裂隙水运动的一般微分方程是困难的，求解就更为不易。因此，人们都把裂隙介质按等效孔隙介质渗流理论来研究，建立相应的数学模型，即在假设裂隙发育比较均匀的前提下，用研究孔隙水的数学模型来处理裂隙水的运动问题。20 世纪 50 年代，通过油田地质研究，人们发现，在发育裂隙水的孔隙岩层（孔隙 - 裂隙岩层）中，同时存在着两种空隙和渗流系统：空隙总体积较大而渗透性相对弱的多孔岩块系统和分割多孔岩块的裂隙系统。后者空隙体积较小，渗透性却相对较强（图 1.37）岩层中的水流大部分是由裂隙传输的。也就是说，地下水主要是贮存在孔隙中，水的运动主要是在裂隙中进行。在此基础上，Г. И. БаренбЛатт 等人于 1960 年提出了“孔隙 - 裂隙二重性”的假定，并导出描述孔隙 - 裂隙岩层中液体运动的基本微分方程，建立了相应的数学模型，并在 70 年代中期引入到地下水研究中来，这就是所说的双重介质渗流学说。他在建立微分方程时应用了下列假定。

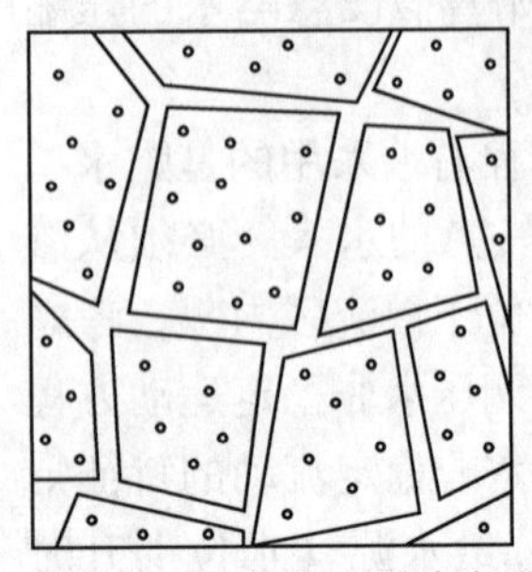

图 1.37　孔隙 - 裂隙岩层
（据 T. D. Streltsova，1976）

1）具有原生孔隙的岩层中广泛发育有随机分布的裂隙，二者都充满着整个研究区，形成两个重叠的连续系统。也就是说，孔隙和裂隙的分布彼此都是连续的，即所谓的“二重性”假定。双重介质的名称即由此而来。根据这一假定，在渗流区的每个点上都有两个水头，一个是孔隙水头（H），另一个是裂隙水头（H_f）。

2）孔隙以贮水为主，裂隙以导水为主，水自孔隙经裂隙流向别处，其总的渗透性决定于裂隙的渗透性，水在裂隙中的流动服从 Darcy 定律。

3）孔隙和裂隙的初始水头相等，它们之间交换的水量与其水头差成正比，即

$$Q_{pf} = C(H - H_f) \tag{1.106}$$

式中：Q_{pf}为单位体积的含水层在单位时间内从孔隙流入裂隙的水量；C 是比例常数。

4）含水层骨架可以压缩，但其固体颗粒的压缩性忽略不计，看成是刚性的。

1.10.2　微分方程的建立

根据上述假定和水流连续性原理，可以建立裂隙承压含水层的微分方程。仍然考虑图 1.32 中那个单元体的水均衡，所取坐标轴和主渗透方向一致。根据第二个假定，这个单元体中的水通过裂隙流入、流出，并服从 Darcy 定律。因此，在 Δt 时段内沿 x 轴方向流入这个单元体与流出这个单元体的水量之差（净流入该单元体的水量）为 $\frac{\partial}{\partial x}\left(K_{xx}^{f}\frac{\partial H_f}{\partial x}\right)\Delta x\Delta y\Delta z\Delta t$。式中，$K_{xx}^{f}$为裂隙的主渗透系数（与 x 轴平行）。同理可得，Δt 时段内沿 y 轴方向和 z 轴方向净流入这个单元体的水量分别为$\frac{\partial}{\partial y}\left(K_{yy}^{f}\frac{\partial H_f}{\partial y}\right)\Delta x\Delta y\Delta z\Delta t$ 和 $\frac{\partial}{\partial z}\left(K_{zz}^{f}\frac{\partial H_f}{\partial z}\right)\Delta x\Delta y\Delta z\Delta t$。式中，$K_{yy}^{f}$，$K_{zz}^{f}$为裂隙的主渗透系数（分别与 y 轴和 z 轴平行）。根据假设，孔隙中释放出的水要进入裂隙，其量为 $C(H - H_f)\Delta x\Delta y\Delta z\Delta t$。因此，在 Δt 时间内单元体中总的水量变化（净流入量）为

$$\left[\frac{\partial}{\partial x}\left(K_{xx}^{\mathrm{f}}\frac{\partial H_{\mathrm{f}}}{\partial x}\right)+\frac{\partial}{\partial y}\left(K_{yy}^{\mathrm{f}}\frac{\partial H_{\mathrm{f}}}{\partial y}\right)+\frac{\partial}{\partial z}\left(K_{zz}^{\mathrm{f}}\frac{\partial H_{\mathrm{f}}}{\partial z}\right)+C(H-H_{\mathrm{f}})\right]\Delta x\Delta y\Delta z\Delta t$$

这个时间内，单元体内由于贮存变化所引起的水量变化为

$$S_{\mathrm{s}}^{\mathrm{f}}\frac{\partial H^{\mathrm{f}}}{\partial t}\Delta x\Delta y\Delta z\Delta t$$

式中：$S_{\mathrm{s}}^{\mathrm{f}}$ 为裂隙贮水率。

单元体内水量变化必然引起贮存的变化，两者应相等。于是得

$$\frac{\partial}{\partial x}\left(K_{xx}^{\mathrm{f}}\frac{\partial H_{\mathrm{f}}}{\partial x}\right)+\frac{\partial}{\partial y}\left(K_{yy}^{\mathrm{f}}\frac{\partial H_{\mathrm{f}}}{\partial y}\right)+\frac{\partial}{\partial z}\left(K_{zz}^{\mathrm{f}}\frac{\partial H_{\mathrm{f}}}{\partial z}\right)+C(H-H_{\mathrm{f}})=S_{\mathrm{s}}^{\mathrm{f}}\frac{\partial H_{\mathrm{f}}}{\partial t} \tag{1.107}$$

同理，对孔隙有

$$\frac{\partial}{\partial x}\left(K_{xx}\frac{\partial H}{\partial x}\right)+\frac{\partial}{\partial y}\left(K_{yy}\frac{\partial H}{\partial y}\right)+\frac{\partial}{\partial z}\left(K_{zz}\frac{\partial H}{\partial z}\right)-C(H-H_{\mathrm{f}})=S_{\mathrm{s}}\frac{\partial H}{\partial t} \tag{1.108}$$

式中：K_{xx}，K_{yy}，K_{zz}为沿 x，y，z 轴方向孔隙的主渗透系数；S_{s} 为岩块的贮水率。

由于孔隙中的水力坡降很小，可以认为

$$\frac{\partial}{\partial x}\left(K_{xx}\frac{\partial H}{\partial x}\right)+\frac{\partial}{\partial y}\left(K_{yy}\frac{\partial H}{\partial y}\right)+\frac{\partial}{\partial z}\left(K_{zz}\frac{\partial H}{\partial z}\right)=0$$

故有

$$\frac{\partial H}{\partial t}=\gamma(H_{\mathrm{f}}-H) \tag{1.109}$$

式中：$\gamma=C/S_{\mathrm{s}}$，称为承压水迁移系数。为了建立关于 H_{f} 的方程，把式（1.109）改写为

$$\frac{\partial(H-H_{\mathrm{f}})}{\partial t}+\gamma(H-H_{\mathrm{f}})=-\frac{\partial H_{\mathrm{f}}}{\partial t}$$

这是关于（$H-H_{\mathrm{f}}$）的一阶线性微分方程。按已知公式，可求得其通解为

$$H-H_{\mathrm{f}}=C\mathrm{e}^{-\gamma t}-\int_0^t\mathrm{e}^{-\gamma(t-\tau)}\frac{\partial H_{\mathrm{f}}}{\partial\tau}\mathrm{d}\tau \tag{1.110}$$

再利用初始条件：

$$H(x,y,0)=H_{\mathrm{f}}(x,y,0)=H_0(x,y)$$

代入上式，可得 $C=0$。由此求得其解为

$$H=H_{\mathrm{f}}-\int_0^t\mathrm{e}^{-\gamma(t-\tau)}\frac{\partial H_{\mathrm{f}}}{\partial\tau}\mathrm{d}\tau \tag{1.111}$$

把上式代入式（1.109）可得

$$\frac{\partial H}{\partial t}=\gamma(H_{\mathrm{f}}-H)=\gamma\int_0^t\mathrm{e}^{-\gamma(t-\tau)}\frac{\partial H_{\mathrm{f}}}{\partial\tau}\mathrm{d}\tau \tag{1.112}$$

把式（1.112）代入式（1.107），便可得只包括裂隙水头（H_{f}）的方程：

$$\frac{\partial}{\partial x}\left(K_{xx}^{\mathrm{f}}\frac{\partial H_{\mathrm{f}}}{\partial x}\right)+\frac{\partial}{\partial y}\left(K_{yy}^{\mathrm{f}}\frac{\partial H_{\mathrm{f}}}{\partial y}\right)+\frac{\partial}{\partial z}\left(K_{zz}^{\mathrm{f}}\frac{\partial H_{\mathrm{f}}}{\partial z}\right)=S_{\mathrm{s}}^{\mathrm{f}}\frac{\partial H_{\mathrm{f}}}{\partial t}+S_{\mathrm{s}}\gamma\int_0^t\mathrm{e}^{-\gamma(t-\tau)}\frac{\partial H_{\mathrm{f}}}{\partial\tau}\mathrm{d}\tau \tag{1.113}$$

式（1.113）是描述承压双重介质裂隙水流的基本微分方程。在二维情况下可简化为

$$\frac{\partial}{\partial x}\left(T_{xx}^{\mathrm{f}}\frac{\partial H_{\mathrm{f}}}{\partial x}\right)+\frac{\partial}{\partial y}\left(T_{yy}^{\mathrm{f}}\frac{\partial H_{\mathrm{f}}}{\partial y}\right)=S^{\mathrm{f}}\frac{\partial H_{\mathrm{f}}}{\partial t}+S\gamma\int_0^t\mathrm{e}^{-\gamma(t-\tau)}\frac{\partial H_{\mathrm{f}}}{\partial\tau}\mathrm{d}\tau \tag{1.114}$$

式中：T_{xx}^{f}，T_{yy}^{f}为裂隙的主导水系数（分别与 x，y 轴平行）；S^{f}，S 为裂隙和岩块的贮水系数。

把上述方程和描述多孔介质中渗流的基本微分方程比较，其不同之处只是多了一项 $S_s\gamma\int_0^t e^{-\gamma(t-\tau)}\frac{\partial H_f}{\partial \tau}d\tau$（二维情况下为 $S\gamma\int_0^t e^{-\gamma(t-\tau)}\frac{\partial H_f}{\partial \tau}d\tau$）。

从前面的讨论中不难发现，它表示：

$$S_s\frac{\partial H}{\partial t}=C(H_f-H)(\text{或}\ S\frac{\partial H}{\partial \mathrm{t}})$$

因此，它的物理意义为单位时间内单位体积含水层（二维情况下为单位面积的柱体）中从孔隙流入裂隙的水量。它是一个和时间有关的量。抽水早期，即 t 值很小时，它很小，抽出的水主要来自裂隙内水的释放，从而造成裂隙水头的迅速下降。随着时间的延长，这一水量相应地增大，裂隙水头的下降速度也随之减缓。可见，多孔岩块中的水是逐渐释放出来的。这是由该数学表达式的性质决定的，从而造成孔隙水头的下降落后于裂隙水头的下降，在时间上存在着迟后。因此，这部分水量也可以称为延迟弹性释水量。随着时间的延长，迟后效应逐渐变小，孔隙中释放的水量逐渐与裂隙中水位的下降保持一致，最后迟后效应小到可以忽略不计。和潜水 Boulton 方程比较，不难发现，两者在形式上是相似的，都包含有延迟效应项，即延迟弹性释水量项和潜水迟后重力排水项。但前者有明确的物理含义。

延迟弹性释水项中包含一个新的参数——承压水迁移系数（γ）。根据定义，其中比例常数（C）是反映孔隙和裂隙之间水量交换特征的参数，与孔隙的渗透系数（K）及多孔岩块的几何特征有关。T. D. Streltsova（1976）认为，$C=K/L$，L 为岩块的特征长度，用岩块的平均大小或岩块中心到它表面的平均距离来表示。所以 γ 值取决于 K，L，S_s 等，它是反映孔隙、裂隙发育情况及其连通程度的特征量。γ 越小，从孔隙向裂隙运移的水量越少，延迟时间越长；反之，γ 越大，从孔隙向裂隙运移的水量越多，延迟的时间越短。

对无压含水层，相应近似的裂隙水流基本方程，在二维情况下为

$$\frac{\partial}{\partial x}\left(T_{xx}^{f}\frac{\partial H_f}{\partial x}\right)+\frac{\partial}{\partial y}\left(T_{yy}^{f}\frac{\partial H_f}{\partial y}\right)=\mu^{f}\frac{\partial H_f}{\partial t}+(S+\mu)\alpha\int_0^t e^{-\alpha(t-\tau)}\frac{\partial H_f}{\partial \tau}d\tau \tag{1.115}$$

式中：$\alpha=\frac{Ch}{S+\mu}$，称为水迁移系数；h 为含水层厚度。方程右端第二项的物理含义为延迟弹性释水量与延迟重力排水量之和。

1.11 定解条件

从前面几节可以看出，不同类型的地下水流用不同形式的偏微分方程描述，同一形式的偏微分方程又代表着一类地下水流的运动规律。例如，均质各向同性无越流承压含水层中地下水的稳定流都用 Laplace 方程描述。但由于补给、径流、排泄条件的差异，以及边界性质、边界形状的不同，不同含水层中水头的分布却毫无共同之处。如用它来研究地下水向井的运动和坝下渗流，两者的水头分布不同。非稳定流问题的情况也相似。由于方程本身并不包含反映渗流区特定条件的信息，所以每个方程有无数个可能的解，每一个解对应于一个特定渗流区中的水流情况。

为了从大量可能解中求得和所研究特定问题相对应的唯一特解，就需要提供偏微分方程本身所没有包括的一些补充信息。它们是：

1）方程中有关参数的值。方程中总是包含一些表示含水层水文地质特征的参数，如导水系数（T）、贮水系数（S）等。有时还包含表示含水层所受天然或人为影响的源汇项（W）。只有当这些参数在所研究的渗流区中实际数值被确定后，方程本身才算确定。

2）渗流区的范围和形状（边界有时是无限的，有时部分是未知的）。一个偏微分方程，只有规定了它所定义的区域（即渗流区）后，才能谈得上对它的求解。

3）边界条件。即渗流区边界所处的条件，用来表示水头（H）（或渗流量（q）或浓度（c）等）在渗流区边界上所应满足的条件，也就是渗流区内水流（或浓度（c）等）与其周围环境相互制约的关系。

4）初始条件。非稳定渗流问题，除了需要列出边界条件外，还要列出初始条件。所谓初始条件就是在某一选定的初始时刻（$t=0$）渗流区内水头（H）或浓度（c）等的分布情况。

边界条件和初始条件合称定解条件。求解非稳定渗流问题要同时列出边界条件和初始条件；求解稳定渗流问题只要列出边界条件即可。一个或一组数学方程与其定解条件加在一起，构成一个描述某实际问题的数学模型。前者用来刻画研究区地下水的流动规律或地下水中溶质或热量的运移规律，后者用来表明所研究实际问题的特定条件，两者缺一不可。用这样的模型再现一个实际水流系统。给定了方程或方程组和相应定解条件的数学物理问题又称定解问题。因此，所求的某个地下水问题的解，必然是这样的函数：一方面要适合描述该渗流区地下水运动或溶质（或热量）运移的偏微分方程（或方程组），另一方面又要满足该渗流区的边界条件和初始条件。

如以 D 表示所考虑的渗流区，在三维空间中它是由光滑或分片光滑的曲面 S 所围成的一个立体；在二维空间中，它是由光滑或分段光滑的曲线 Γ 所围成的一个平面。除了由封闭曲线、曲面所围成的有限区域外，有时还可能碰到在某个方向或各个方向上可以把所考虑的渗流区视为无限延伸的区域的情况。

下面分别介绍地下水问题中定解条件的类型。

1.11.1 边界条件

地下水问题中碰到的边界条件有下列几种类型。

1.11.1.1 第一类边界条件（Dirichlet 条件）

如果在某一部分边界（设为 S_1 或 Γ_1）上，各点在每一时刻的水头（或浓度、温度）都已知，则这部分边界就称为第一类边界或给定水头（或浓度、温度）的边界，表示为

$$H(x,y,z,t)\big|_{S_1} = \varphi_1(x,y,z,t), \quad (x,y,z) \in S_1 \tag{1.116}$$

或

$$H(x,y,t)\big|_{\Gamma_1} = \varphi_2(x,y,t), \quad (x,y) \in \Gamma_1 \tag{1.117}$$

式中：$H(x, y, z, t)$ 和 $H(x, y, t)$ 分别表示在三维和二维条件下边界段 S_1 和 Γ_1 上点 (x, y, z) 和 (x, y) 在 t 时刻的水头（或浓度、温度）。$\varphi_1(x, y, z, t)$ 和 $\varphi_2(x, y, t)$

分别是 S_1 和 Γ_1 上的已知函数。

可以作为第一类边界条件来处理的情况不少，例如当河流或湖泊完全切割含水层，两者有直接水力联系时，这部分边界就可以作为第一类边界处理。此时，水头 φ_1 和 φ_2 是一个由河湖水位的统计资料得到的关于 t 的函数。但要注意，某些河、湖底部及两侧沉积有一些粉砂、亚粘土和粘土，使地下水和地表水的直接水力联系受阻，就不能作为第一类边界条件来处理。区域内部的抽水井或疏干巷道也可以作为给定水头的内边界来处理。此时，水头通常是按某种要求事先给定。

注意，给定水头边界不一定是定水头边界。上面介绍的都只是给定水头的边界。所谓定水头边界，意味着函数 φ_1 和 φ_2 不随时间而变化。当区域内部的水头比它低时，它就供给水，要多少有多少。当区域内部的水头比它高时，它吸收水，需要它吸收多少就吸收多少。在自然界，这种情况极少见。即使附近有河流、湖泊的情况，也不一定能处理为定水头边界，还要视河流、湖泊与地下水水力联系的情况，以及这些地表水体本身的径流特征而定。在没有充分依据的情况下，千万不能随意把某段边界确定为定水头边界，以免造成很大误差。

1.11.1.2 第二类边界条件（Neumann 条件）

当知道某一部分边界（设为 S_2 或 Γ_2）单位面积（二维空间为单位宽度）上流入（流出时用负值）的流量 q（或弥散通量）时，称为第二类边界或给定流量的边界。对于各向同性介质相应的边界条件为

$$K\frac{\partial H}{\partial n}\bigg|_{S_2} = q_1(x,y,z,t), \quad (x,y,z) \in S_2 \tag{1.118}$$

或

$$T\frac{\partial H}{\partial n}\bigg|_{\Gamma_2} = q_2(x,y,t), \quad (x,y) \in \Gamma_2 \tag{1.119}$$

式中：n 为边界 S_2 或 Γ_2 的外法线方向；q_1 和 q_2 则为已知函数，分别表示 S_2 上单位面积和 Γ_2 上单位宽度的侧向补给量。

最常见的这类边界就是相对隔水边界，此时侧向补给量 $q=0$。在介质各向同性的条件下，上面两个表达式都可简化为

$$\frac{\partial H}{\partial n} = 0 \tag{1.120}$$

边界条件式（1.120）还可用在下列场合：①地下分水岭；②流线。

在各向异性介质条件下，则有

$$K_n\frac{\partial H}{\partial n}\bigg|_{\Gamma_2} = 0 \tag{1.121}$$

式中：K_n 为沿边界 Γ_2 的外法线方向 n 的渗透系数。

抽水井或注水井也可以作为内边界来处理。取井壁 Γ_w 为边界，根据 Darcy 定律有

$$2\pi rT\frac{\partial H}{\partial r} = Q(x,y,t)$$

式中：r 为径向距离；Q 为抽水井流量（$Q<0$，为注水井流量）。

由于此时外法线方向 n 指向井心，故上式可改写为下列形式：

$$T\frac{\partial H}{\partial n}\bigg|_{\Gamma_w} = -\frac{Q}{2\pi r_w} \tag{1.122}$$

有多口井时，则有

$$T\frac{\partial H}{\partial n}\bigg|_{\Gamma_{wj}} = -\frac{Q_j}{2\pi r_{wj}}, \quad j = 1,2,\cdots,n \tag{1.123}$$

式中：r_{wj}为井的半径；Γ_{wj}为井的周边；n 为井数；Q_j 为第 j 口井的流量。

1.11.1.3 第三类边界条件

若某段边界 S_3 或 Γ_3 上，H 和$\frac{\partial H}{\partial n}$的线性组合已知，即

$$\frac{\partial H}{\partial n} + \alpha H = \beta \tag{1.124}$$

式中：α，β 为已知函数，这种类型的边界条件称为第三类边界条件或混合边界条件。

当研究区的边界上如果分布有相对较薄的一层弱透水层（带），边界的另一侧是地表水体或另一个含水层分布区时，则可以看作是这类边界。如图 1.38 所示，淤泥层两侧的同一位置上的 A 点和 P 点有水头差，如以 H 表示边界内侧研究区的水头，H_n 为边界外侧的水头，当忽略弱透水层内贮存的变化时，有

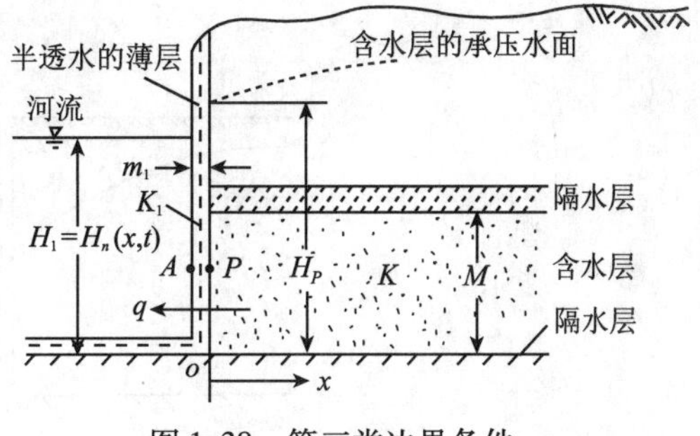

图 1.38 第三类边界条件

（据 J. Bear，1979）

$$K\frac{\partial H}{\partial n}\bigg|_{S_3} = \frac{K_1}{m_1}(H_n - H) = q(x,y,z,t)$$

式中：K 为研究区的渗透系数；K_1 和 m_1 分别为弱透水层的渗透系数和宽度；q 为与式（1.118）中 q_1相当的侧向流入量（流出为负值）。上式还可进一步改写为

$$K\frac{\partial H}{\partial n} - \frac{H_n - H}{\sigma'} = 0, \quad 在 S_3 上 \tag{1.125}$$

式中：$\sigma' = \frac{m_1}{K_1}$。对于图 1.38 这种二维情况，则有

$$T\frac{\partial H}{\partial n} - M\frac{H_n - H}{\sigma'} = 0, \quad 在 \Gamma_3 上 \tag{1.126}$$

这就是第三类边界条件。

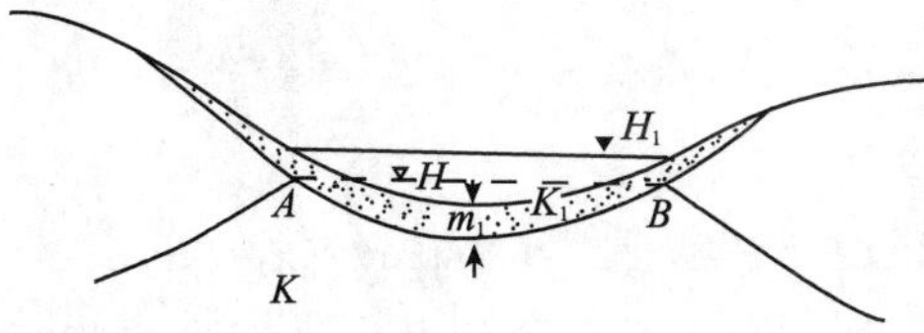

图 1.39 含水层和河流间的第三类边界条件

（据 G. de Marsily，1986，有修改）

类似的情况还可在沉积有粉砂、粉质粘土等弱透水沉积物的河床底部看到（图 1.39）。在河水位（H_1）与含水层内水头（H）间水位差（$H_1 - H$）的作用下，发生渗流补给。设含水层与河流间单位接触面积的渗流量为 q，则有

$$q = K_1\frac{H_1 - H}{m_1}$$

但在含水层中，该流量为

$$q = -K\frac{\partial H}{\partial n}$$

式中：n 为接触面上指向河流的外法线方向（注意，水流方向和外法线方向是相反的）；K_1 和 m_1 分别为弱透水层的渗透系数和厚度。于是可考虑作为下列边界条件来处理：

$$-K\frac{\partial H}{\partial n} + \frac{K_1}{m_1}H = \frac{K_1}{m_1}H_1 \tag{1.127}$$

显然，这类第三类边界条件不如前两类边界条件更常见。

边界的性质和边界距抽水井的距离对计算结果有很大影响，具体选用时必须慎重。在实际工作中，必须用相当多的勘探工作量来查明边界的性质，以便正确地确定边界条件。

下面以不考虑入渗补给的地下水向井中的稳定运动（图 1.40）作为例子，来具体说明它的边界条件。在图 1.40 所示的渗流区中，水头 H 在各边界上必须适合的条件如下。

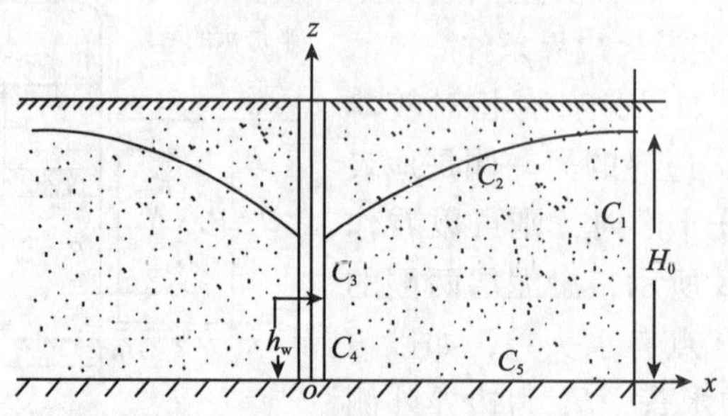

图 1.40　地下水向井中的稳定运动边界条件

在上游边界 C_1 上，水头均假设等于 H_0，所以有边界条件：

$$H\big|_{C_1} = H_0 \tag{1.128}$$

浸润曲线 C_2 上，压强等于大气压强，测压管高度等于零，C_2 上任何一点的水头（H^*）应等于该点的纵坐标值（z）：

$$H^*\big|_{C_2} = z \tag{1.129}$$

同时，浸润曲线又是一条流线，所以有边界条件：

$$\left.\frac{\partial H^*}{\partial n}\right|_{C_2} = 0 \tag{1.130}$$

渗出面 C_3 上，压强也等于大气压强，故有

$$H\big|_{C_3} = z$$

井壁 C_4 上，边界条件为

$$H\big|_{C_4} = h_w$$

隔水边界 C_5 上，边界条件为

$$\left.\frac{\partial H}{\partial n}\right|_{C_5} = 0$$

对于非稳定渗流问题，情况相似只是边界条件中有关值都是时间的函数而已。

要注意，对于有浸润曲线的渗流问题（如排水沟降低地下水位问题、土坝渗流问题等），由于这时浸润曲线本身在不断地变化着，此边界条件就要另行描述了，即除了要满足式（1.129）外，还要满足反映浸润面移动规律。描述的方式有多种，本书介绍一种数

值计算中常用的方法。这种方法把浸润曲线作为有流量补给的边界来处理。图 1.41 上表示出 t 时刻和 $t+\mathrm{d}t$ 时刻的两条浸润曲线。在其间取一宽为 $\mathrm{d}r$，y 方向长为 1 个单位长度的小土体。如以 q 表示从浸润曲线边界流入渗流区的单位面积流量，则在 $\mathrm{d}t$ 时间内通过小土体这部分边界的补给量为 $q\mathrm{d}r\mathrm{d}t$。若取流入为正，则相应的边界条件为

$$K\frac{\partial H}{\partial n}\bigg|_{C_2} = q \tag{1.131}$$

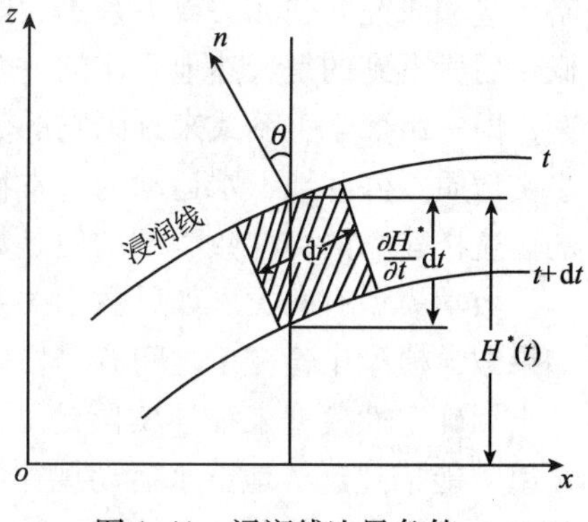

图 1.41　浸润线边界条件

当浸润曲线下降时，从浸润曲线边界流入渗流区的单位面积流量（q）为

$$q = \mu\frac{\partial H^*}{\partial t}\cos\theta \tag{1.132}$$

式中：μ 为给水度；θ 为浸润曲线外法线与铅垂线间的夹角。

1.11.2　初始条件

所谓初始条件，就是给定某一选定时刻（通常表示为 $t=0$）渗流区内各点的水头值（或浓度值等），即

$$H(x,y,z,t)\big|_{t=0} = H_0(x,y,z),\quad (x,y,z)\in D \tag{1.133}$$

或

$$H(x,y,t)\big|_{t=0} = H'_0(x,y),\quad (x,y)\in D \tag{1.134}$$

式中：H_0，H'_0为 D 上的已知函数。初始条件对计算结果的影响，将随着计算时间的延长逐渐减弱。可以根据需要，任意选择某一个瞬时作为初始时刻，不一定是实际开始抽水的时刻，也不要把初始状态理解为地下水没有开采以前的状态。

最后应注意，稳定流问题全部采用给定流量的第二类边界条件在水文地质上似乎说得通，但在数学上由于方程是以水头的导数形式表示的，若边界条件也以第二类边界条件这种导数形式给定，解将不唯一。所以应避免全部采用第二类边界条件。稳定流问题为了给模型一个参考高程，以便根据它去计算其余的水头值，至少要有一个给定水头（第一类边界条件）的边界结点。非稳定流问题由于初始条件提供了水头解的参考高程，故全部采用第二类边界条件对一般问题来说已经证明可行。

1.12　描述地下水运动的数学模型及其解法

1.12.1　地下水流问题的数学模型

要确定一个地下水流问题的数学模型，只有在查明地质、水文地质条件的基础上才有可能。但天然地质体一般比较复杂，且处于不停的变动之中。为了便于解决问题，必须忽

略一些和研究问题无关或关系不大的因素，使问题简化。这种对地质、水文地质条件加以概化后所得到的是天然地质体的一个概念模型。再从这个概念模型出发，用简洁的数学语言，即一组数学关系式来刻画它的数量关系和空间形式，从而反映所研究地质体的地质、水文地质条件和地下水运动的基本特征，达到复制或再现一个实际水流系统基本状态的目的。这样建立的一种数学结构便是数学模型，这个过程通常称为建立模型。

数学模型有两类。如果数学关系式中含有一个或多个随机变量的模型称为随机模型。如果数学模型中各变量之间有严格确定的关系，则称为确定性模型。本书主要讨论后者。

用确定性模型来描述实际地下水流时，如前述，必须具备下列条件：①有一个（或一组）能描述这类地下水运动规律的偏微分方程；同时，确定了相应渗流区的范围、形状和方程中出现的各种参数值。②给出了相应的定解条件。但问题到此并没有完结，因为这时我们对通过上述步骤建立的模型是否能真正代表所研究的地质体还没有把握，模型中出现的参数这时一般也不能确切给出。因此，必须对所建立的模型进行检验，即把模型预测的结果与通过抽水试验或其他试验对含水层施加某种影响后所得到的实际观测结果或一个地区地下水动态长期观测资料进行比较，看两者是否一致。若不一致，就要对模型进行校正，即修正条件①和条件②，直至拟合结果达到某一要求为止。这一步骤称为模型识别或模型校正。

为了能确保经上述校正后的模型能再现所研究的实际地质体，要把上述拟合求得的参数和模型原封不动的用来模拟另一时间段的实际观测资料，通过预测结果与相应时间段实际观测资料的对比来进一步检验、考核模型。所以模型检验可以理解为识别过的模型能够再独立地得出一组（和模型识别阶段无关）能和野外观测资料很好拟合的模拟结果。

经过识别、检验后的模型，说明它确实能代表所研究的地质体，或者说是实际水流系统的复制品了，因而可以根据需要，用这个模型进行计算或预测，例如预测矿床疏干时的涌水量及地下水污染情况预测等。

此外，模拟实际问题的数学模型还应满足下列基本条件：①解（即满足条件①和条件②的解）是存在的（存在性）；②解是唯一的（唯一性）；③这个解对原始数据是连续依赖的（稳定性）。要求所提问题的解存在和唯一是不言而喻的。第三个条件，即稳定性的要求，意味着当参数或定解条件发生微小变化时，所引起的解的变化也是很微小的。只有有了这条保证，当参数和定解条件的数据有某些误差时，所求得的解才能仍然接近于真解；否则，解是不可信的，并应该认为此时的数学模型是不合适的。在实际工作中，原始数据有某种误差，在所难免，所以这个条件很重要。满足上述三个条件的问题称为适定问题，只要有一条不满足就是不适定问题。本书中所述及的问题都是适定的。

下面通过几个例子来说明如何用数学模型来描述地下水流问题。

【例 1.1】 研究区的地质情况如图 1.42 所示。设 $W(x, y, t)$ 代表单位时间、单位面积上的垂向补给量，$P(x, y, t)$ 为计划开采区单位面积上的抽水流量，试写出它的数学模型。

边界 BC 为天然隔水边界。河流切割整个含水层，两者有密切的水力联系。因此，边界 AD 可以作第一类边界处理。另外，有两个方向没有天然边界，含水层延伸很远，如何处理？一种办法是在远离开采区、实际上不受该区抽水影响的地段人为地划定一条边界。在该地段根据有关资料选择由若干个有动态观测资料的钻孔组成的连线或选择一条等水头

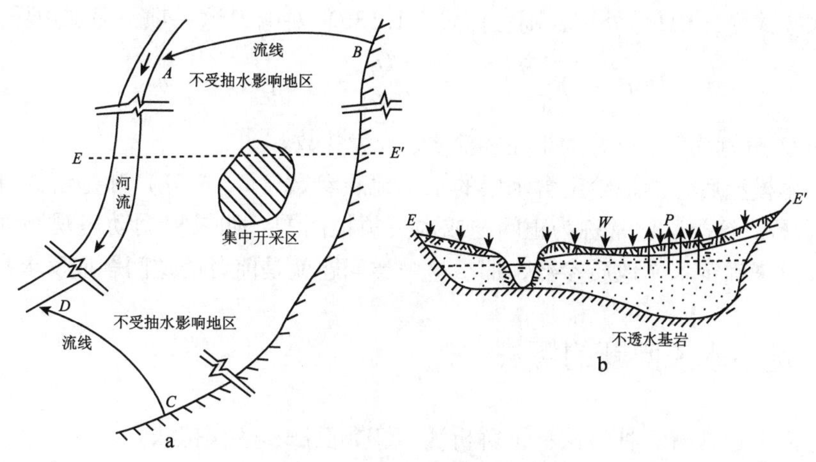

图 1.42　某研究区示意图

（据 J. Bear，1979）

a. 平面图；b. 剖面图

线或流线作为边界。在图 1.42 中，J. Bear 以两条流线（*BA* 和 *CD*）作为边界（事实上其他两种方式可能更好些），这时计算区就由 *ABCDA* 所围的区域组成。边界 *BA* 和 *CD* 是在假设那里实际上不受抽水影响的前提下人为划定的。显然，这个假设是否有效还要经过检验。另一种方法是在计算结束后把边界移向更远的地方，重复进行计算。如水位降深事实上不怎么受影响，则边界选择是合理的；否则，应把边界移到更远离开采区的地方，直至边界附近水头没有明显影响为止。

根据给出的条件描述这一潜水流的方程应是式（1.98）。渗流区是 *ABCDA*，记为 *D*。边界 *BA* 和 *CD* 相当于隔水边界。数学模型如下：

$$\left.\begin{aligned}&\frac{\partial}{\partial x}\left[K(H-z)\frac{\partial H}{\partial x}\right]+\frac{\partial}{\partial y}\left[K(H-z)\frac{\partial H}{\partial y}\right]+W-P=\mu\frac{\partial H}{\partial t}\quad (x,y)\in D,t\geqslant 0\\&H(x,y,0)=H_0(x,y)\quad (x,y)\in D\\&H(x,y,t)=f(x,y,t)\quad \text{在 } AD \text{ 上}\\&\frac{\partial H}{\partial n}=0\quad \text{在 } AB,BC \text{ 和 } CD \text{ 上}\end{aligned}\right\}\tag{1.135}$$

式中：H_0，f 为已知函数，这里 f 取不同时刻的河水位；$z(x,\ y)$ 为隔水层标高。

【例 1.2】 有的河流，由于河底有一弱透水层，河水与地下水没有直接的水力联系，只是通过弱透水层越流补给地下水。这段河流就不能作为第一类边界处理，应作越流项处理（也可如前述作第三类边界条件处理）。如其他情况假设与例 1.1 相似，则方程式应改写为

$$\frac{\partial}{\partial x}\left[K(H-z)\frac{\partial H}{\partial x}\right]+\frac{\partial}{\partial y}\left[K(H-z)\frac{\partial H}{\partial y}\right]+\frac{K_z}{d_z}(H_z-H)+W-P=\mu\frac{\partial H}{\partial t},\quad (x,y)\in D\tag{1.136}$$

式中：K_z 和 d_z 分别为河底弱透水层的垂向渗透系数和厚度；H_z 为作越流项处理的河流的水位，均为已知值。

如抽水按式（1.122）处理，则去掉式（1.136）左端 P 这一项，另加边界条件：

$$K(H-z)\left.\frac{\partial H}{\partial n}\right|_{\Gamma_{wj}}=-\frac{Q_j}{2\pi r_{wj}},\quad j=1,2,\cdots,n \tag{1.137}$$

式中：r_{wj}和 Q_j 分别为第 j 口井的半径和流量；n 为井数。

有了数学模型后，如果给定含水层的水文地质参数（T，μ 等）和定解条件，就可以求解水头（H）。这类问题常称为正问题或水头预报问题。如果根据动态观测资料或抽水试验资料反过来确定水文地质参数，那么这一类问题就是前者的逆问题或反求参数问题。

1.12.2　地下水流问题的解法

对于正问题通常有三种解法：①解析法；②数值法；③模拟法。

1.12.2.1　解析法

用解析方法求解数学问题可以得到解的解析表达式，通常称为解析解或精确解。应用解析表达式可以给出所求未知量 H 在各种参数值的情况下渗流区中任何一点上的值（非稳定渗流问题给出的还是任意时刻的值）。有了这种表达式后，一般用起来比较简便。因此，在可能条件下应尽量利用这种方法。但是，这种方法有很大的局限性，只适用于含水层几何形状规则、方程式简单、边界条件单一的情况。例如均质各向同性、等厚的含水层，渗流区是圆形、矩形或者无限的，只有定水头边界或隔水边界等。实际问题往往复杂得多，如含水层边界形状不规则、厚度变化、非均质和各向异性、多种边界条件同时存在等，这些问题一般都找不到它的解析解，不得不应用别的方法去求它的近似解。

1.12.2.2　数值法

用数值方法求得的解称为数值解。它是一种近似解。用数值法求解一般都要借助于计算机。它是求解大型地下水流问题的主要方法。这种方法的要点是把整个渗流区分割成若干个形状规则的小块（如三角形，四边形，六面体，或等距、不等距网格，称为单元）。每个单元可以近似地看成是均质的，因而很容易建立起描述各个单元地下水流动的关系式。把本来是形状不规则的、非均质问题转化为容易计算的、形状规则的均质问题。各个单元可以根据需要选择合适的水文地质参数，单元形状也可以不同。把所有单元合在一起就能表现出渗流区域在几何上的不规则形状和在水文地质上的非均质性，代表原来的渗流区。单元划分多少，根据计算结果的精度要求可以任意选择。要求精度高，剖分的单元就要多一些，相应的计算工作量也要大一些。对于非稳定渗流问题，还要把整个计算时间段划分为许多时段，它们的集合就是原来所要研究的时间段。划分多少个时段，也和单元的划分一样，可以视需要选择。这时所建立的是描述某时段每个单元地下水流动的关系式。然后通过某种方式把这些关系式集合起来，加上定解条件便成为一个方程组，求解这个方程组便可得到该时段原问题的解。这个时段解决了，按划分的时段，一个时段一个时段地算下去，直到把划分的时段全部算完为止。这样未知量（通常是水头或降深、浓度等）随时间和空间变化的过程就给模拟出来了。因此，这种方法的特点是把全体分割成很多部分，然后再由部分到全体（称为离散化）。用这种方法所求得的解只是渗流区中离散点

（如各单元的公共顶点或单元的中心点）上未知量满足某种精度要求的近似值。它不能像解析法那样能给出未知量在渗流区中任何一点在任意时刻的值。

数值法可以很方便地处理解析法难以解决的困难。事实上，它对任何复杂的地下水流问题都能给出有足够精度的解。适用于水文地质的很多领域，如水量计算、水质模拟等。常用的数值法有有限差分法和有限元法等，以后有专门的课程讲述。

1.12.2.3 模拟法

利用其他物理现象（如电流）和水流的相似性，在实验室用模拟实验的方法求解。详见第9章。

思考题

1. 试将渗流和空隙中的真实水流进行对比，其流量、水头、过水断面、流速大小和水流运动方向有何不同？并说明两者之间的关系，并列表表示。

2. 地下水能从压力小处向压力大处运动吗？为什么？

3. 在计算地下热水运动时，能否把渗透系数（K）当作岩层透水性常数，为什么？

4. 为什么说导水系数在三维流条件下无意义？

5. 假设有一层状岩层，由三层组成，$K_1 = K_3$。当 K_2 大于 K_1 和 K_3，水流斜向穿过该层状岩层时，应如何折射？当 K_2 小于 K_1 和 K_3 时，应如何折射？画出示意图。

6. 试自行证明，由两层组成的层状岩层，$K_p > K_v$。

7. 一般来说，在均质各向同性介质中，同一流网的等水头线和流线可以互相置换；因而，每个流网表示两种水流，究竟属于哪一种，要由边界条件决定。这种说法对吗？为什么？

8. 流网为什么只在稳定流问题中才有实际意义？

9. 试画出无入渗补给和有入渗补给情况下，地下水向河流排泄时的剖面流网图。

10. 为了简化计算，有些文献中假设式（1.67）右端的 n 是变化的，Δz，Δx 和 Δy 是不变的常量，你认为合理吗？

11. 式（1.67）中为什么 n 是变化的？

12. 基本微分方程中没有包含水的密度，为什么说它表示了质量守恒定律？

13. 弹性释水的物理意义实质是什么？和重力疏干排水有何区别？

14. 下列方程：

$$\frac{\partial}{\partial x}\left(T\frac{\partial H}{\partial x}\right)+\frac{\partial}{\partial y}\left(T\frac{\partial H}{\partial y}\right)+\frac{\partial}{\partial z}\left(T\frac{\partial H}{\partial z}\right)=S\frac{\partial H}{\partial t}$$

是否正确？并说明理由。

15. 如果垂直方向还有别的水量交换，方程应该怎样建立？是否能用源汇项来一并表示越流项？

16. 人们发现，历年来强调的 K，T 在评价我国东部平原区区域性地下水资源评价中意义不大，反而以往不怎么受到重视的入渗补给却有重要作用，人们能取用的主要是这一部分垂向补给的水量，为什么？

17. 双重介质渗流学说，为什么要假设一个点有两个水位？在钻孔中测出的水位代表什么水位？

18. 为什么初始时刻可以任意选定，不一定选用地下水的原始状态？

19. 为什么可以根据具体条件任意用一个区作为计算区，它的周界就作为边界？如果选用天然边界作为计算区边界，有什么优越性？

20. 边界上的泉一般作为什么边界条件？如在开采过程中泉水可能被疏干，还能作为边界吗？

21. 为什么一定要有识别（校正）、检验模型这个阶段？直接用野外试验所得的参数值和边界条件建立模型，不经过上述阶段行不行？

22. 在识别模型，反求参数过程中得到的一个厚度有限的含水层的 T 值有时很大，每天达数千、数万平方米，甚至更大，这种情况可能吗？如何解释？

第 2 章　区域地下水流问题

本章主要讨论一维、二维地下水流问题，如河渠间地下水的运动、坝下渗流等。

2.1　河渠间地下水的稳定运动

2.1.1　潜水的稳定运动

由于大气降水入渗补给或浅层潜水蒸发等因素的影响，河渠间潜水的运动是非稳定的。如果入渗均匀，即在时间和空间分布上都是比较均匀的情况下，为了简化计算，有时把潜水的运动当作稳定运动来研究。

研究河渠间潜水的运动，需作如下假设：

1）含水层均质各向同性，底部相对隔水层水平，上部有均匀入渗，并可用入渗强度，即单位时间，单位面积上的入渗补给量（W）来表示，在此情况下，W 为常数；

2）河渠基本上彼此平行，应用 Dupuit 假设，通过垂向平均，潜水流可视为一维流；

3）潜水流是渐变流并趋于稳定。

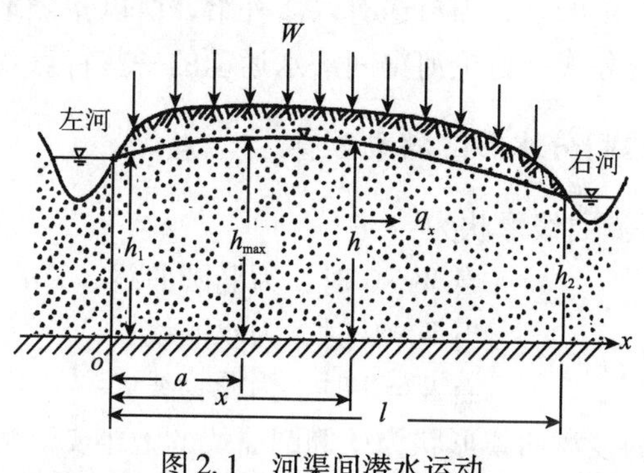

图 2.1　河渠间潜水运动

在上述假设条件下，取垂直于河渠的单位宽度来研究，如按图 2.1 取坐标，根据式（1.96）可以写出上述问题的数学模型如下：

$$\begin{cases} \dfrac{\mathrm{d}}{\mathrm{d}x}\left(h\dfrac{\mathrm{d}h}{\mathrm{d}x}\right)+\dfrac{W}{K}=0 & (2.1) \\ h\big|_{x=0}=h_1 & (2.2) \\ h\big|_{x=l}=h_2 & (2.3) \end{cases}$$

式中：h 为离左端起始断面 x 处的潜水流厚度；h_1，h_2 分别为左、右两侧河渠边潜水流厚度。

对式（2.1）积分，得通解：

$$h^2 = -\frac{W}{K}x^2 + C_1 x + C_2 \tag{2.4}$$

式中：C_1，C_2 为积分常数。把式（2.2）和式（2.3）代入式（2.4）得

$$C_2 = h_1^2,\quad C_1 = \frac{h_2^2 - h_1^2}{l} + \frac{W}{K}l$$

将 C_1，C_2 值代入式（2.4）得

$$h^2 = h_1^2 + \frac{h_2^2 - h_1^2}{l}x + \frac{W}{K}(lx - x^2) \tag{2.5}$$

式（2.5）为河渠间有入渗或蒸发（取入渗为正，蒸发为负）时，潜水流的浸润曲线方程（或降落曲线方程）。若已知参数 K，W，只要测定两个断面的水位 h_1 和 h_2。就可预测两断面间任何断面上的潜水位（h）。

潜水位（h）是 x 的函数，将式（2.5）对 x 求导数得

$$h\frac{\mathrm{d}h}{\mathrm{d}x} = \frac{h_2^2 - h_1^2}{2l} + \frac{W}{2K}(l - 2x) \tag{2.6}$$

由此，根据 Darcy 定律可得河渠间任意断面潜水流的单宽流量为

$$q_x = -Kh\frac{\mathrm{d}h}{\mathrm{d}x} \tag{2.7}$$

式中：q_x 为距左河 x 处任意断面上潜水流的单宽流量。把式（2.6）代入式（2.7）得

$$q_x = K\frac{h_1^2 - h_2^2}{2l} - \frac{1}{2}Wl + Wx \tag{2.8}$$

式（2.8）为单宽流量公式。若已知两个断面上的水位值，可以用它来计算两断面间任一断面的流量。应该指出的是，因沿途有入渗补给，所以 q_x 随 x 而变化。

下面根据上面得到的公式来讨论河渠间潜水运动的一些特点及其应用。

2.1.1.1 有入渗时河渠间分水岭的移动规律

式（2.5）反映的浸润曲线形状为

当 $W>0$ 时，为椭圆曲线；
当 $W<0$ 时，为双曲线；
当 $W=0$ 时，为抛物线。

有入渗时，河渠间的浸润曲线形状为一椭圆曲线的上半支。河渠间形成分水岭，由于分水岭上水位最高，可用求极值的方法求出分水岭的位置。将式（2.5）对 x 求导数，并令 $\frac{\mathrm{d}h}{\mathrm{d}x}=0$，把 $x=a$ 代入，即可得分水岭位置的计算公式：

$$a = \frac{l}{2} - \frac{K}{W}\frac{h_1^2 - h_2^2}{2l} \tag{2.9}$$

根据式（2.9），当其他条件不变时，来讨论分水岭位置（a）与两侧河渠水位（h_1，h_2）的关系：

如果 $h_1 = h_2$，则 $a=\frac{l}{2}$时，分水岭位于河渠中央；

如果 $h_1 > h_2$，则 $a < \frac{l}{2}$时，分水岭靠近左河；

如果 $h_1 < h_2$，则 $a > \frac{l}{2}$时，分水岭靠近右河。

由此可见，分水岭的位置总是靠近高水位河渠。

2.1.1.2 排水渠合理间距的确定

在排水渠设计中，为了避免产生河渠间的盐渍化或沼泽化，需要把分水岭水位（h_{max}）控制在一定标高，这时排水渠的间距就是合理的。根据式（2.5），令 $x = a$，$h = h_{max}$得

$$h_{max}^2 = h_1^2 + \frac{h_2^2 - h_1^2}{l}a + \frac{W}{K}(la - a^2) \tag{2.10}$$

式（2.10）中的 l，a 是待求量，可同式（2.9）结合起来，用试算法解出合理间距 l。其方法是：按分水岭移动规律给出 a 值，由式（2.9）算出 l 值；再代入式（2.10），看是否满足等式。如不满足，则重复这一过程，直到满足为止。这时的 l 值就是要求的合理间距。

在两渠水位相等的特殊条件下，即 $h_1 = h_2 = h_w$，分水岭位置 $a = l/2$，这时式（2.10）可简化为

$$l = 2\sqrt{\frac{K}{W}(h_{max}^2 - h_w^2)}$$

由此可见，当水位条件一定时，在入渗强度愈大和渗透性愈弱的含水层中，排水渠间距愈小，反之则愈大。

2.1.1.3 河渠间单宽流量的计算

河渠间的单宽流量取决于是否存在分水岭，如果存在分水岭的话，它的位置在哪儿？

当 $a > 0$ 时，说明河渠间存在分水岭。此时，

$$q_1 = -Wa \quad （负号表示流向左河）$$

$$q_2 = W(l - a) \quad （流向右河）$$

式中：q_1，q_2分别为流过起始断面和终点断面的单宽流量。

当 $a = 0$ 时，分水岭位于左河边的起始断面上，此时，

$$q_1 = 0 \quad （左河既不渗漏也得不到入渗补给）$$

$$q_2 = Wl \quad （全部入渗量流入右河）$$

当 $a < 0$ 时，不存在分水岭。此时不仅全部入渗量流入右河，而且水位高的左河还要发生向水位低的右河渗漏。

$$q_1 = K\frac{h_1^2 - h_2^2}{2l} - \frac{1}{2}Wl \quad （从左河流出渗漏量） \tag{2.11}$$

$$q_2 = K\frac{h_1^2 - h_2^2}{2l} + \frac{1}{2}Wl \quad （右河得到补给量） \tag{2.12}$$

从上述分析可知，若左河为水库时，它的渗漏量由于存在入渗而减少，减少量等于整

个库渠间入渗量的一半，即$\frac{1}{2}Wl$。因此，在选择库址时，除了要考虑岸边岩石的渗透系数（K）和河渠（库）之间的宽度（l）外，还要考虑入渗量（W）的大小等，以预测水库蓄水后分水岭存在的可能性和渗漏量的大小。式（2.11）也是有降水入渗补给时，计算水库渗流量的公式。

2.1.1.4　无入渗时潜水流的方程式

当$W=0$时，式（2.5）和式（2.8）可简化为

$$h^2 = h_1^2 - \frac{h_1^2 - h_2^2}{l}x \tag{2.13}$$

$$q = K\frac{h_1^2 - h_2^2}{2l} \tag{2.14}$$

这就是Dupuit公式。降落曲线的形状已经不是椭圆曲线，而是二次抛物线了。通过河渠间所有断面的单宽流量也变成相等的了。

需要指出的是，本节导出的公式都是在应用Dupuit假设，忽略了渗流垂向分速度的情况下导出的。因此，用式（2.13）计算出的浸润曲线较实际浸润曲线偏低（图2.2）。潜水面坡度愈大，两曲线间的差别也愈大。И. А. Чарный（恰尔奈，1951）证实，虽然用了Dupuit假设，但按式（2.14）计算的流量仍然是准确的。

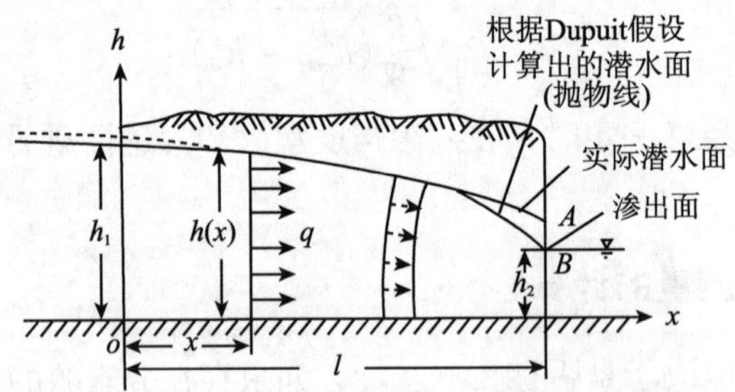

图2.2　计算出的潜水面与实际潜水面的比较

（J. Bear，1979，有修改）

在自然界中，除了上述均质含水层外，还经常见到含水层为非均质的情况。常见的有双层结构的含水层，其上层渗透系数往往比下层的渗透系数小得多（图2.3）。在这种情况下，可以将地下水流分成两部分，将分界面以上当作潜水，以下当作承压水看待。通过整个含水层的单宽流量等于通过下层的单宽流量和通过上层的单宽流量之和，即

$$q = K_1M\frac{h_1 - h_2}{l} + K_2\frac{h_1^2 - h_2^2}{2l} \tag{2.15}$$

式中：M为下部含水层厚度。

在自然界中，含水层的透水性沿水流方向急剧变化的情况也是常见的（图2.4）。根据水流连续性原理，通过两种透水性不同的岩层的流量应当相等。

对于渗透系数为K_1的岩层，单宽流量（q）为

$$q = K_1\frac{h_1^2 - h_s^2}{2l_1}$$

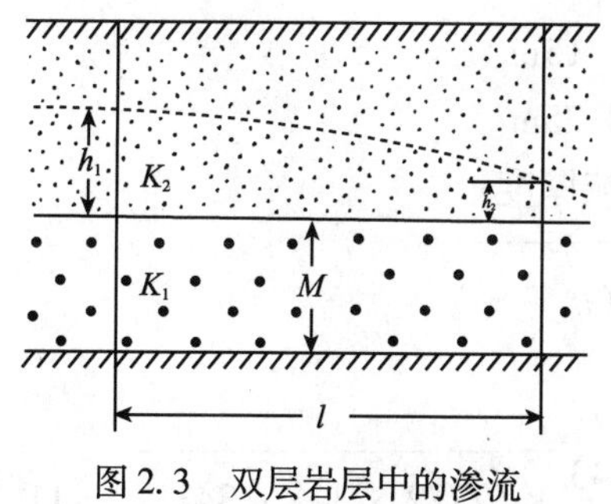

图 2.3 双层岩层中的渗流

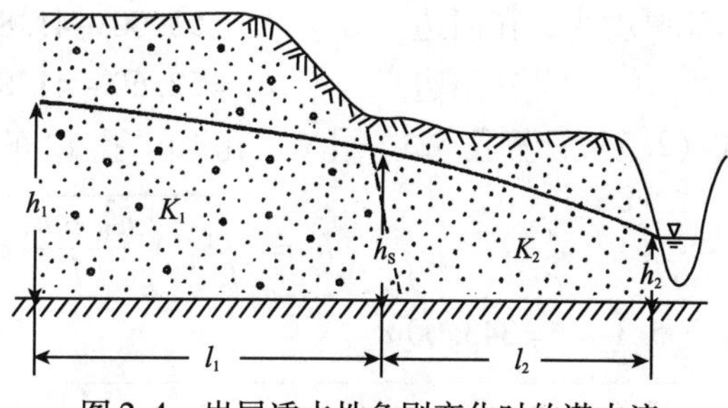

图 2.4 岩层透水性急剧变化时的潜水流

或

$$h_1^2 - h_s^2 = \frac{2ql_1}{K_1} \tag{2.16}$$

对于渗透系数为 K_2 的岩层，单宽流量为

$$h_s^2 - h_2^2 = \frac{2ql_2}{K_2} \tag{2.17}$$

将式（2.16）和式（2.17）相加，消去 h_s，得

$$q = \frac{h_1^2 - h_2^2}{2\left(\frac{l_1}{K_1} + \frac{l_2}{K_2}\right)} \tag{2.18}$$

式中：h_1，h_2 为断面 1 和断面 2 上的潜水流厚度；K_1，K_2 为相邻两种岩层的渗透系数；l_1，l_2 为断面 1 和断面 2 到岩层分界面的距离。

绘制浸润曲线时，先按式（2.16）算出 h_s 值，然后用式（2.13）分段进行绘制。

【例 2.1】 河流与排水渠道间的岩层由冲积成因的细砂组成，平均渗透系数为 10m/d，年平均降水量为 445mm；考虑到当地的条件，取年平均入渗系数为 0.35，其他资料列于图 2.5 中。试确定河流与排水渠道间的孔 521、孔 8、孔 10、孔 12 以及分水岭上潜水面的位置，并计算流入河流和排水渠道中的渗流量。

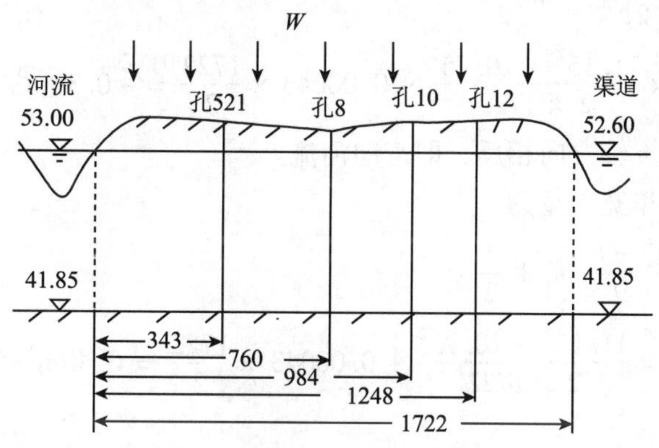

图 2.5 均匀入渗时，河渠间地下水运动

（单位：m）

解：年平均入渗量为

$$W = \frac{0.445 \times 0.35}{365} = 0.00043\text{m/d}$$

潜水流厚度为，在河边　　　$h_1=53.00-41.85=11.15\text{m}$

在渠边　　　$h_2=52.60-41.85=10.75\text{m}$

用式（2.5）计算孔521、孔8、孔10、孔12的潜水流厚度：

$$h=\sqrt{h_1^2+\frac{h_2^2-h_1^2}{l}x+\frac{W}{K}(lx-x^2)}$$

对于孔521，$x=343.00\text{m}$

$$h_{521}=\sqrt{(11.15)^2+(10.75^2-11.15^2)\times\frac{343}{1722}+\frac{0.00043}{10}\times(1772\times343-343^2)}=11.96\text{m}$$

孔521中的潜水面标高：$H_{521}=41.85+11.96=53.81\text{m}$

用相同的方法可以求得

8号孔中　　$h_8=12.33\text{m}$，$H_8=54.18\text{m}$

10号孔中　　$h_{10}=12.27\text{m}$，$H_{10}=54.12\text{m}$

12号孔中　　$h_{12}=11.98\text{m}$，$H_{12}=53.83\text{m}$

分水岭的位置可由式（2.9）确定：

$$a=\frac{l}{2}-\frac{K}{W}\frac{h_1^2-h_2^2}{2l}=\frac{1722}{2}-\frac{10\times(11.15^2-10.75^2)}{0.00043\times2\times1722}=802\text{m}$$

据此可求出分水岭上的潜水流厚度：

$$h_{\max}=\sqrt{h_1^2+(h_2^2-h_1^2)\frac{a}{l}+\frac{W}{K}(l-a)a}$$

$$=\sqrt{11.15^2+(10.75^2-11.15^2)\times\frac{802}{1722}+\frac{0.00043}{10}\times(1722-802)\times802}=12.33\text{m}$$

$$H_{\max}=41.85+12.33=54.18\text{m}$$

流入河流的潜水单宽流量为

$$q_1=K\frac{h_1^2-h_2^2}{2l}-W\frac{l}{2}$$

$$=10\times\frac{11.15^2-10.75^2}{2\times1722}-0.00043\times\frac{1722}{2}=-0.35\text{m}^3/(\text{d}\cdot\text{m})$$

负号表示水流方向和 x 轴方向相反，即流向河流。

流入渠道的潜水单宽流量为

$$q_2=K\frac{h_1^2-h_2^2}{2l}+W\frac{l}{2}$$

$$=10\times\frac{11.15^2-10.75^2}{2\times1722}+0.00043\times\frac{1722}{2}=0.40\text{m}^3/(\text{d}\cdot\text{m})$$

2.1.2 承压水的稳定运动

承压含水层（图2.6），没有入渗补给，如含水层厚度（M）为常数，其他条件和潜水含水层相同，为一维流，则这种情况下方程$\frac{\partial^2 H}{\partial x^2}=0$在有关边界条件下，积分得

$$H = H_1 - \frac{H_1 - H_2}{l}x \tag{2.19}$$

由 Darcy 定律可得

$$q = KM\frac{H_1 - H_2}{l} \tag{2.20}$$

上述结果表明，在厚度不变的承压水流中，降落曲线是均匀倾斜的直线。如果含水层厚度变化时，则 M 取上、下游断面含水层厚度的平均值。

在地下水坡度较大的地区，有时会出现上游是承压水，下游由于水头降至隔水顶板以下而转为无压水的情况，形成承压－无压流（图 2.7）。

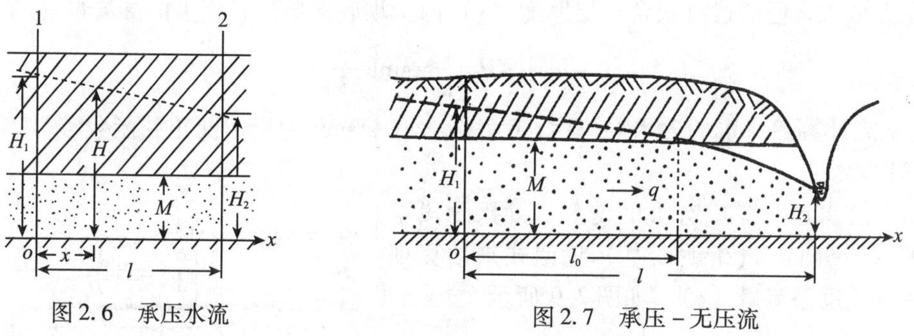

图 2.6　承压水流　　　图 2.7　承压－无压流

此时可用分段法计算，如厚度（M）不变，承压水地段的单宽流量为

$$q_1 = KM\frac{H_1 - M}{l_0}$$

式中：l_0 为承压水流地段长度。无压水流地段的单宽流量为

$$q_2 = K\frac{M^2 - H_2^2}{2(l - l_0)}$$

根据水流连续性原理，$q_1 = q_2 = q$，由此得

$$l_0 = \frac{2lM(H_1 - M)}{M(2H_1 - M) - H_2^2}$$

把 l_0 代入任何一个流量公式，可得承压－无压流的单宽流量：

$$q = K\frac{M(2H_1 - M) - H_2^2}{2l} \tag{2.21}$$

2.1.3　坝基渗流和绕坝渗流

由于坝体长度一般比坝下透水地基厚度要大得多，且底板愈宽，底板下面的水流就愈接近二维流动。通常情况下，底板都有足够的宽度，可以视为二维流动，因而一并放到本章来叙述。水工建筑物地基中的渗流量和坝底轮廓形状有关，在地质勘探阶段不仅无法知道坝底轮廓形状，而且这个阶段也只需要大致估计一个渗流量就足够了。因此，这里仅介绍坝底轮廓为一平面（平底板）的坝基稳定渗流公式，第 1 章介绍的绘制流网也可用到这里来求解。

透水地基厚度很大时（图 2.8），这类平底板地基承压渗流条件下的水头可按下列

Павловский（巴甫洛夫斯基）公式确定：

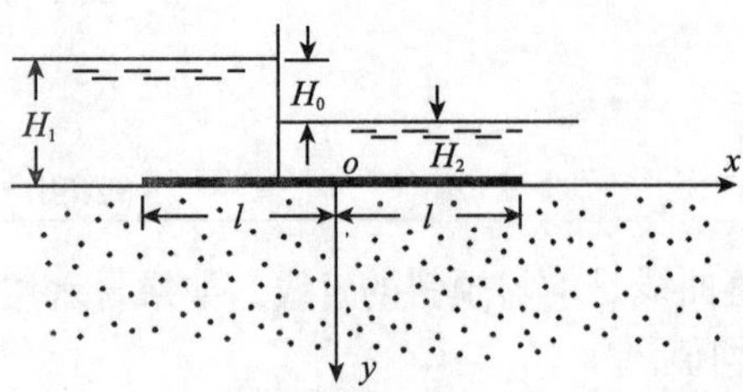

图 2.8　透水地基无限厚时计算示意图

$$\frac{H}{H_0} = \frac{1}{\pi}\mathrm{arccos}\frac{x}{l} \tag{2.22}$$

式中：$-l \leqslant x \leqslant +l$；$H_0$ 为上下游水头差值，即作用水头 $H_0 = H_1 - H_2$；H 为底板地基上任一点的水头值，它是在假设下游水位 $H_2 = 0$ 的前提下得出的引用值。如 $H_2 \neq 0$，则将所得 H 值加上 H_2 就是实际水头值了。

由于透水地基厚度无限大，所以地基中的渗流量也无限大，但通过有限含水层厚度（y）内，坝底板单位长度上的渗流量（q）为

$$q = KH_0\frac{1}{\pi}\mathrm{arsinh}\frac{y}{l} \tag{2.23}$$

式中：y 为计算渗流量的含水层厚度，$0 \leqslant y \leqslant \infty$；arsinh 为反双曲正弦函数符号，其值可查数学用表。

对于透水地基厚度有限的情况，勘探阶段常用下列 Каменский（卡明斯基）近似式来估算坝底板单位长度渗流量（q），如图 2.9 所示。

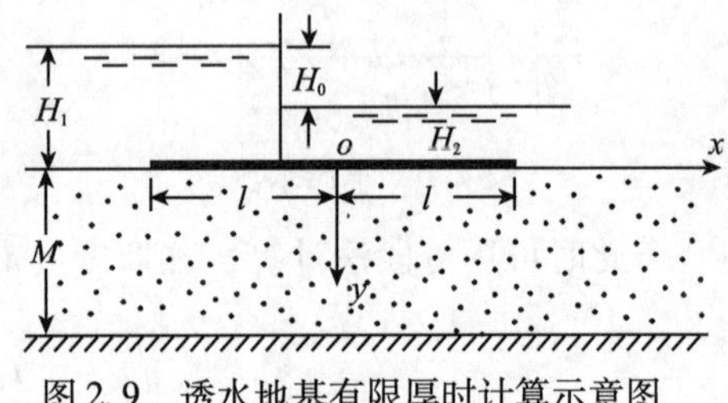

图 2.9　透水地基有限厚时计算示意图

$$q = KM\frac{H_0}{2l + M} \tag{2.24}$$

显然，此时把渗透途径近似地视为 $2l + M$。上式当 $\frac{M}{l} \leqslant 2$ 时，即水流厚度不超过底板宽度时，可以得到较好的结果。

如 L 为存在渗漏的坝段长度，则坝基总渗流量（Q）为

$$Q = qL \tag{2.25}$$

对于层状岩石组成的地基来说，利用式（1.43）和式（1.46）分别求出平行层面和垂直层面的渗透系数（依次为 K_{max} 和 K_{min}）后，用下式计算它的平均渗透系数：

$$K_{cp} = \sqrt{K_{max}K_{min}} \tag{2.26}$$

然后用式（2.25）计算渗流量。

绕坝（水工建筑物）渗流是指在水平方向上围绕着闸、墩、刺墙等发生的渗流，在大多数情况下，这种渗流是水平渗流。研究绕水工建筑物渗流是为了得到地下水等水位线图（或等水头线图）以了解总的渗透情况。此外，还要确定绕坝的渗流量，作用在闸、墩上的渗流压力，以及某些地段的渗流速度和水力坡度，以判明渗流出口地段能否出现管涌。由于渗流区的边界轮廓一般很复杂，上述问题理论计算很困难，一般多采用数值模拟。

很多情况下，绕坝的渗流处在和岸边天然地下水流相互作用的情况下。修建水库前，天然条件下地下水自分水岭流向河床；修建水库后，这种水流继续存在，给绕坝渗流以一定影响。这种影响表现为天然地下水流对由上游流向下游的绕坝渗流以某种压缩作用，把它压向岸边，使渗流量有某种程度的缩小。这个地段渗流的特性也就取决于这两种水流相互作用的结果。如沿绕坝渗流（图 2.10）中某一流线截取一垂直剖面，可以得到相应的

渗流图（图 2.11）。对于没有或不考虑河岸天然地下水流时的绕坝渗流，它的边界条件和坝下承压渗流的边界条件相似。此时坝的上下游库岸和河岸水边线可看作坝的上下游河床；坝的岸墩轮廓可看作坝的地下轮廓；透水岩层向外延伸的边界可看作坝下透水地基的隔水底板，可以采用前述坝下承压渗流的方法计算。

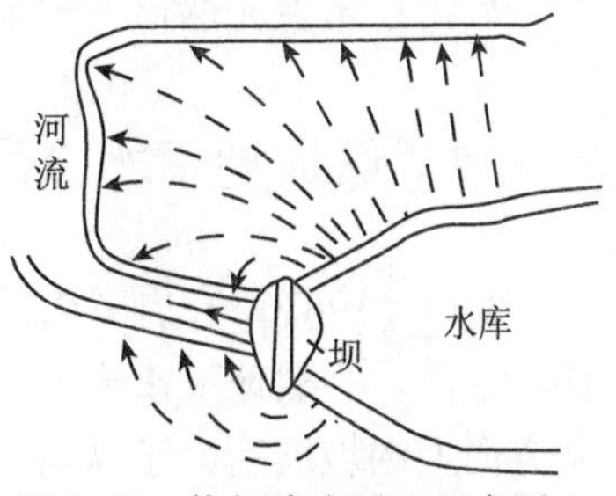

图 2.10　绕坝渗流平面示意图

地质勘测中，往往采用一些近似算法。如采用绘制近似的流线，把渗流分成若干个宽度为 Δb 的条带，然后近

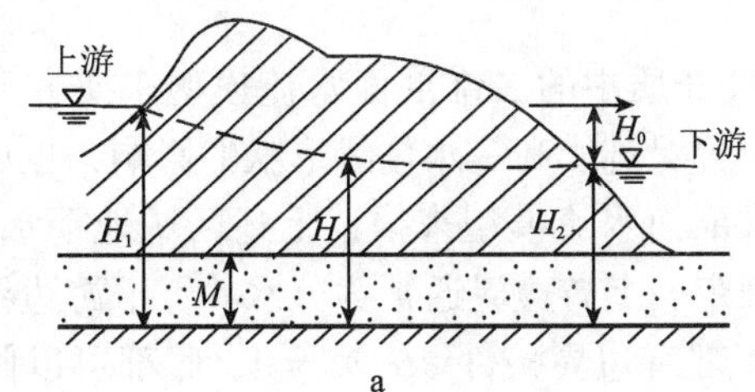

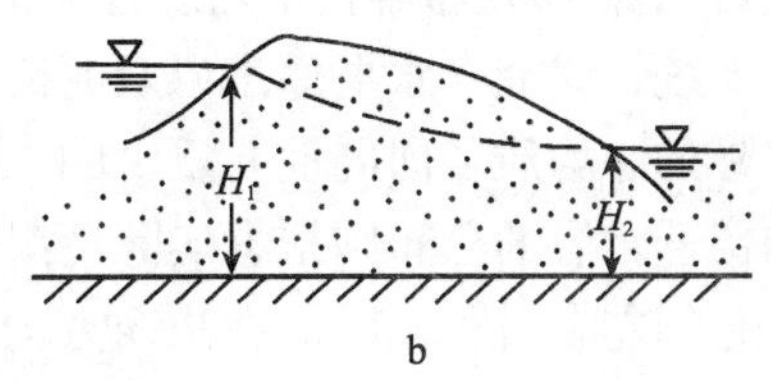

图 2.11　绕坝渗流展开图

a. 承压渗流；b. 无压渗流

似计算每个条带的渗流量 ΔQ，对于无压渗流有

$$\Delta Q = K \cdot \Delta b \left(\frac{H_1 + H_2}{2} \right) \frac{H_0}{l} \tag{2.27}$$

对于承压渗流有

$$\Delta Q = K \cdot \Delta b \cdot M \frac{H_0}{l} \tag{2.28}$$

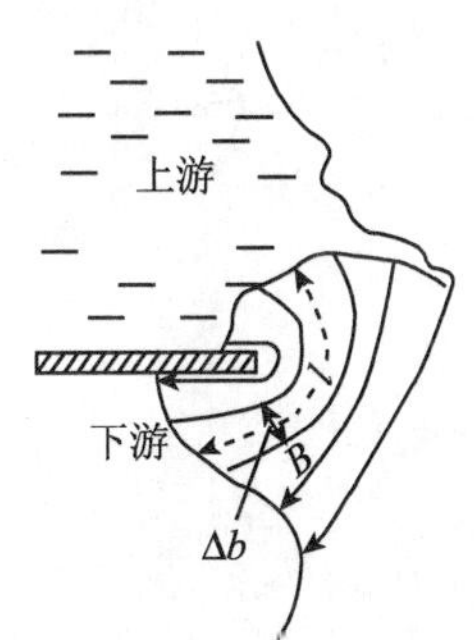

图 2.12　绕坝渗流计算示意图

式中：H_1，H_2 为上游水库水位及下游河水位高出隔水底板的高度（即水流厚度）；H_0 为上下游水头差；l 为各条带内渗透途径的平均长度（图 2.12 中的虚线）；M 为含水层厚度。该岸绕坝渗流量则为

$$Q = \sum_{i=1}^{n} \Delta Q_i \tag{2.29}$$

如上下游岸坡有透水性弱的坡积层覆盖时（图 2.13），根据 2.1.1.4 节所述原理，可得下列计算 ΔQ 的表达式：

$$\Delta Q = \Delta b \frac{H_1^2 - H_2^2}{2\left(\frac{l_1}{K_1} + \frac{l_2}{K_2} + \frac{l_3}{K_3} \right)} \tag{2.30}$$

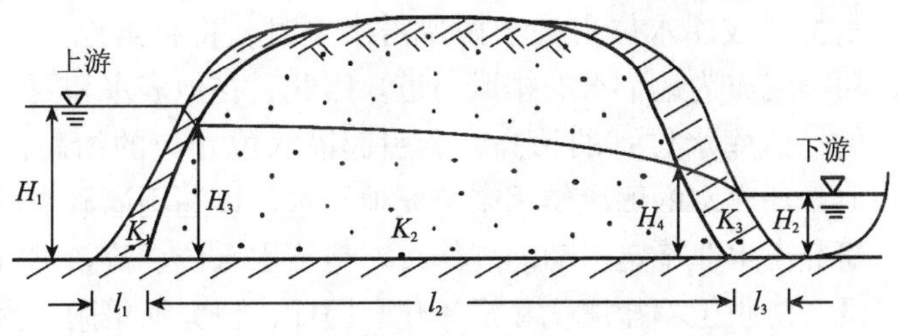

图 2.13　上下游边坡有坡积层时绕坝渗流展开图

如需要考虑天然地下水流的影响，由于情况比较复杂，建议用数值模拟。

2.1.4 区域地下水流系统

Toth（1963）开启了用二维地下水流模型来研究小型地下水盆地补给、径流、排泄特征的先河。当然地下水流盆地的水流本质上是三维流动，但由于很多盆地，与盆地纵轴正交方向上的坡度远大于纵向河谷底板的坡度，这种坡度差异导致水流的纵向分量远小于侧向分量，因而对侧向分量而言，纵向分量可以忽略不计，把这类盆地内的地下水流运动近似地处理为在侧向剖面上的二维流动。

不仅可以像 Toth 那样利用均质各向同性介质中的二维剖面水流模型来研究上述区域地下水流系统，研究含水层厚度以及河流位置对流线和等水位线形状的影响，也可以采用更接近实际的非均质各向同性介质中的二维剖面水流模型来描述上述区域地下水流系统。含水层和弱透水层的分布则根据实际情况确定。上游边界通常为分水岭，下游边界则为河谷底部，它们左右对称，因此在法线方向上都有边界条件 $\partial H/\partial x=0$。底部可以假设为隔水层，所以 $\partial H/\partial z=0$。上边界如果是潜水面，Toth 曾把它假设为正弦曲线求解，显然另一个更接近实际的方案是根据第 1 章谈到的潜水面边界条件（$H^*=z$，$\frac{\partial H^*}{\partial n}=0$）运用迭代法通过不断迭代来满足潜水面边界条件 $H^*=z$（式中 H^* 为潜水面上任一点的水头）。为了便于假设初始潜水面的形状，可以利用潜水面的一般知识，即一般情况下，潜水面是向排泄区倾斜的曲面，起伏大体上和地形一致但比较缓和（图 2.14，注意，图 1.31 的垂向比例尺远大于水平比例尺，图是变形的）。当然也可以用三维模型来研究这样的地下水流系统。

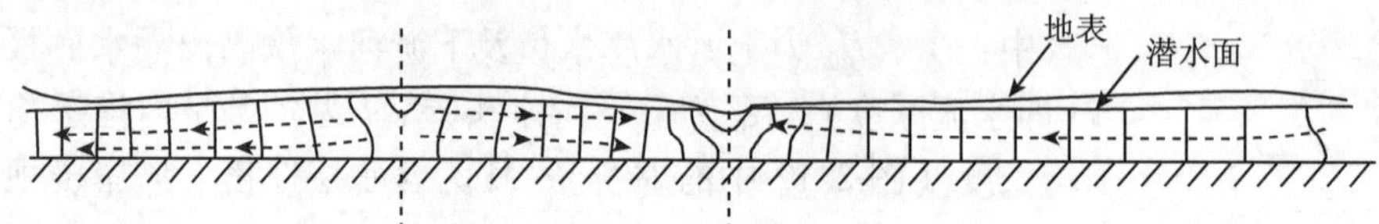

图 2.14 无压含水层流网图（垂向、水平方向比例尺相同）
（据 G. de Marsily，1986）

2.2 河渠间地下水的非稳定运动

河渠水位的变化是影响两岸地下水动态的重要因素。在地表水和两岸潜水存在水力联系的情况下，当河水位（或库水位）高于两岸潜水位时，将补给地下水；当河水位低于附近地下水位时，河渠就成为地下水的排泄通道。因此，在地表水和两岸潜水存在水力联系的情况下，河水位（或库水位）的抬高，会引起潜水位相应的抬高，这种现象通常称为潜水回水。利用河渠地表水的侧渗作用来补充地下水，以达到灌溉农田的目的，叫河渠引渗或引渗回灌。研究潜水非稳定运动的规律，对地下水水位、流量进行动态预报，就有可能合理地进行灌溉，防止土壤盐渍化和沼泽化。因此，研究河渠附近潜水运动规律，对地下水资源评价、人工回灌系统的规划设计、河道建闸蓄水对两岸地下水动态影响的预测、土壤盐碱化的预防和改良，以及在浅层地下水为咸水的地区如何进行排咸补淡等都有重要的意义。

2.2.1 河渠水位迅速上升（或下降）为定值时，河渠间地下水的非稳定运动

研究时作了如下假设：

1）含水层均质，各向同性，位于水平隔水层上。上部入渗量可忽略不计，即设 $W=0$。河渠引渗后的潜水流可视为一维流。

2）潜水流的初始状态为稳定流，水位可用式（2.13）表示，即

$$h_{x,0}^2 = h_{0,0}^2 - \frac{h_{0,0}^2 - h_{l,0}^2}{l}x$$

3）两侧河渠水位同时出现水位上升，发生瞬时回水，左河水位 $h_{0,0}$ 上升至 $h_{0,t}$，右河自 $h_{l,0}$ 上升至 $h_{l,t}$（图 2.15）。

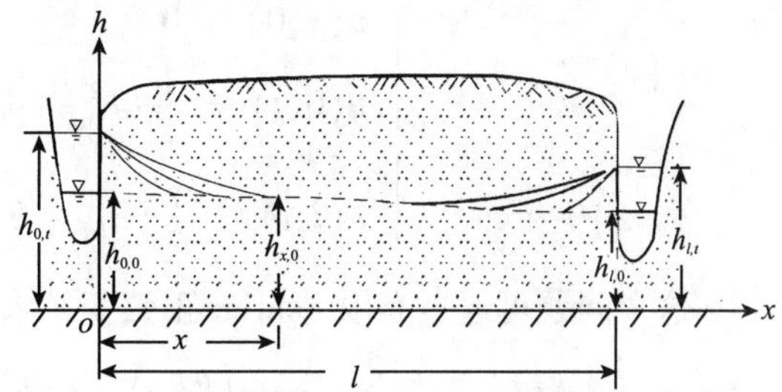

图 2.15 河渠间潜水的非稳定运动

在上述情况下，地下水的运动仍可用 Boussinesq 方程式（1.96）来描述，只是 $W=0$ 而已，因此有

$$\frac{\partial h}{\partial t} = \frac{K}{\mu}\frac{\partial}{\partial x}\left(h\frac{\partial h}{\partial x}\right)$$

为了把上述方程线性化，在方程两端同时乘以潜水流厚度（h），则有

$$h\frac{\partial h}{\partial t} = \frac{Kh}{\mu}\frac{\partial}{\partial x}\left(h\frac{\partial h}{\partial x}\right)$$

或

$$\frac{\partial}{\partial t}\left(\frac{h^2}{2}\right) = \frac{Kh}{\mu}\frac{\partial^2}{\partial x^2}\left(\frac{h^2}{2}\right)$$

如令 $u^* = h^2/2$，则上式可改写为

$$\frac{\partial u^*}{\partial t} = \frac{Kh}{\mu}\frac{\partial^2 u^*}{\partial x^2}$$

如潜水流厚度变化不大，可以近似地作为常数来看待，用其平均值（h_m）来代替，则上式可进一步改写为齐次的 Fourier 方程：

$$\frac{\partial u^*}{\partial t} = a\frac{\partial^2 u^*}{\partial x^2} \tag{2.31}$$

其中，

$$a = \frac{Kh_m}{\mu} \tag{2.32}$$

这是以 u^* 表示的线性方程。显然，只有当求解问题的初始条件和边界条件对于 u^* 也是线性的时候，问题本身才可以是以 u^* 表示的线性问题。这种线性化的方法是 Boussinesq 方

程的第二种线性化方法。

根据前面给出的假设，可以写出以 u^* 表示的定解条件如下：

$$u^*(x,0) = \frac{1}{2}h_{0,0}^2 - \frac{h_{0,0}^2 - h_{l,0}^2}{2l}x$$

$$u^*(0,t) = \frac{1}{2}h_{0,t}^2$$

$$u^*(l,t) = \frac{1}{2}h_{l,t}^2$$

为了便于求解，取一新函数：

$$u(x,t) = u^*(x,t) - u^*(x,0) = \frac{1}{2}(h_{x,t}^2 - h_{x,0}^2)$$

并把它代入式（2.31）和相应的定解条件，于是定解问题变为

$$\begin{cases} \dfrac{\partial u}{\partial t} = a\dfrac{\partial^2 u}{\partial x^2}, \quad u = \dfrac{1}{2}[h^2(x,t) - h^2(x,0)] & (2.33) \\ u(x,0) = 0 & (2.34) \\ u(0,t) = \dfrac{1}{2}(h_{0,t}^2 - h_{0,0}^2) = \dfrac{1}{2}\Delta(h_{0,t}^2) & (2.35) \\ u(l,t) = \dfrac{1}{2}(h_{l,t}^2 - h_{l,0}^2) = \dfrac{1}{2}\Delta(h_{l,t}^2) & (2.36) \end{cases}$$

这个问题可通过有限 Fourier 正弦变换求解，结果得

$$u = \frac{1}{2}\left[\Delta(h_{0,t}^2)\frac{2}{\pi}\sum_{n=1}^{\infty}\frac{1}{n}\sin\left(\frac{n\pi}{l}x\right) + \Delta(h_{l,t}^2)\frac{2}{\pi}\sum_{n=1}^{\infty}\frac{(-1)^{n+1}}{n}\sin\left(\frac{n\pi}{l}x\right)\right]\cdot(1 - e^{-\frac{n^2\pi^2}{l^2}at}) \tag{2.37}$$

利用下列展开式：

$$1 - \frac{x}{l} = \frac{2}{\pi}\sum_{n=1}^{\infty}\frac{1}{n}\sin\left(\frac{n\pi}{l}x\right)$$

$$\frac{x}{l} = \frac{2}{\pi}\sum_{n=1}^{\infty}\frac{(-1)^{n+1}}{n}\sin\left(\frac{n\pi}{l}x\right)$$

及 $u=\frac{1}{2}$（$h_{x,t}^2 - h_{x,0}^2$），并设 $\bar{x}=\frac{x}{l}$，$\bar{t}=\frac{at}{l^2}$代入式（2.37）得

$$h_{x,t}^2 = h_{x,0}^2 + \Delta(h_{0,t}^2)\left[1 - \bar{x} - \frac{2}{\pi}\sum_{n=1}^{\infty}\frac{1}{n}\sin(n\pi\bar{x})e^{-n^2\pi^2\bar{t}}\right] +$$

$$\Delta(h_{l,t}^2)\left[\bar{x} - \frac{2}{\pi}\sum_{n=1}^{\infty}\frac{(-1)^{n+1}}{n}\sin(n\pi\bar{x})e^{-n^2\pi^2\bar{t}}\right]$$

设

$$F(\bar{x},\bar{t}) = 1 - \bar{x} - \frac{2}{\pi}\sum_{n=1}^{\infty}\frac{1}{n}\sin(n\pi\bar{x})e^{-n^2\pi^2\bar{t}}$$

$$F'(\bar{x},\bar{t}) = \bar{x} - \frac{2}{\pi}\sum_{n=1}^{\infty}\frac{(-1)^{n+1}}{n}\sin(n\pi\bar{x})e^{-n^2\pi^2\bar{t}}$$

则上式简化为

$$h_{x,t}^2 = h_{x,0}^2 + \Delta(h_{0,t}^2)F(\bar{x},\bar{t}) + \Delta(h_{l,t}^2)F'(\bar{x},\bar{t}) \tag{2.38}$$

式中：$\bar{x}=\dfrac{x}{l}$为相对距离；$\bar{t}=\dfrac{at}{l^2}$为相对时间；$F(\bar{x},\ \bar{t})$ 为河渠水位函数，当 $\bar{x}$ 在 0～1 的区间变化时，有表可查（表 2.1）；$F'(\bar{x},\ \bar{t})$ 为可根据 $\bar{x}$，$\bar{t}$ 由 $F'(\bar{x},\ \bar{t})=F(1-\bar{x},\ \bar{t})$ 求得。

表 2.1　函数 $F(\bar{x},\ \bar{t})$ 数值表

$\bar{t}$ \ $\bar{x}$	0	0.1	0.2	0.3	0.4	0.5	0.6	0.7	0.8	0.9	1.0
0.02	1	0.6169	0.3174	0.1336	0.0457	0.0125	0.0027	0.0005	0.0001	0	0
0.03	1	0.6803	0.4145	0.2212	0.1028	0.0417	0.0147	0.0043	0.0014	0.0004	0
0.04	1	0.7234	0.4795	0.2888	0.1573	0.0771	0.0339	0.0135	0.0047	0.0014	0
0.05	1	0.7519	0.5272	0.3427	0.2059	0.1138	0.0578	0.0269	0.0113	0.0039	0
0.075	1	0.7963	0.6056	0.4389	0.3017	0.1966	0.1210	0.0699	0.0370	0.0156	0
0.10	1	0.8230	0.6547	0.5022	0.3707	0.2628	0.1780	0.1139	0.0664	0.0303	0
0.15	1	0.8547	0.7141	0.5820	0.4617	0.3551	0.2646	0.1836	0.1157	0.0557	0
0.20	1	0.8726	0.7479	0.6283	0.5158	0.4116	0.3160	0.2286	0.1481	0.0727	0
0.30	1	0.8898	0.7809	0.6733	0.5686	0.4670	0.3687	0.2733	0.1806	0.0898	0
0.40	1	0.8900	0.7930	0.6900	0.5880	0.4880	0.3880	0.2900	0.1930	0.0960	0
0.50	1	0.8990	0.7969	0.6960	0.5960	0.4950	0.3950	0.2960	0.1980	0.1000	0
0.60	1	0.9000	0.8000	0.7000	0.6000	0.5000	0.4000	0.3000	0.2000	0.1000	0

式（2.38）为河渠水位迅速上升，然后保持不变时，计算河渠间任一断面任一时刻水位的公式。公式表明，它为 $\Delta h_{0,t}^2$乘以小于 1 的函数，故河渠间任一断面的水位变幅总是小于河渠的水位变幅。

取式（2.38）对 x 的导数，代入 $q=-Kh\dfrac{\partial h}{\partial x}$中得

$$q_{x,t}=q_{x,0}+\frac{K}{2l}\left[\Delta(h_{0,t}^2)G(\bar{x},\bar{t})-\Delta(h_{l,t}^2)G'(\bar{x},\bar{t})\right] \tag{2.39}$$

式中：$q_{x,0}$ 为 x 断面处回水前的单宽流量；$q_{x,t}$ 为 x 断面处回水后 t 时刻的单宽流量；$G(\bar{x},\bar{t})=1+2\sum\limits_{n=1}^{\infty}\cos(n\pi\bar{x})e^{-n^2\pi^2\bar{t}}$ 为河渠流量函数，其值可查表 2.2；$G'(\bar{x},\ \bar{t})=G(1-\bar{x},\ \bar{t})$。

式（2.39）表明，当河渠水位迅速上升，然后保持不变时，任意时刻任一断面的单宽流量与稳定流不同，它不仅随时间变化，且与坐标有关。虽然没有沿途的入渗补给，但因同一时刻在不同断面上有不同的水位变幅和流速，故不同断面的流量也不同。

表 2.2　函数 $G(\bar{x},\ \bar{t})$ 数值表

$\bar{t}$ \ $\bar{x}$	0.0	0.1	0.2	0.3	0.4	0.5	0.6	0.7	0.8	0.9	1.0
0.01	5.6416	1.3939	2.0752	0.5956	0.1041	0.0109	0.0004	0	0	0	0
0.02	3.9894	3.5027	2.4197	1.2952	0.5399	0.1752	0.0444	0.0087	0.0013	0.0002	0
0.04	2.8209	2.5600	2.1970	1.6073	1.0378	0.5913	0.3073	0.1320	0.0520	0.0193	0.0109
0.07	2.1324	2.0576	1.8466	1.5463	1.2044	0.8374	0.5915	0.3757	0.2294	0.1465	0.1199
0.10	1.7843	1.7403	1.6149	1.4260	1.1989	0.9614	0.7387	0.5502	0.4090	0.3221	0.2993

续表

$\bar{t}$ \ $\bar{x}$	0.0	0.1	0.2	0.3	0.4	0.5	0.6	0.7	0.8	0.9	1.0
0.20	1.2786	1.2648	1.2250	1.1630	1.0853	0.9993	0.9135	0.8365	0.7755	0.7364	0.7229
0.30	1.1035	1.0985	1.0838	1.0609	1.0320	1.0000	0.9680	0.9391	0.9162	0.9015	0.8965
0.40	1.0386	1.0367	1.0312	1.0227	1.0119	1.0000	0.9881	0.9773	0.9688	0.9633	0.9604
0.50	1.0144	1.0137	1.0116	1.0085	1.0044	1.0000	0.9956	0.9915	0.9884	0.9863	0.9856
0.60	1.0054	1.0051	1.0043	1.0032	1.0017	1.0000	0.9983	0.9968	0.9957	0.9949	0.9946
0.70	1.0020	1.0019	1.0016	1.0012	1.0006	1.0000	0.9994	0.9988	0.9984	0.9981	0.9980
0.80	1.0007	1.0007	1.0006	1.0004	1.0002	1.0000	0.9998	0.9996	0.9994	0.9993	0.9993
1.00	1.0001	1.0001	1.0001	1.0000	1.0000	1.0000	1.0000	0.9999	0.9999	0.9999	0.9999
0	1.0000	1.0000	1.0000	1.0000	1.0000	1.0000	1.0000	1.0000	1.0000	1.0000	1.0000

2.2.2 河渠水位变化时，河渠间地下水的非稳定运动

河水位常有一定涨落，呈阶梯状变化或连续变化。为简化起见，对后者常将变化曲线概化成阶梯状线段（图2.16）。为了计算方便，左右两河渠概化的时段数应该相同。每一时段视为定水位，相邻时段之间变化仍看作瞬时回水。各时段回水之和便是整个变化过程，应用叠加原理可得下列计算公式：

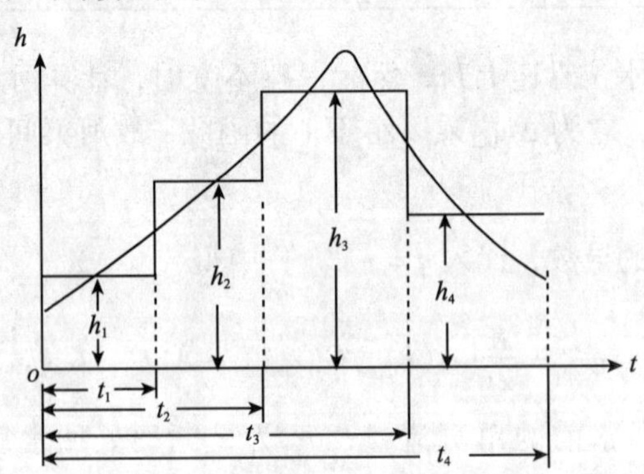

图2.16 水位连续变化近似处理为阶梯状线段

$$h_{x,t}^2 = h_{x,0}^2 + \sum_{i=1}^{n} \left[(h_{0,i}^2 - h_{0,i-1}^2) F(\bar{x}, \bar{t}_{i-1}) + (h_{l,i}^2 - h_{l,i-1}^2) F'(\bar{x}, \bar{t}_{i-1}) \right] \tag{2.40}$$

同时得

$$q_{x,t} = q_{x,0} + \frac{K}{2l} \sum_{i=1}^{n} \left[(h_{0,i}^2 - h_{0,i-1}^2) G(\bar{x}, \bar{t}_{i-1}) - (h_{l,i}^2 - h_{l,i-1}^2) G'(\bar{x}, \bar{t}_{i-1}) \right] \tag{2.41}$$

式（2.40）和式（2.41）为将左右河渠水位概化成同时段阶梯状变化时河渠间任一时刻任一断面上潜水水位和单宽流量的计算公式。

2.2.3 应用分析

1）当 $l \to \infty$，$\Delta(h_{l,t}^2) = 0$ 时，双侧有河渠渗透转变为单侧有河渠渗透的半无限问题（图2.17）。此时，式（2.38）简化为

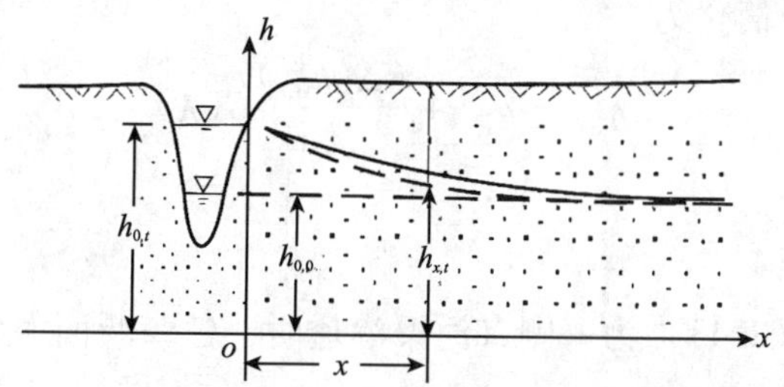

图 2.17　河渠水位迅速上升时河渠附近潜水的非稳定运动

$$h_{x,t}^2 = h_{x,0}^2 + \Delta(h_{0,t}^2) \lim_{l\to\infty} F(\bar{x}, \bar{t})$$

为了求极限值，可将级数化为积分，结果得

$$h_{x,t}^2 = h_{x,0}^2 + \Delta(h_{0,t}^2) F(\lambda) \tag{2.42}$$

式中：$F(\lambda) = \mathrm{erfc}(\lambda) = 1 - \mathrm{erf}(\lambda) = \frac{2}{\sqrt{\pi}}\int_{\lambda}^{\infty} \mathrm{e}^{-\beta^2}\mathrm{d}\beta$，$\mathrm{erfc}(\lambda)$ 为误差函数的补函数（余误差函数），$\mathrm{erf}(\lambda) = \frac{2}{\sqrt{\pi}}\int_{0}^{\lambda} \mathrm{e}^{-\beta^2}\mathrm{d}\beta$ 为误差函数，$\lambda = \frac{x}{2\sqrt{at}}$，称 λ 为河渠水位对地下水位的影响系数，有关 $F(\lambda)$ 的数值列于表 2.3 中。

如果含水层的压力传导系数（a）已知，欲求在任一距离（x），任一时间（t）内因河渠水位突然变化 $\Delta h_{0,t}$ 所引起的地下水位变化，可先求出 $\lambda = \frac{x}{2\sqrt{at}}$，然后由表（2.3）查得 $F(\lambda)$ 值，代入式（2.42），即可确定 $h_{x,t}$ 值。

表 2.3　$F(\lambda)$ 数值表

λ	λ^2	$F(\lambda)$	λ	λ^2	$F(\lambda)$
0.03162	0.0010	0.9643	0.5000	0.25	0.4795
0.0400	0.0016	0.9549	0.6325	0.40	0.3711
0.0500	0.0025	0.9436	0.7746	0.60	0.2733
0.06325	0.0040	0.9287	0.8944	0.80	0.2059
0.07746	0.0060	0.9128	1.000	1.00	0.1573
0.08944	0.0080	0.8994	1.140	1.30	0.1069
0.1000	0.010	0.8875	1.265	1.60	0.0736
0.1265	0.016	0.8580	1.378	1.90	0.0513
0.1581	0.025	0.8231	1.483	2.20	0.0359
0.2000	0.040	0.7731	1.581	2.50	0.0254
0.2449	0.060	0.7291	1.643	2.70	0.0202
0.2828	0.080	0.6892	1.732	3.00	0.0143
0.3162	0.10	0.6548	1.789	3.20	0.0114
0.4000	0.16	0.5716			

同理，式（2.39）简化为

$$q_{x,t}=q_{x,0}+\frac{K\Delta(h_{0,t}^2)}{\sqrt{at}}G(\lambda) \tag{2.43}$$

式中：$G(\lambda)=\frac{1}{2\sqrt{\pi}}\mathrm{e}^{-\lambda^2}$。

式（2.42）和式（2.43）为一侧有河渠渗透时，任一断面潜水位和单宽流量的计算公式。

2）确定排灌渠的合理间距。在排水或灌溉的地区，设计出合理的渠道间距，是水文地质工作的重点之一。

如图2.15所示，相邻河渠水位变幅相等，即 $\Delta(h_{0,t}^2)=\Delta(h_{l,t}^2)$ 时，可取河渠中间断面的潜水位为计算指标（引渗时最低，排水时最高）。在预计时间内，如该断面上的潜水位满足设计要求，则其余断面的水位必然都能达到预期的引渗或排水效果。这时河渠间距就是合理的。

按照上面的分析，在 $x=l/2$，$F(\bar{x},\bar{t})=F'(\bar{x},\bar{t})$，这时式（2.38）可简化为

$$\frac{h_{x,t}^2-h_{x,0}^2}{\Delta(h_{0,t}^2)}=2F(\bar{x},\bar{t})$$

上式左端表示中间断面回水前后潜水位的平方差占回水前后河渠水位平方差的百分比。如果取该值为0.8～0.9（即80%～90%），则可在 $\bar{x}=l/2$ 条件下反查表2.1，求得相应的 $\bar{t}$ 值。由 $\bar{t}=at/l^2$ 得

$$l=\sqrt{\frac{at}{\bar{t}}}=\sqrt{\frac{Kh_{\mathrm{m}}}{\mu\bar{t}}t} \tag{2.44}$$

式（2.44）说明了河渠的合理间距（l）和其他参数的关系。在渠水位变幅一定时，含水层渗透性和平均厚度越小，给水度越大，预计排灌时间越短，则 l 越小；反之，则越大。

3）回水引起的浸没范围预测。河流回水，特别是水库蓄水后引起的回水将造成两岸潜水水位相应升高，并逐渐自岸边向远处扩展；经过一定时间，在某些低凹地区，回水后的潜水位可能接近，甚至高出地面，形成一定范围的浸没（图2.18），引起种种不良后果。利用式（2.42）计算出不同断面某一时刻的潜水位，把它们连成一条光滑的曲线，即为该时刻的浸润曲线。潜水位等于或高于地表的区域就是可能的浸没区。可应用此法进行浸没范围的预测。

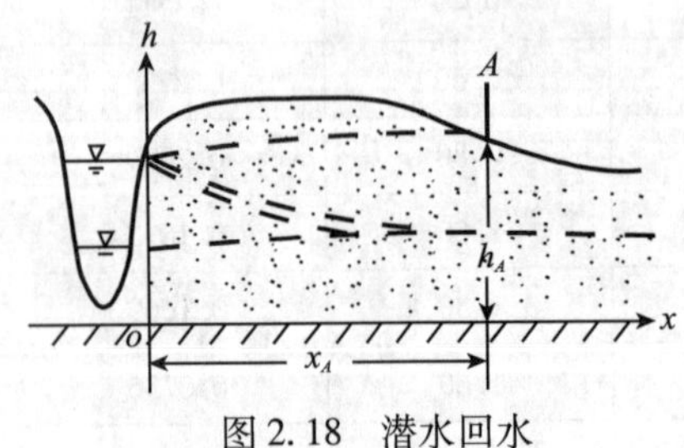

图2.18　潜水回水

如取 A 点作为浸没区的边点，已知该点地表标高为 h_A，设 $h_A=h_{x,t}$，回水前 A 点潜水位用 $h_{A,0}$ 表示，则按式（2.42）有

$$\frac{h_A^2-h_{A,0}^2}{\Delta(h_{0,t}^2)}=F(\lambda)$$

利用表2.3，由 $F(\lambda)$ 可查得 λ，又根据

$$\lambda_A=\frac{x_A}{2\sqrt{at}}$$

或

$$t = \frac{x_A^2}{4a\lambda_A^2} = \frac{\mu x_A^2}{4Kh_m\lambda_A^2}$$

可知 A 点开始浸没的时间与距离平方成正比，且与岸区地层岩性有关，渗透系数越大，给水度越小，被浸没的时间来得越快。

思考题

1. 不考虑入渗的潜水含水层，当隔水底板倾斜时，怎样求得它的流量和降落曲线？如果隔水底板的坡度是变化的，又如何求得？

2. 承压含水层的厚度变化和降落曲线的坡度、形状有什么关系？

3. 当库水位长期稳定在一定高度时，潜水回水最终会趋于什么情况？这种情况经常出现吗？研究它有什么意义？

第3章　地下水向完整井的稳定运动

3.1　概　　述

3.1.1　水井的类型

水井是常见的集水建筑物。根据水井井径的大小和开凿方法的不同，可分为管井和筒井两类。管井的直径小，通常小于0.5m，而深度比较大，常用钻机开凿；筒井的直径大，可达1m到数米，而深度较浅，通常经人工开挖而成。此外，还有一些特殊类型的井，如我国西北黄土高原区的辐射井、新疆的坎儿井和淮北地区的大骨料井等。

根据水井所揭露的地下水类型，水井分为潜水井和承压水井两类。无论潜水井还是承压水井，根据所揭露含水层的程度和进水条件的不同，都可分为完整井和不完整井两类。凡是贯穿整个含水层，在全部含水层厚度上都安装有过滤器，并能全面进水的井，称为完整井，如图3.1中的井a所示；如果水井没有贯穿整个含水层，只有井底和（或）含水层的部分厚度上能进水，则称为不完整井，如图3.1中的井b、井c、井d所示。

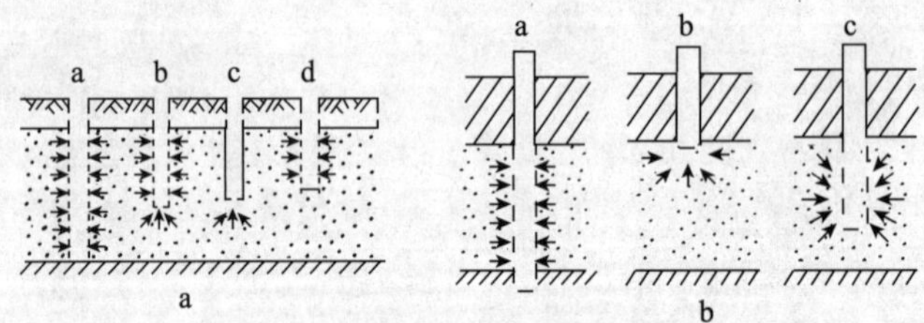

图3.1　完整井和不完整井

a. 潜水井；b. 承压水井

本章主要讲述地下水向管井类完整井的运动；对不完整井的问题，将在第6章介绍。

3.1.2　井附近的水位降深

从井中抽水时，井周围含水层中的水流入井内，井中和井附近的水位将降低。设某点 (x, y) 的初始水头为 $H_0(x, y, 0)$，抽水 t 时间后的水头为 $H(x, y, t)$，则此时该点的水头降低值（s）为

$$s(x,y,t) = H_0(x,y,0) - H(x,y,t)$$

式中：s 为水位降深，简称降深。在井附近的不同地点，降深（s）不同。井中心最大，离井越远，降深越小。总体上形成漏斗状的水头下降区，称之为降落漏斗。对潜水井来

讲，降落漏斗在含水层内部扩展，抽水量主要来自含水层的疏干量；承压水井则不同，降落漏斗不在含水层内部发展，而是形成承压水头的降低区，抽水量主要靠含水层的弹性释水量来供给。随着抽水时间的延续，降深不断增大，漏斗不断扩展。若没有其他补给源时，地下水向井的运动始终处于非稳定状态。但在下列两种水文地质条件下，有可能形成稳定运动。

1）在有侧向补给的有限含水层中，当降落漏斗扩展到补给边界后，侧向补给量和抽水量平衡时，地下水向井的运动便可达到稳定状态。

2）在有垂向补给的无限含水层中，随着降落漏斗的扩大，垂向补给量不断增大。当它增大到与抽水量相等时，将形成稳定的降落漏斗，地下水向井的运动也进入稳定状态。在没有补给的无限含水层中，严格说来，不可能出现稳定流。但实际观察证明，随着抽水时间的延长，水位降深的速率会越来越小，降落漏斗的扩展也极其缓慢。当降落漏斗内的水位降深速率变得如此得小，以致在一个较短的时间间隔内几乎观测不到明显的水位下降时，如果延长观测时间间隔，仍能看到水位在缓缓下降。此时漏斗区内的水流便可近似作为稳定运动来研究。这种情况称为似稳定状态，也称似稳定。

位于水平埋藏的承压含水层中的完整井，水流基本上水平，同一地点不同深度上的观测孔内的水位也一致（图 3. 2a）。承压水不完整井，水流不再水平，等势线呈弯曲状，同一地点不同深度上的观测孔内的水位不同，降深也不同（图 3. 2b）。潜水井的情况与此相似，观测孔进水口处的水头不等于观测孔所在地的潜水位。潜水面坡度愈大，差别愈大（图 3. 2c）。

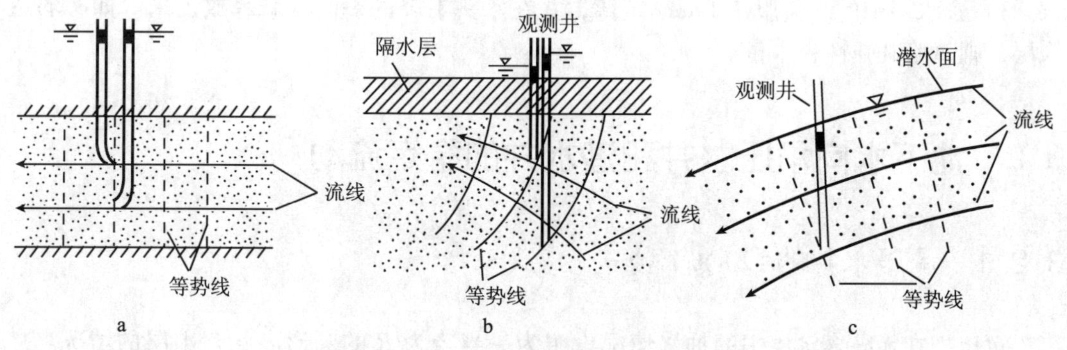

图 3. 2　抽水时观测孔中的水位

a. 承压含水层中的水平流动；b. 承压含水层中的非水平流动；c. 潜水流

下面简单介绍一下井径和井内外降深的关系。总的来看，有三种类型的井。为简单起见，以承压水完整井为代表加以介绍。图 3. 3a 为打在基岩中的裸井，未下过滤器。这时的井半径（r_w）就是裸孔的半径，井壁和井中的水位降深一致。图 3. 3b 为下了过滤器的井。在正常情况下，将过滤器的直径作为井径。但水位降深的情况要复杂些。当井管外面的水通过过滤器的孔眼进入井内时，有水头损失。同时在井管内部水向上运动至水泵吸水口的途中也有水头损失。这些水头损失，统称井损。因此，井管外面的水头高于井管内部的水头。图 3. 3c 为过滤器周围填砾的井，井周围的降深比未填砾时要小。此时，井损仍然存在，如井径仍用过滤器直径会造成较大的计算误差。因此，引进了有效井半径的概念。有效井半径是由井轴到井管外壁某一点的水平距离。在该点，按稳定流计算的理论降深正好等于过滤器外壁的实际降深。在以后各节建立的公式中，都不考虑井损和有效井半径问题。在本章最后一节中，将介绍有关井损和有效井半径的确定方法。

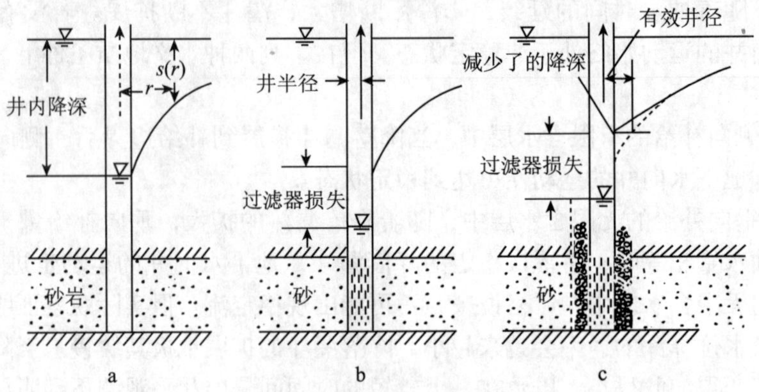

图 3.3　承压含水层中的水位降深和有效井径

（据 J. Bear，1979）

a. 裸井；b. 下过滤器的井；c. 填砾的井

在以后几节中，除了特别提到的以外，一般都采用了以下假设：

1）含水层均质、各向同性，产状水平，厚度不变，分布面积很大，可视为无限延伸；

2）抽水前的地下水面是水平的，并视为稳定的；

3）含水层中的水流服从 Darcy 定律，并在水头下降的瞬间水就释放出来。如有弱透水层，则忽略其弹性释水量。

3.2　地下水向承压水井和潜水井的稳定流动

3.2.1　承压水井的 Dupuit 公式

可以把在无限含水层中的抽水情况设想为一半径为 R 的圆形岛状含水层的情况。岛边界上的水头（H_0）保持不变。如从井中定流量抽水，地下水经过一定时间的非稳定运动后，降落漏斗扩展到岛的边界，周围的补给量等于抽水量，则地下水运动出现稳定状态，并符合上一节的假设条件。此时，水流有如下特征：①水流为水平径向流，即流线为指向井轴的径向直线，等水头面为以井为共轴的圆柱面，并和过水断面一致；②通过各过水断面的流量处处相等，并等于井的流量。

上述径向流的水头分布满足 Laplace 方程。把它和式（1.78）一样转换成柱坐标形式，并考虑水流是水平对称的，此时 z 方向分速度为 0，且轴对称，与 θ 角无关，因而式中的 $\partial^2 H/\partial\theta^2$ 和 $\partial^2 H/\partial z^2$ 都等于 0，于是有

$$\frac{\mathrm{d}}{\mathrm{d}r}\left(r\frac{\mathrm{d}H}{\mathrm{d}r}\right)=0 \tag{3.1}$$

其边界条件是 $H=H_0$，当 $r=R$ 时；$H=h_w$，当 $r=r_w$ 时。

对式（3.1）积分，有

$$r\frac{\mathrm{d}H}{\mathrm{d}r}=C$$

因为不同过水断面的流量相等，并等于井的流量，即 $Q_r=2\pi KMr\frac{\mathrm{d}H}{\mathrm{d}r}=Q$，故可得积分常数为

$$C=\frac{Q}{2\pi KM}$$

代入前式得

$$r\frac{\mathrm{d}H}{\mathrm{d}r}=\frac{Q}{2\pi KM} \tag{3.2}$$

分离变量，再按给出的边界条件取定积分：

$$\int_{h_w}^{H_0}\mathrm{d}H=\frac{Q}{2\pi KM}\int_{r_w}^{R}\frac{\mathrm{d}r}{r}$$

得

$$H_0-h_w=s_w=\frac{Q}{2\pi KM}\ln\frac{R}{r_w} \tag{3.3}$$

或

$$Q=2.73\frac{KMs_w}{\lg\frac{R}{r_w}} \tag{3.4}$$

式中：s_w 为井中水位降深；Q 为抽水井流量；M 为含水层厚度；K 为渗透系数；r_w 为井的半径；R 为影响半径。

此处 R 即圆形岛的半径，该处降深为零。在实际应用时，考虑到随着抽水时间的延长，会出现似稳定状态，距离 R 应看作是从抽水井起到实际上观测不出（或可忽略）水位降深处的径向距离（图3.4）。有关 R 值，在下一章中将进一步予以讨论。

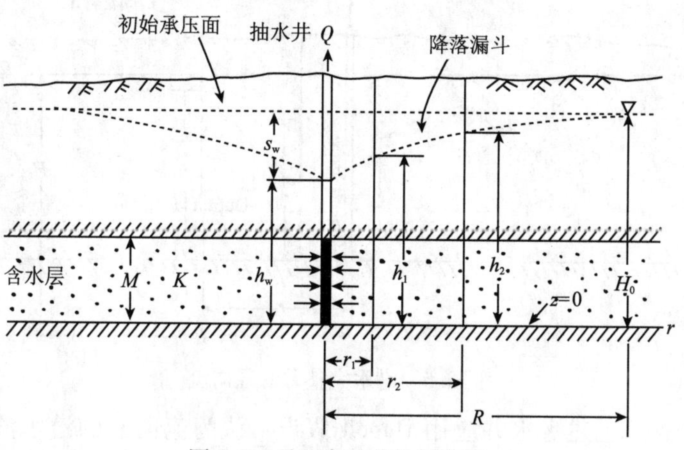

图3.4　承压完整井的径向流

式（3.3）和式（3.4）称为Dupuit公式。

如距抽水井中心 r 处有一观测孔，测得水位为 H，在 r_w 和 r 两断面间积分式（3.2），得

$$H - h_w = s_w - s = \frac{Q}{2\pi KM} \ln \frac{r}{r_w} \tag{3.5}$$

同理，如有两个观测孔，距井中心的距离分别为 r_1 和 r_2，水位分别为 H_1 和 H_2（图3.4），在 r_1 到 r_2 区间积分式（3.2）得

$$H_2 - H_1 = s_1 - s_2 = \frac{Q}{2\pi KM} \ln \frac{r_2}{r_1} \tag{3.6}$$

式中：s_1 和 s_2 分别为 r_1 和 r_2 处的水位降深。

式（3.6）也称 Thiem 公式。它和非稳定井流在长时间抽水后的近似式完全一致。这表明，在无限承压含水层中的抽水井附近，确实存在似稳定流区。

如果联立求解式（3.3）和式（3.5），则可得抽水井附近的承压水水头分布方程（或称降落曲线方程）：

$$H = h_w + (H_0 - h_w) \frac{\ln \dfrac{r}{r_w}}{\ln \dfrac{R}{r_w}} \tag{3.7}$$

式中没有包含 Q 和 K。这说明水流相对稳定时，只要给定井内水位和边界水头，抽水井附近的水头分布就确定了，不管渗透系数和抽水量的大小如何。

3.2.2 潜水井的 Dupuit 公式

图3.5 表示在无限潜水含水层中有一口完整井。经过长时间定流量抽水后，在井附近形成相对稳定的降落漏斗。因降落漏斗是在潜水含水层中发展，存在着垂向分速度，等水头面不是圆柱面，而是共轴的旋转曲面，为空间径向流，所以和承压井流不同。这类问题很难求得它的解析解。

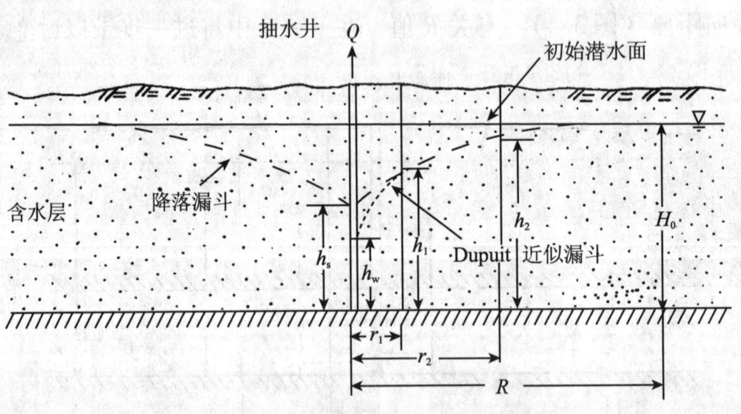

图3.5 潜水完整井的径向流

为实用目的，对上述潜水井应用 Dupuit 假设：认为流向井的潜水流是近似水平的，因而等水头面仍是共轴的圆柱面，并和过水断面一致。这一假设，在距抽水井 $r > 1.5H_0$ 的区域是足够准确的。同时认为，通过不同过水断面的流量处处相等，并等于井的流量。这时，漏斗区潜水流的水头分布满足式（1.104）。如以潜水含水层的底板作基准面，$h = H$，并用柱坐标形式表示，则方程简化为

$$\frac{\mathrm{d}}{\mathrm{d}r}\left(r\frac{\mathrm{d}h^2}{\mathrm{d}r}\right)=0 \tag{3.8}$$

其边界条件和承压水井相似，为 $h=h_w$，当 $r=r_w$ 时；$h=H_0$，当 $r=R$ 时。

对式（3.8）进行积分，得

$$r\frac{\mathrm{d}(h^2)}{\mathrm{d}r}=C$$

因各断面流量相等，根据通过任意断面的流量 $Q=2\pi rhK\frac{\mathrm{d}h}{\mathrm{d}r}=\pi rK\frac{\mathrm{d}(h^2)}{\mathrm{d}r}$，可得积分常数

$$C=\frac{Q}{\pi K}$$

故有

$$r\frac{\mathrm{d}(h^2)}{\mathrm{d}r}=\frac{Q}{\pi K}$$

分离变量，按给出的边界条件对上式积分得

$$H_0^2-h_w^2=(2H_0-s_w)s_w=\frac{Q}{\pi K}\ln\frac{R}{r_w} \tag{3.9}$$

或

$$Q=1.366K\frac{(2H_0-s_w)s_w}{\lg\frac{R}{r_w}} \tag{3.10}$$

式中：R 为潜水井的影响半径，其含义和承压水井的相同。

式（3.9）和式（3.10）称为潜水井的 Dupuit 公式。

同理，可以分别给出有一个观测孔和两个观测孔时的计算式：

$$h^2-h_w^2=\frac{Q}{\pi K}\ln\frac{r}{r_w} \tag{3.11}$$

$$h_2^2-h_1^2=\frac{Q}{\pi K}\ln\frac{r_2}{r_1} \tag{3.12}$$

式（3.12）也称潜水井的 Thiem 公式。它同 Theis 公式在长时间抽水后的近似式完全一致。

联立求解式（3.9）和式（3.11），同样可得潜水位分布方程（或称为浸润曲线方程）：

$$h^2=h_w^2+(H_0^2-h_w^2)\frac{\ln\frac{r}{r_w}}{\ln\frac{R}{r_w}} \tag{3.13}$$

结果表明，潜水位的分布，同样由边界水位决定，而与流量和渗透系数无关。但由上式计算的浸润曲线，仅在 $r>H_0$ 区域同实际曲线一致。在 $r<H_0$ 区，特别是在井壁处，Dupuit 浸润曲线总是低于实际浸润曲线，如图 3.5 所示。这是因为 Dupuit 公式没有考虑潜水井存在渗出面，采用了 Dupuit 假设造成的。

下面讨论在 3 种常见水文地质条件下，如何推广应用 Dupuit 公式的问题。

1）巨厚含水层中的潜水井。井中降深仅占潜水层厚度的很小部分，在供水中常遇到

这种情况。此时，可将潜水井 Dupuit 公式（3.9）改写为

$$H_0 - h_w = \frac{Q}{\pi K(H_0 + h_w)} \ln \frac{R}{r_w}$$

当井中降深 $H_0 - h_w \ll H_0$ 时，$H_0 + h_w \approx 2H_0$，于是得近似式：

$$H_0 - h_w = s_w \approx \frac{Q}{2\pi K H_0} \ln \frac{R}{r_w} \tag{3.14}$$

可见，已转化为承压水井公式（3.3）。这表明，当含水层很厚而降深相对较小时，潜水含水层可近似地按承压含水层来处理。

设距潜水井 r_1 和 r_2 处的降深分别为 s_1 和 s_2，则按式（3.12）有

$$h_2^2 - h_1^2 = (H_0 - s_2)^2 - (H_0 - s_1)^2 = \frac{Q}{\pi K} \ln \frac{r_2}{r_1}$$

或变为

$$s_1' - s_2' = \frac{Q}{2\pi K H_0} \ln \frac{r_2}{r_1} \tag{3.15}$$

式中：$s' = s - \frac{s^2}{2H_0}$，称为修正降深。这个降深可以出现在等效的承压含水层中。对潜水含水层中的井流，有时采用这种线性化的方法。

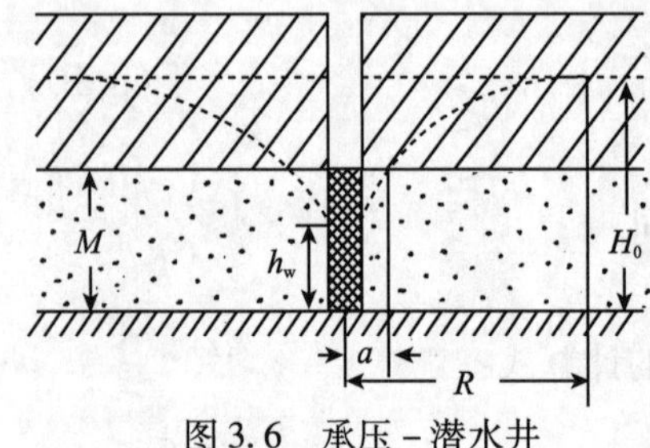

图 3.6　承压－潜水井

2）承压－潜水井。在承压水井中大降深抽水时，如果井水位低于含水层顶板，井附近就会出现无压水流区，变成承压－潜水井。用于疏干的水井常出现这种情况（图 3.6）。

可用分段法计算流向井的流量。设距井 $r = a$ 处为由承压水转变为无压水处。该处水位为 M，在径向距离 a 以内为无压水区，按式（3.11）有

$$M^2 - h_w^2 = \frac{Q}{\pi K} \ln \frac{a}{r_w}$$

在径向距离 a 以外为承压水区，按式（3.3）有

$$H_0 - M = \frac{Q}{2\pi K M} \ln \frac{R}{a}$$

从两式中消去 $\ln a$，即得承压－潜水井公式：

$$Q = 1.366 \frac{K(2H_0 M - M^2 - h_w^2)}{\lg \frac{R}{r_w}} \tag{3.16}$$

3）注水井或补给井。当进行地下水人工补给或利用含水层人工贮能时，有时需要向井中注水。在某些情况下，为了求得含水层参数，也需要进行注水试验。注水井的工作情况正好和抽水井相反。井水位最高，周围水位逐渐降低，成锥体状，如图 3.7 所示。地下水的运动为发散的径向流。如作粗略地估算，只要把前面几节公式中的水位降深换成水位升高，便适用于注水井。例如，对承压水注水井有

$$Q = 2.73 \frac{KM(h_w - H_0)}{\lg \frac{R}{r_w}} \tag{3.17}$$

对潜水注水井有

$$Q = 1.366\frac{K(h_w^2 - H_0^2)}{\lg\frac{R}{r_w}} \tag{3.18}$$

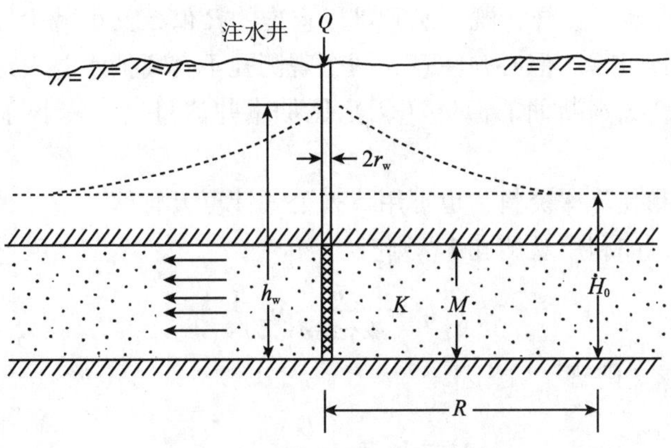

图 3.7 承压注水井示意图

式（3.17）和式（3.18）中的 $h_w - H_0$ 为井中的水位升高值。

注水和抽水的不同，除了一个是发散的径向流、一个是收敛的径向流外，还要强调二者物理条件的区别。抽水时，因井周围的过水断面小、流速大，含水层中的细颗粒将随水进入井内，因而在井周围常形成一个渗透性增高的地带；而注水井的情况正好相反。注水井注入的水向井外流动，速度逐渐减小，水流携带的杂质将在一定距离内沉淀在含水层中。水中的某些溶解物质可能和固体骨架或含水层中原有水起作用，产生阻塞。某些细菌也可能在过滤器上生长。因此，在注水井周围往往形成一个渗透性降低的地带。

3.2.3 Dupuit 公式的应用

前面导出的 Dupuit 公式，可以解决下列两类问题。

1）求含水层参数。这时可将 Dupuit 公式写成便于求参数的形式。

对于承压水井有

$$K = 0.366\frac{Q}{Ms_w}\lg\frac{R}{r_w} \tag{3.19}$$

$$K = 0.366\frac{Q}{M(s_1 - s_2)}\lg\frac{r_2}{r_1} \tag{3.20}$$

对于潜水井有

$$K = 0.732\frac{Q}{(2H_0 - s_w)s_w}\lg\frac{R}{r_w} \tag{3.21}$$

$$K = 0.732\frac{Q}{(2H_0 - s_1 - s_2)(s_1 - s_2)}\lg\frac{r_2}{r_1} \tag{3.22}$$

对其他公式，也可作类似变换，不再一一列举。

将抽水试验趋近稳定时测得的流量（Q）及抽水井或观测孔的水位降深（s）代入以上各式，可直接求出渗透系数（K）或导水系数（T）。在单井抽水条件下，R 常用经验值，也可用下一章将要介绍的由 Theis 公式导出的近似式进行估算。当然，取经验值或估算的 R 值可能误差较大。但在公式中，它以 $\ln R$ 形式出现，即使 R 值有较大误差，对求参结果的影响仍比较小。

在抽水试验时，最好在有代表性的抽水井附近打两个观测孔，利用观测孔的降深资料按 Thiem 公式计算参数。这样，既可避开难以求准的 R 值，又可减少抽水井存在井损的影响，求得的参数比较可靠。但必须注意，两个观测孔不宜离抽水井太远；否则，当抽水时间不足，通过观测孔过水断面的流量（Q_r）比抽水井流量（Q）小得多时，求出的 K 值会偏大。

此外，根据观测孔降深资料，也可用下列公式计算 R 值。

对于承压水井，如利用观测孔 1，则有

$$s_1 = \frac{Q}{2\pi KM}\ln\frac{R}{r_1}$$

如利用观测孔 1 和 2，则有

$$s_1 - s_2 = \frac{Q}{2\pi KM}\ln\frac{r_2}{r_1}$$

联立求解以上两式，得

$$\lg R = \frac{s_1\lg r_2 - s_2\lg r_1}{s_1 - s_2} \tag{3.23}$$

对于潜水井，用同样的方法可得

$$\lg R = \frac{s_1(2H_0 - s_1)\lg r_2 - s_2(2H_0 - s_2)\lg r_1}{(2H_0 - s_1 - s_2)(s_1 - s_2)} \tag{3.24}$$

这样求得的 R 值，既可用于条件类似地区只有单井实验的计算中，又可作为设计合理井距的依据。

2）预报流量或降深。根据 Dupuit 公式，在已知含水层厚度和参数的情况下，只要给出设计的降深值，即可预报井的开采量；也可按需要的流量，预报开采后的可能降深值。但要注意，利用本章公式预报时，含水层必须有补给源，且能和抽水量平衡，真正达到稳定流；否则，不可能出现稳定流，利用稳定流公式预报，会得出错误的结果。

3.2.4 Dupuit 公式的讨论

3.2.4.1 井径和流量的关系

Dupuit 公式中井径和流量的关系，并不完全符合实际情况。

按 Dupuit 公式，井径对流量的影响不太大，因为井半径（r_w）以对数形式出现在公式中，井径增大时流量增加很少。如井径增大 1 倍，流量约增加 10%；井径增大 10 倍，流量仅增加 40% 左右。但实际情况远非如此，井径对流量的影响比 Dupuit 公式反映的关系要大得多。如原冶金工业部勘察总公司在北京南苑试验场进行的井径和流量关系的对比试验，其 100mm，150mm，200mm 三种井径的 $Q - s_w$ 关系曲线表示在图 3.8 中，并得出如下认识：①当降深（s_w）相同时，井径增加同样的幅度，强透水岩层中井的流量增加得比弱透水层中的井多；②对于同一岩层，井径增加同样的幅度，大降深抽水的流量增加得多，小降深抽水时流量增加得少；③对于同样的岩层和降深，小井径时，由井径增加（如 100mm 增至 150mm，或 150mm 增到 200mm）所引起的流量增长率大；中等井径时（如 300 ~ 500mm 时），增长率减小；大井径时，流量随井径的增加就不明显了。这种现象，理论解释不一。有些学者认为，这是由于井周围的紊流和三维流的影响所致。也有人认为，研究井径和流量的关系，应考虑含水层内流动和井管内流动两个方面。这两个方面是地下水先从含水层流至井壁，再通过井管壁流入管内，并向上运动至吸水口。两种流动是串联关系。前者取决于含水层的透水能力，后者受井管过水能力的制约。如果仅考虑含水层中水的流动，则 Dupuit 公式中井径和流量的关系是正确的。

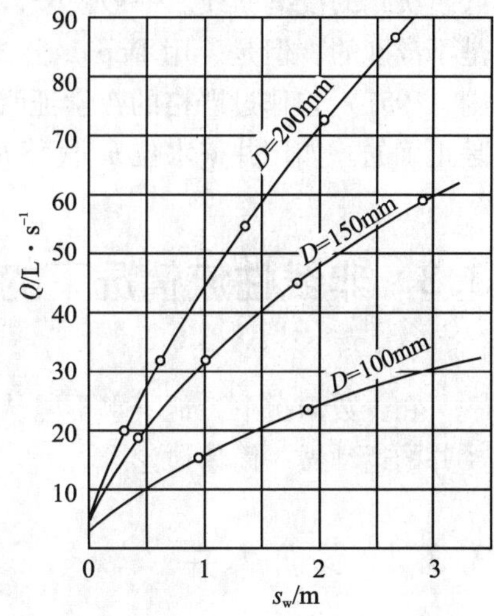

图 3.8　不同井径的 $Q-s_w$ 关系
（据陈雨荪，1977）

当含水层的透水性较好或水位降深较大时，含水层有可能提供较大的流量；但受井管的过水能力所限，井径增加时，流量明显增大。这对小口径井特别明显。但当井径已经足够大或含水层的透水性较差时，井管的过水能力对流量的影响已居次要地位，井径和流量的关系就比较符合 Dupuit 公式。

3.2.4.2　渗出面（水跃）及其对 Dupuit 公式计算结果的影响

在第 1 章介绍 Dupuit 假设时，曾谈到潜水的出口处一般都存在渗出面。当潜水流入井中时也存在渗出面，又称水跃，即井壁水位（h_s）高于井中水位（h_w）（图 3.9），而潜水井的 Dupuit 公式并没有考虑渗出面的存在。

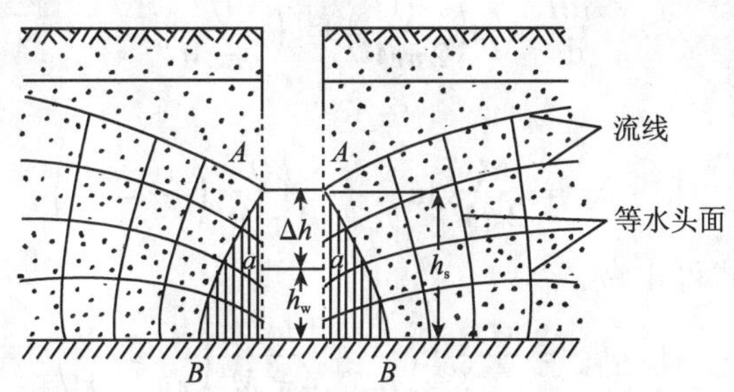

图 3.9　潜水井渗出面示意图

渗出面的存在有两个作用：①井附近的流线是曲线，等水头面是曲面，只有当井壁和井中存在水头差时，图 3.9 中阴影部分的水才能进入井内；②渗出面的存在，保持了适当高度的过水断面，以保证把流量（Q）输入井内。否则，当井中水位降到隔水底板时，井壁处的过水断面将等于零，就无法通过流量了。早期，某些学者认为，潜水井的水位只能降到含水层厚度的一半，并认为此时井的流量最大。这种看法没有考虑渗出面的存在，是片面的。那么，Dupuit 潜水井公式用井内水位（h_w）是否正确？要不要用井壁水位（h_s）来代替井内水位（h_w）？下面分别从浸润曲线和流量两个方面加以说明。

因渗出面的存在，按 Dupuit 公式算出的浸润曲线（以下简称 Dupuit 曲线）在井附近低于实际的浸润曲线。一般说来，在 $r \leqslant H_0$ 的区域，用 Dupuit 公式计算潜水井的浸润曲线是不准确的。但是，用 Dupuit 公式计算的流量却是精确的。对此，И. А. Чарный（恰尔内，1951）曾作过严格的数学证明。因此，用 Dupuit 公式计算流量时，用井内水位（h_w）是正确的。如用井壁水位 h_s 代替 h_w，反而是错误的。

3.3 非线性流情况下的地下水向完整井的稳定运动

在少数情况下，地下水不服从 Darcy 定律，其流动是非线性的。下面对该情况下向完整井的运动做一简单讨论。

3.3.1 承压水井

当地下水运动服从 Chezy 公式（1.36）时，有

$$Q = 2\pi rMK\left(\frac{\mathrm{d}H}{\mathrm{d}r}\right)^{1/2}$$

分离变量，在井壁和任意 r 断面之间积分，得

$$H - h_w = \left(\frac{Q}{2\pi MK}\right)^2\left(\frac{1}{r_w} - \frac{1}{r}\right) \tag{3.25}$$

当 $r \to R$ 时，$H \to H_0$，将其代入上式，并令 $s_w = H_0 - h_w$，代表抽水井的水位降深。同时，因为 $R \gg r_w$，$1/R$ 的数值很小，可以忽略不计，故式（3.25）可简化为

$$Q = 2\pi KM\sqrt{r_w s_w} \tag{3.26}$$

现在考虑更一般的情况。当地下水运动服从式（1.34）时，有

$$\frac{\mathrm{d}H}{\mathrm{d}r} = a\left(\frac{Q}{2\pi rM}\right) + b\left(\frac{Q}{2\pi rM}\right)^2$$

分离变量，并积分得

$$H - h_w = \frac{aQ}{2\pi M}\ln\frac{r}{r_w} + \frac{bQ^2}{4\pi^2 M^2}\left(\frac{1}{r_w} - \frac{1}{r}\right)$$

令常数 $a = 1/K$，则上式可化为

$$H - h_w = \frac{Q}{2\pi T}\ln\frac{r}{r_w} + \frac{bQ^2}{4\pi^2 M^2}\left(\frac{1}{r_w} - \frac{1}{r}\right) \tag{3.27}$$

如果地下水运动完全满足 Darcy 定律，则上式右端第二项等于零，即为 Dupuit 公式（3.5）。如地下水运动完全满足 Chezy 公式，则上式右端第一项等于零。这时如令常数 $b = 1/K^2$，$r \to R$，$H \to H_0$，则上式又变为式（3.26）。

3.3.2 潜水井

潜水井流量表示式为

$$Q = 2\pi rhK\left(\frac{\mathrm{d}h}{\mathrm{d}r}\right)^{1/2}$$

和承压水井类似，也可导出相应的公式。如 $1/R$ 可以忽略不计，该式可进一步化简为

$$Q \simeq \frac{2}{\sqrt{3}}\pi K\sqrt{r_w(H_0^3 - H_w^3)} \tag{3.28}$$

3.4 越流含水层中地下水向承压水井的稳定流动

图3.10表示有越流补给时，在无限承压含水层中的一口完整井。因从井中抽水，造成水头降低，和相邻含水层（图中为潜水含水层）之间产生水头差或将原有的水头差扩大，相邻含水层中的水通过弱透水层越流补给抽水含水层。当抽水延续一定时间后，进入抽水含水层降落漏斗范围内的越流量和抽水量平衡时，水流达到稳定状态。此时假设：发生越流的潜水含水层，有足够的补给量维持初始水位不变；弱透水层的弹性释放量很小，可以忽略不计，且流向井的水流基本上仍保持水平流动。在此假设条件下，抽水含水层内的水头满足方程式（1.87）。对于稳定流动，与该方程相应的以柱坐标表示的方程为

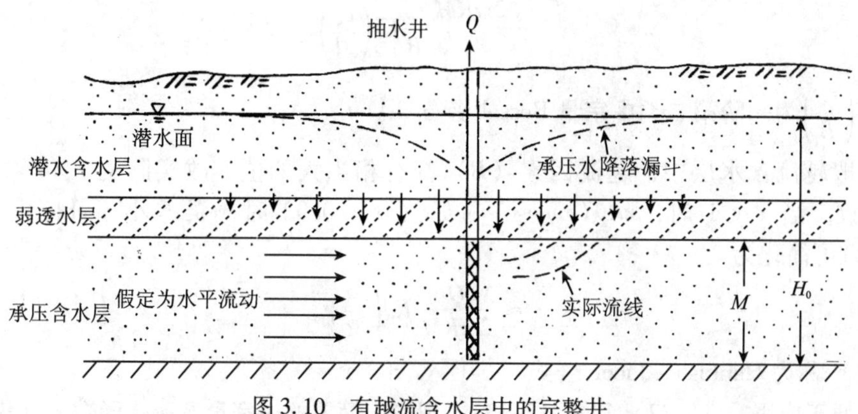

图3.10　有越流含水层中的完整井

$$\frac{\partial^2 H}{\partial r^2} + \frac{1}{r}\frac{\partial H}{\partial r} + \frac{H_0 - H}{B^2} = 0 \tag{3.29}$$

把水头改用降深表示，令 $H_0 - H = s$，并代入上式，经变量代换后得

$$\left(\frac{r}{B}\right)^2 \frac{\partial^2 s}{\partial\left(\frac{r}{B}\right)^2} + \left(\frac{r}{B}\right)\frac{\partial s}{\partial\left(\frac{r}{B}\right)} - \left(\frac{r}{B}\right)^2 s = 0 \tag{3.30}$$

相应的边界条件为

$s = 0$，当 $r \to \infty$ 时，

$r\frac{ds}{dr} = -\frac{Q}{2\pi KM}$，当 $r = r_w$ 时，

方程（3.30）是零阶虚宗量 Bessel 方程。其通解为

$$s = \alpha I_0\left(\frac{r}{B}\right) + \beta K_0\left(\frac{r}{B}\right) \tag{3.31}$$

式中：α 和 β 为待定系数；$I_0\left(\frac{r}{B}\right)$和 $K_0\left(\frac{r}{B}\right)$分别为零阶第一类和第二类虚宗量 Bessel 函

数。由边界条件知，当 $r\to\infty$ 时，$K_0\left(\frac{r}{B}\right)=0$，而 $I_0\left(\frac{r}{B}\right)\neq 0$，把它们代入式（3.31）可得 $\alpha=0$。因而有

$$s=\beta K_0\left(\frac{r}{B}\right)$$

再考虑井壁边界条件：

$$Q=-2\pi r_w MK\frac{\partial s}{\partial r}\bigg|_{r=r_w}=2\pi KM\frac{r_w}{B}\beta K_1\left(\frac{r_w}{B}\right)$$

得

$$\beta=\frac{Q}{2\pi KM\frac{r_w}{B}K_1\left(\frac{r_w}{B}\right)}$$

最后得

$$s=\frac{Q}{2\pi KM}\frac{K_0\left(\frac{r}{B}\right)}{\frac{r_w}{B}K_1\left(\frac{r_w}{B}\right)} \tag{3.32}$$

式中：$K_1\left(\frac{r_w}{B}\right)$为一阶第二类虚宗量 Bessel 函数。

在一般越流含水层中，越流因素（B）都有相当大的值，故实际上 $r_w/B\ll 1$。对于 Bessel 函数，当 $x\ll 1$ 时，$xK_1(x)\approx 1$（如当 $x<0.02$ 时，误差小于 1%）。因此，式（3.32）可简化为

$$s\approx\frac{Q}{2\pi KM}K_0\left(\frac{r}{B}\right) \tag{3.33}$$

式（3.33）称为 Hantush－Jacob 公式。

为了便于应用式（3.32）和式（3.33），现列出简单的虚宗量 Bessel 函数表（表3.1）。

在抽水井附近，$r/B\ll 1$。对于第二类零阶虚宗量 Bessel 函数，当 $x\ll 1$ 时，有 $K_0(x)\approx\ln(1.123/x)$。故式（3.33）又可简化为

$$s\simeq\frac{Q}{2\pi T}\ln\frac{1.123B}{r} \tag{3.34}$$

用式（3.34）计算，误差不大。当 $r/B<0.35$ 时，误差小于 5%；当 $r/B<0.18$ 时，误差小于 1%。

下面讨论一下越流量占井中抽水量的比例。设 Q_r 代表径向距离 r 处的侧向流入量，则有

$$Q_r=-2\pi rKM\frac{\partial s}{\partial r}=2\pi KM\beta\frac{r}{B}K_1\left(\frac{r}{B}\right)$$

井的流量为

$$Q=-2\pi KM\left(r\frac{\partial s}{\partial r}\right)_{r=r_w}=2\pi KM\beta\frac{r_w}{B}K_1\left(\frac{r_w}{B}\right)$$

取两式比值，并注意当$\frac{r_w}{B}\ll 1$ 时，$\frac{r_w}{B}K_1\left(\frac{r_w}{B}\right)\approx 1$，因而有

表 3.1 虚宗量 Bessel 函数表

x	$K_0(x)$	$K_1(x)$	$I_0(x)$	$I_1(x)$
0.010	4.7212	99.9739	1.0000	0.0050
0.020	4.0285	49.9547	1.0001	0.0100
0.030	3.6235	33.2715	1.0002	0.0150
0.040	3.3365	24.9233	1.0004	0.0200
0.050	3.1142	19.9097	1.0006	0.0250
0.060	2.9329	16.5637	1.0009	0.0300
0.070	2.7798	14.1710	1.0012	0.0350
0.080	2.6475	12.3742	1.0016	0.0400
0.090	2.5310	10.9749	1.0020	0.0451
0.1	2.4271	9.8538	1.0025	0.0501
0.2	1.7527	4.7760	1.0100	0.1005
0.3	1.3725	3.0560	1.0226	0.1517
0.4	1.1145	2.1843	1.0404	0.2040
0.5	0.9244	1.6564	1.0635	0.2579
0.6	0.7775	1.3028	1.0921	0.3137
0.7	0.6605	1.0503	1.1263	0.3719
0.8	0.5663	0.8618	1.1665	0.4327
0.9	0.4867	0.7165	1.2130	0.4971
1.0	0.4210	0.6019	1.2661	0.5652
1.5	0.2138	0.2774	1.6467	0.9817
2.0	0.1139	0.1399	2.2796	1.5906
2.5	0.0624	0.0739	3.2898	3.5167
3.0	0.0347	0.0402	4.8808	3.9534
3.5	0.0196	0.0222	7.3782	6.2058
4.0	0.0112	0.0125	11.3019	9.7595
4.5	0.0064	0.0071	17.4812	15.3892
5.0	0.0037	0.0040	27.2399	24.3356

$$\frac{Q_r}{Q} \approx \frac{r}{B}K_1\left(\frac{r}{B}\right) \tag{3.35}$$

上式表明，侧向流入量占抽水井流量的比例，仅仅和径向距离（r）与越流因素（B）的比值有关。图 3.11 为 Q_r/Q 与 r/B 的关系曲线。由图可以看出，当 $r=4B$ 时，$Q_r/Q=0.05$，表示侧向流入量（来自该断面到无穷远处的越流量）只占抽水井流量的 5%，而 95% 抽水井流量是来自 $r<4B$ 地段的越流量。

可利用式（3.33）和式（3.34），根据稳定流抽水试验资料求参数。此时，要求有距抽水井不同距离（r）的若干个观测孔。测得各观测孔的水位降深后，可用下述方法求出导水系数（T）、越流因素（B）和越流系数（σ'）。

（1）配线法

对式（3.33）和式 $r=\frac{r}{B}\cdot B$ 两边取对数，得

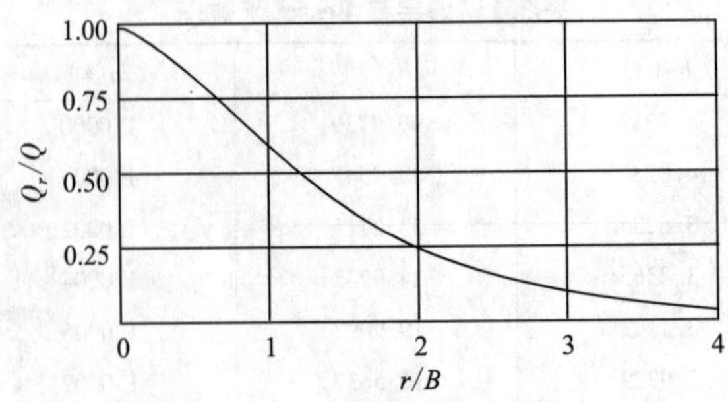

图 3.11 Q_r/Q 与 r/B 关系曲线

（据 J. Bear，1979）

$$\lg s = \lg\left[K_0\left(\frac{r}{B}\right)\right] + \lg\frac{Q}{2\pi T}$$

$$\lg r = \lg\frac{r}{B} + \lg B$$

因 $\lg(Q/2\pi T)$ 和 $\lg B$ 均为常数，故在双对数纸上，$K_0\left(\frac{r}{B}\right) - \frac{r}{B}$ 曲线和 $s - r$ 曲线的形状相同。因此，求参数时，可先根据表 3.1 在双对数纸上作 $K_0\left(\frac{r}{B}\right) - \frac{r}{B}$ 标准曲线（图 3.12，附图 1），再根据不同 r 的 s 值，在模数相同的透明双对数纸上作 $s - r$ 实际曲线。把实际曲线叠合在标准曲线上，保持二者的坐标轴平行，移动坐标纸，直到两曲线重合时为止。然后在图上任取一点作为匹配点，读出匹配点在两张图上的坐标 s，r，$K_0\left(\frac{r}{B}\right)$ 和 $\frac{r}{B}$ 值，代入以下两式，即可求出参数值。

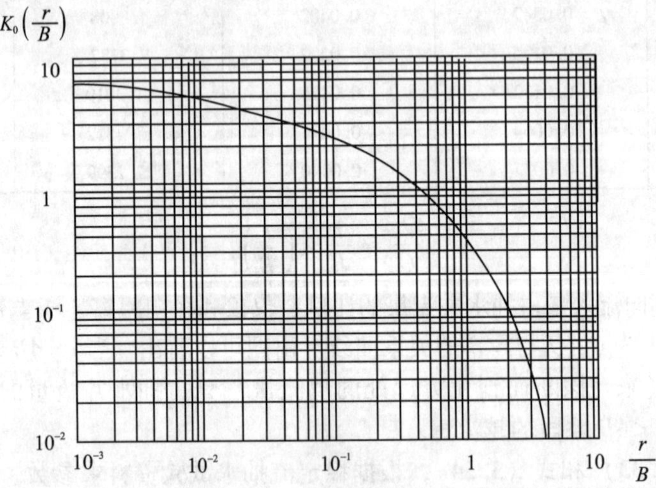

图 3.12 越流含水层稳定流抽水试验的标准曲线

（据 W. C. Walton，1970）

$$T = \frac{Q}{2\pi[s]}\left[K_0\left(\frac{r}{B}\right)\right] \tag{3.36}$$

$$B = \frac{[r]}{\left[\frac{r}{B}\right]}, \quad \sigma' = \frac{T}{B^2} \tag{3.37}$$

(2) 直线图解法

由近似式（3.34）有

$$s = \frac{Q}{2\pi T}\ln\frac{1.123B}{r} = -\frac{2.30Q}{2\pi T}\lg\left(0.89\frac{r}{B}\right)$$

此式表明，在单对数纸上，s 和 r 为线性关系。如将实测的 s 取普通坐标，r 取对数坐标作图，则应为一直线，直线的斜率 $i = -2.30Q/2\pi T$。由此可求得导水系数。

$$T = -\frac{2.30Q}{2\pi i} = 0.366\frac{Q}{|i|} \tag{3.38}$$

直线在零降深线上的截距为 r_0，即

$$0 = -\frac{2.30Q}{2\pi T}\lg\left(0.89\frac{r_0}{B}\right)$$

显然，此时只有 $\lg\left(0.89\frac{r_0}{B}\right)=0$ 或 $0.89\frac{r_0}{B}=1$。由此求得

$$B = 0.89r_0 \tag{3.39}$$

3.5 流量和水位降深关系的经验公式

前已提到，在评价小型水源地或勘探开采井的单井出水量时，可用理论公式进行流量预报。但因水文地质条件的差异性、水流状态和井损的影响，实际抽水中的流量和降深关系，并非完全像理论公式：

$$Q = 2.73\frac{KM}{\lg\frac{R}{r_w}}s_w = qs_w, \quad q\text{ 为单位流量} \quad （对于承压水井）$$

$$Q = 1.366K\frac{(2H_0 - s_w)s_w}{\lg\frac{R}{r_w}} = 1.366\frac{2KH_0}{\lg\frac{R}{r_w}}s_w - \frac{1.366K}{\lg\frac{R}{r_w}}s_w^2 \quad （对于潜水井）$$

所显示的那样为一过原点的直线（承压水井）和二次抛物线（潜水井），而常常表现为各种各样的曲线。因此，为使预报的流量符合实际情况，常根据多次降深（或落程）抽水试验得出的 $Q-s_w$ 关系建立经验公式，进行流量预报。

大量抽水井的实测资料证明，常见的几种 $Q-s_w$ 曲线类型有直线型、抛物线型、幂函数曲线型和对数曲线型。下面分别对这几种曲线类型的经验公式、判别方法、确定系数和应用范围加以讨论。

(1) 直线型

反映直线型关系的表达式为

$$Q = qs_w \tag{3.40}$$

它和承压水井 Dupuit 公式一致。其中，q 为待定系数。

首先，用图解法判别抽水试验得出的 $Q-s_w$ 关系曲线的类型。将不同落程的 Q_i 和 s_{wi} 资料点绘在坐标纸上。如果这些点分布在一条直线上，并通过坐标原点时，即可判定为直线型，符合式（3.40）。

然后确定系数 q。当资料不多，且资料点基本分布在同一直线上时，可直接取直线的斜率确定 q 值；当资料较多，且点沿直线两侧分布较分散时，可采用最小二乘法确定 q 值，即使残差平方和为最小，则有

$$\frac{\mathrm{d}}{\mathrm{d}q}\left[\sum_{i=1}^{n}(Q_i - qs_{wi})^2\right] = 0$$

或

$$\sum_{i=1}^{n} Q_i s_{wi} - q\sum_{i=1}^{n} s_{wi}^2 = 0$$

由此求得待定系数：

$$q = \frac{\sum_{i=1}^{n} Q_i s_{wi}}{\sum_{i=1}^{n} s_{wi}^2} \tag{3.41}$$

式中：n 为抽水试验降深的次数。将所求 q 值代回式（3.40），给出井中设计降深（s_e），即可预报流量。

（2）抛物线型

反映这种曲线的经验公式为

$$s_w = aQ + bQ^2 \tag{3.42}$$

式中：a，b 为待定系数。如将公式两边除以 Q，则得代表抛物线关系的方程：

$$\frac{s_w}{Q} = a + bQ$$

由此可见，当用图解法判别抽水试验的关系类型时，只要以 s_w/Q 为纵坐标，以 Q 为横坐标作图为一直线，即可判定为抛物线型，符合经验公式（3.42）。在 s_w/Q 轴上的截距为 a，直线斜率为 b。当有 n 个抽水落程时，也可按最小二乘法求待定系数 a 和 b。此时

$$b = \frac{n\sum_{i=1}^{n} s_{wi} - \sum_{i=1}^{n} Q_i \sum_{i=1}^{n} \frac{s_{wi}}{Q}}{n\sum_{i=1}^{n} Q_i^2 - \left(\sum_{i=1}^{n} Q_i\right)^2} \tag{3.43}$$

$$a = \frac{\sum_{i=1}^{n} \frac{s_{wi}}{Q} - b\sum_{i=1}^{n} Q_i}{n} \tag{3.44}$$

（3）幂函数曲线型

反映这种曲线的经验公式为

$$Q = q_0 s_w^{1/m} \tag{3.45}$$

式中：q_0，m 为待定系数。对上式两边取对数，得

$$\lg Q = \lg q_0 + \frac{1}{m}\lg s_w$$

由此可见，如在双对数坐标纸上绘出 $Q-s_w$ 关系曲线为一直线，则可判定其为幂函数曲线型，符合经验公式（3.45）。直线在 $\lg Q$ 轴上的截距为 q_0，直线斜率的倒数为 m 值。当有 n 个落程资料时，同样可用最小二乘法求待定系数，有

$$m=\frac{n\sum_{i=1}^{n}(\lg s_{wi})^2-(\sum_{i=1}^{n}\lg s_{wi})^2}{n\sum_{i=1}^{n}(\lg s_{wi}\lg Q_i)-\sum_{i=1}^{n}\lg s_{wi}\sum_{i=1}^{n}\lg Q_i} \tag{3.46}$$

$$\lg q_0=\frac{\sum_{i=1}^{n}\lg Q_i-\frac{1}{m}\sum_{i=1}^{n}\lg s_{wi}}{n} \tag{3.47}$$

（4）对数曲线型

反映这种曲线的经验公式为

$$Q=a+b\lg s_w \tag{3.48}$$

式中：a，b 为待定系数。

当用图解法判别抽水试验关系类型时，可在单对数坐标纸上，Q 取普通坐标，s_w 取对数坐标，绘出 $Q-\lg s_w$ 关系曲线。若为直线，则可判定为对数曲线型，符合公式（3.48）。Q 轴的截距为 a，直线的斜率为 b。当有 n 个落程资料时，同样可用最小二乘法确定系数，有

$$b=\frac{n\sum_{i=1}^{n}(Q_i\lg s_{wi})-\sum_{i=1}^{n}Q_i\sum_{i=1}^{n}\lg s_{wi}}{n\sum_{i=1}^{n}(\lg s_{wi})^2-(\sum_{i=1}^{n}\lg s_{wi})^2} \tag{3.49}$$

$$a=\frac{\sum_{i=1}^{n}Q_i-b\sum_{i=1}^{n}\lg s_{wi}}{n} \tag{3.50}$$

将上述四种经验公式及其图解归纳为表3.2。当然，在实际抽水试验中，还可能遇到其他类型的曲线，均可用类似的方法处理。建立经验公式的目的就是为了预报流量。通常预报的设计降深往往大于抽水试验降深，因而希望对经验公式进行外推。一些前苏联学者曾指出，对直线型经验公式，外推降深的最大范围不能超过抽水试验时最大降深的1.5倍，对抛物线型、幂函数曲线型和对数曲线型方程，不能超过1.75～3.0倍。必须指出，经验公式是根据实测数据找出变量之间函数近似表达式的。因此，经验公式只能说明在观测数据范围以内的自变量和因变量之间的关系。严格说来，它是不能外推的。因为这种关系不一定就是变量之间真正的函数关系。即使要外推，外推范围也不能过大。考虑到经验公式的上述性质和统计学的有关理论，上述前苏联学者的意见虽然在我国流传很广，但由于允许外推范围过大，又缺乏理论依据，仍有待商榷。应用时，必须慎之又慎，特别是当外推范围较大时。有关应用本法的具体实例，可参阅文献（薛禹群等，1979）或与本书配套的习题集。

表 3.2　流量与水位降深关系式及图示

经验公式和图形		变形后的公式和图形	
经验公式	$Q-s$ 关系曲线	变形公式	变形的关系曲线
直线 $Q=qs_w$	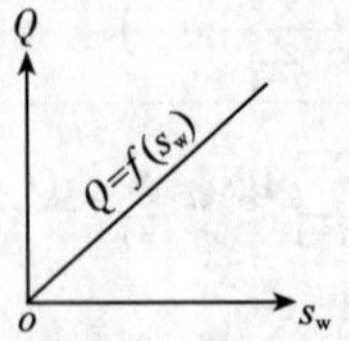 Q; $Q=f(s_w)$; o; s_w		抽水试验的资料点连线为直线，并通过坐标原点的，为直线型；不通过原点的，为曲线型
抛物线 $s_w=aQ+bQ^2$	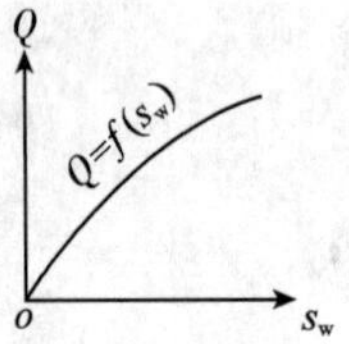 Q; $Q=f(s_w)$; o; s_w	方程两端除以 Q $\frac{s_w}{Q}=a+bQ$	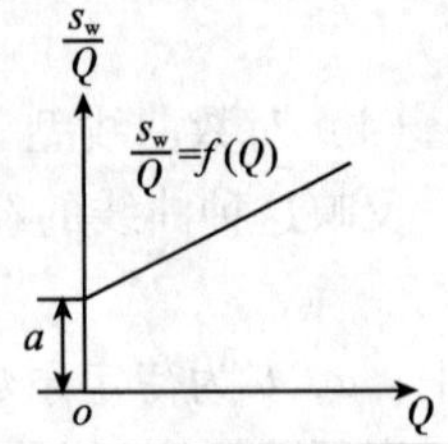 $\frac{s_w}{Q}$; $\frac{s_w}{Q}=f(Q)$; a; o; Q
幂函数曲线 $Q=q_0 s_w{}^{1/m}$	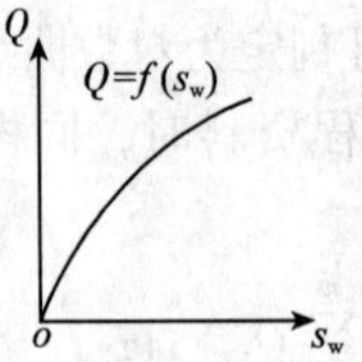 Q; $Q=f(s_w)$; o; s_w	幂函数曲线 $\lg Q=\lg q_0+\frac{1}{m}\lg s_w$	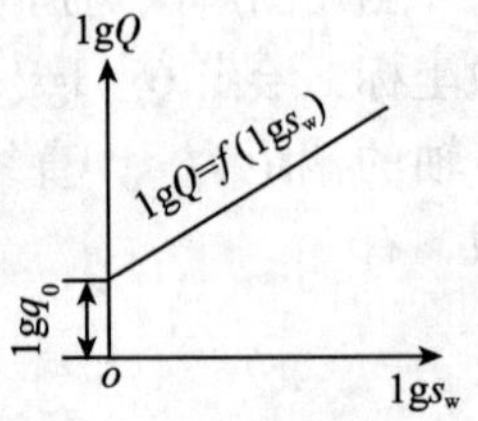 $\lg Q$; $\lg Q=f(\lg s_w)$; $\lg q_0$; o; $\lg s_w$
对数曲线 $Q=a+b\lg s_w$	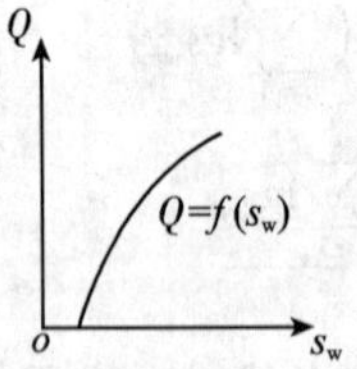 Q; $Q=f(s_w)$; o; s_w	仍用原式 $Q=a+b\lg s_w$	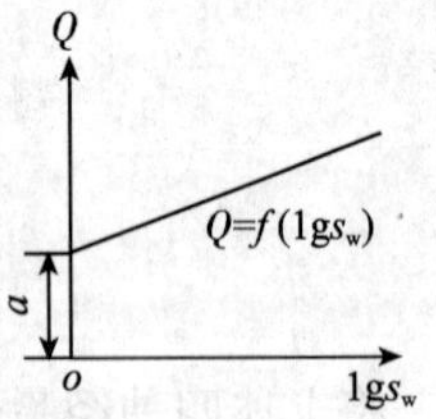 Q; $Q=f(\lg s_w)$; a; o; $\lg s_w$

3.6　地下水向干扰井群的稳定运动

3.6.1　叠加原理

对于由线性偏微分方程和线性定解条件组成的定解问题，可以运用叠加原理，它对于求解干扰井问题和边界附近的井流问题用处很大。因此，有必要先对它作一简单介绍。

叠加原理可表述为：如 H_1，H_2，…，H_n 是关于水头（H）的线性偏微分方程的特解，C_1，C_2，…，C_n 为任意常数，则这些特解的线性组合：

$$H=\sum_{i=1}^{n} C_i H_i \tag{3.51}$$

仍是原方程的解。式（3.51）中的这些常数，要根据 H 所满足的边界条件来确定。如方程是非齐次的，并设 H_0 为该非齐次方程的一个特解，H_1 和 H_2 为相应的齐次方程的两个解，则

$$H = H_0 + C_1 H_1 + C_2 H_2 \tag{3.52}$$

也是该非齐次方程的解。常数 C_1 和 C_2 由 H 所满足的边界条件确定。

下面举一简单例子，具体说明叠加原理的含义。设在河湾处的承压含水层中有抽水井 P_1 和抽水井 P_2，分别以流量 $Q=A$ 和 $Q=B$ 抽水。渗流区 D 的边界 Γ 是由河流和渠道组成的第一类边界。边界 Γ_1 上有 $H=H^{(1)}$，Γ_2 上为 $H=H^{(2)}$，如图 3.13 所示。在含水层为均质各向同性，地下水流为稳定流的条件下，水头（H）满足 Laplace 方程，并可表示为如下定解问题。

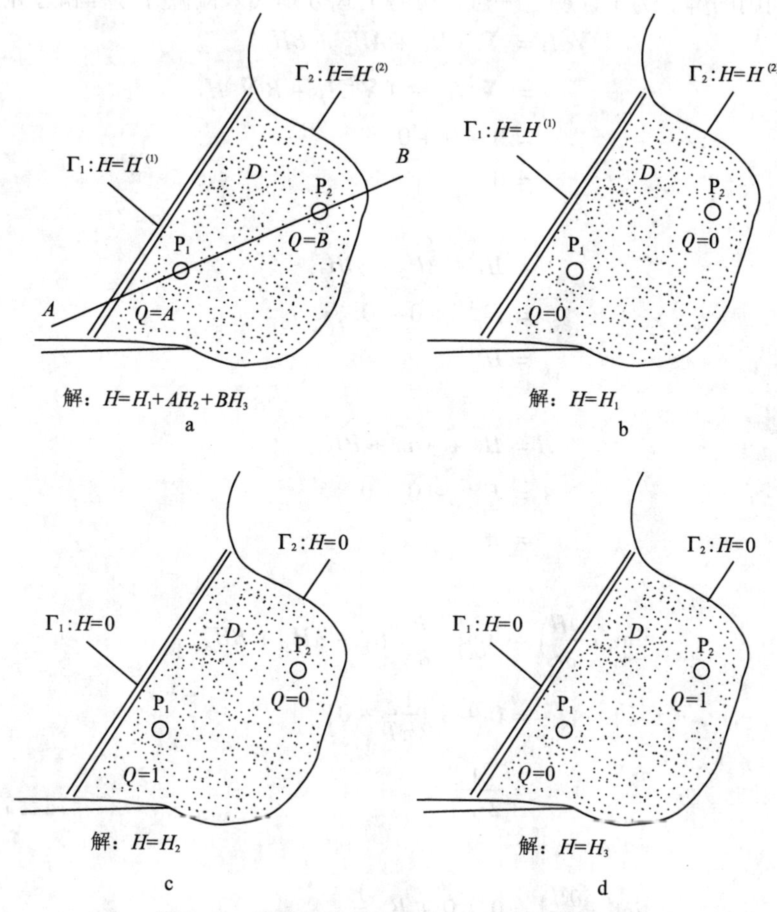

图 3.13　渗流区边界条件和井流的分解平面图

$$\nabla^2 H = \frac{\partial^2 H}{\partial x^2} + \frac{\partial^2 H}{\partial y^2} = 0, \quad \text{在 } D \text{ 内}$$

边界条件为

$$H = H^{(1)}, \quad \text{在 } \Gamma_1 \text{ 上；}$$

$$H = H^{(2)}, \quad \text{在 } \Gamma_2 \text{ 上。}$$

$$\lim_{r\to 0}\left(r\frac{\partial H}{\partial r}\right)=\frac{A}{2\pi T},\quad \text{在 } P_1 \text{ 井处；}$$

$$\lim_{r\to 0}\left(r\frac{\partial H}{\partial r}\right)=\frac{B}{2\pi T},\quad \text{在 } P_2 \text{ 井处。}$$

根据叠加原理，上述定解问题可分解为三个子问题：①边界条件和原定解问题相同，但渗流区内没有井，即 P_1 井和 P_2 井的 $Q=0$，此时的解为 $H_1(x,\ y)$（图 3.13b）；②在齐次边界条件下（即 Γ_1 和 Γ_2 上的 $H=0$），P_2 井没有抽水 $Q=0$，P_1 井以 $Q=1$ 抽水，这时的解为 $H_2(x,\ y)$（图 3.13c）；③在齐次边界条件下，P_1 井的 $Q=0$，只有 P_2 井以 $Q=1$ 抽水，其解为 $H_3(x,\ y)$（图 3.13d）。此时，三个特解的线性组合：

$$H(x,y)=H_1(x,y)+AH_2(x,y)+BH_3(x,y)$$

即为原定解问题的解。为了证明这一点，可将上式分别代入偏微分方程和边界条件，有

$$\begin{aligned}\nabla^2 H &= \nabla^2(H_1+AH_2+BH_3)\\ &= \nabla^2 H_1 + A\nabla^2 H_2 + B\nabla^2 H_3\\ &= 0+0+0\\ &= 0\end{aligned}$$

在 Γ_1 上，

$$\begin{aligned}H &= H_1+AH_2+BH_3\\ &= H^{(1)}+0+0\\ &= H^{(1)}\end{aligned}$$

在 Γ_2 上，

$$\begin{aligned}H &= H_1+AH_2+BH_3\\ &= H^{(2)}+0+0\\ &= H^{(2)}\end{aligned}$$

在 P_1 井处，

$$\begin{aligned}\lim_{r\to 0}\left(r\frac{\partial H}{\partial r}\right) &= \lim_{r\to 0}\left[r\frac{\partial}{\partial r}(H_1+AH_2+BH_3)\right]\\ &= 0+A\frac{1}{2\pi T}+0\\ &= \frac{A}{2\pi T}\end{aligned}$$

在 P_2 井处，

$$\begin{aligned}\lim_{r\to 0}\left(r\frac{\partial H}{\partial r}\right) &= 0+0+B\frac{1}{2\pi T}\\ &= \frac{B}{2\pi T}\end{aligned}$$

可见，$H=H_1+AH_2+BH_3$ 既满足 Laplace 方程，又满足全部边界条件，故为原定解问题的解。

叠加原理在解决实际问题中是很有用的，从图 3.14 中可以进一步理解它的物理意义。如图所示，在承压含水层中打了 P_1，P_2 两口井，天然地下水水头本来就在下降，水井抽

水后造成更大的下降。这个问题可以分解为两个亚问题，首先求出不存在水井时，由于边界条件的影响 t 时刻的水头 $H_1(x, y)$；然后假设初始水头和边界条件都为零（即 $H=0$），算出由于 P_1 井流量为 A 和 P_2 井流量为 B 分别单独抽水时造成的 t 时刻的降深（即负的水头值，分别为 $-s_1(x, y)$ 和 $-s_2(x, y)$，如图中的 b 和 c 等）；在 t 时刻的水头上减去该降深（相当于加上负的水头值），即 $H=H_1-s_1-s_2$，便得在边界条件和抽水井共同作用下 t 时刻的水头值。

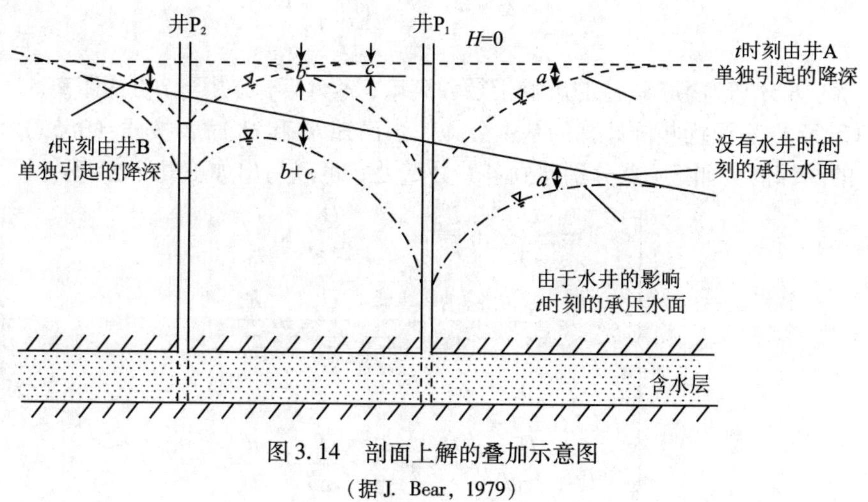

图 3.14　剖面上解的叠加示意图

（据 J. Bear，1979）

上述例子可推广到有多口抽水井或注水井的情况。对稳定井流，也可作类似分析，且更简单了。

综合上例分析，对于线性定解问题不难得出下列结论。

1）各个边界条件的作用彼此独立。一个边界条件的存在，并不影响其他边界条件存在时所得到的结果（对于初始条件也是如此）。不同类边界条件所造成的结果之间彼此互不影响。因此，若干个不同类边界条件的综合结果等于各单个边界条件单独作用所得结果的叠加。

2）各抽水井的作用也是独立的。在齐次定解条件下，承压井群产生的降深，等于各井单独产生降深的叠加。

3）潜水含水层的微分方程是非线性的，不能应用叠加原理，但用线性化方法，把描述潜水运动的微分方程线性化后，仍可应用叠加原理。

3.6.2　干扰井群

无论供水或排水，单井情况比较少见，通常都是利用井群抽水。当井群中各井之间的距离小于影响半径时，彼此间的降深和流量就会发生干扰。干扰的表现是：同样降深时，一个干扰井的流量比它单独工作时的流量要小；欲使流量保持不变，则在干扰情况下，每个井的降深就要增加。也就是说，干扰井的降深大于同样流量未发生干扰时的水位降深。干扰的程度，除受含水层性质、补给和排泄条件等自然因素影响外，主要受井的数量、间距、布井方式（和井的结构）等因素的影响。

设在无限含水层中任意布置几口抽水井。当群井抽水持续时间较长时，同样会形成一个相对稳定的区域降落漏斗。在此漏斗范围内，第 j 口井单独抽水对任一点 i 产生的降深为

$$s_{ij} = \frac{Q_j}{2\pi T} \ln \frac{R_j}{r_{ij}}$$

而几口井抽水对 i 点产生的总降深，按叠加原理有

$$s_i = \sum_{j=1}^{n} s_{ij} = \sum_{j=1}^{n} \frac{Q_j}{2\pi T} \ln \frac{R_j}{r_{ij}} \tag{3.53}$$

式中：R_j 和 Q_j 分别为第 j 口井的影响半径和流量；r_{ij}为第 j 口井至 i 点的距离。

式（3.53）是干扰井群计算的基本公式。当已知 R_j 和 Q_j 时，按式（3.53）可以计算任一点 i 的降深值。如把 i 点分别移到各井井壁处，可以写出如下几个方程：

$$\begin{cases} s_{w1} = \dfrac{Q_1}{2\pi T} \ln \dfrac{R_1}{r_{w1}} + \sum\limits_{j=2}^{n} \dfrac{Q_j}{2\pi T} \ln \dfrac{R_j}{r_{1j}} \\ s_{w2} = \dfrac{Q_2}{2\pi T} \ln \dfrac{R}{r_{w2}} + \sum\limits_{\substack{j=1 \\ j\neq 2}}^{n} \dfrac{Q_j}{2\pi T} \ln \dfrac{R_j}{r_{2j}} \\ \qquad \vdots \\ s_{wn} = \dfrac{Q_n}{2\pi T} \ln \dfrac{R_n}{r_{wn}} + \sum\limits_{j=1}^{n-1} \dfrac{Q_j}{2\pi T} \ln \dfrac{R_j}{r_{nj}} \end{cases} \tag{3.54}$$

联立求解上述线性方程组，可由给定的各井流量（Q_j）求出各井的降深（s_{wi}），或由 s_{wi}求出 Q_j。在各井流量（Q_j）和影响半径（R_j）分别彼此相等的特殊情况下，式（3.53）可简化为

$$s_i = \frac{Q}{2\pi T} \sum_{j=1}^{n} \ln \frac{R}{r_{ij}} = \frac{nQ}{2\pi T} \ln \frac{R}{r_i^*} \tag{3.55}$$

式中：$r_i^* = \sqrt[n]{r_{i1} \cdot r_{i2} \cdots r_{in}}$称为等效距离；$r_{i1}$，$r_{i2}$，…，$r_{in}$ 为任一观测点 i 到各抽水井的距离。

类似地，对于越流含水层中的地下水的稳定运动有

$$s_i = \sum_{j=1}^{n} \frac{Q_j}{2\pi T} K_0\left(\frac{r_{ij}}{B}\right) \tag{3.56}$$

或

$$s_i = \sum_{j=1}^{n} \frac{Q_j}{2\pi T} \ln \frac{1.123B}{r_{ij}} \tag{3.57}$$

对于隔水底板水平的潜水含水层中的井群，为了满足齐次边界条件，对降深项（$H^2 - h^2$）进行叠加，故有

$$H_0^2 - h_i^2 = \sum_{j=1}^{n} \frac{Q_j}{\pi K} \ln \frac{R_j}{r_{ij}} \tag{3.58}$$

式中：H_0 为潜水含水层的初始厚度；h_i 为任意点 i 处潜水含水层的厚度；其余符号同前。

在各井流量和影响半径相等的特殊情况下，式（3.58）同样可化简为

$$H_0^2 - h_i^2 = \frac{nQ}{\pi K} \ln\left(\frac{R}{r^*}\right) \tag{3.59}$$

$$r^* = \sqrt[n]{r_{i1} \cdot r_{i2} \cdot r_{i3} \cdots r_{in}} \tag{3.60}$$

下面介绍几种规则布井的干扰井群公式。有些公式可直接由式（3.55）和式（3.59）经过简单变换得出，读者可自行推导。

1）相距为 L 的两口井，影响半径相等，两井的流量和降深 $s_{w1}=s_{w2}=s_{w3}$ 相同，则有

$$Q_1 = Q_2 = \frac{2\pi KMs_w}{\ln \frac{R^2}{r_w L}} \quad （承压水井） \tag{3.61}$$

$$Q_1 = Q_2 = \frac{\pi K(H_0^2 - h_w^2)}{\ln \frac{R^2}{r_w L}} \quad （潜水井） \tag{3.62}$$

由上两式可以看出，总流量（Q_1+Q_2）等于半径为 $\sqrt{r_w L}$ 的单井流量。但因 $\sqrt{r_w L} \gg r_w$，在技术上打两口井要比打一口直径很大的井容易些。

2）布置在正方形（边长为 L）顶点的四口井，同样有

$$Q_1 = Q_2 = Q_3 = Q_4 = \frac{2\pi KMs_w}{\ln \frac{R^4}{\sqrt{2} r_w L^3}} \quad （承压水井） \tag{3.63}$$

$$Q_1 = Q_2 = Q_3 = Q_4 = \frac{\pi K(H_0^2 - h_w^2)}{\ln \frac{R^4}{\sqrt{2} r_w L^3}} \quad （潜水井） \tag{3.64}$$

3）按半径为 r 的圆周均匀布置 n 口井。

由图 3.15 中的几何关系知：

$$r_w \cdot r_{1,2} \cdot r_{1,3} \cdots r_{1,n} = n r_w r^{n-1}$$

其中，$r_{1,2}$，$r_{1,3}$，…，$r_{1,n}$ 为 1 号井至 2 号、3 号……各井的距离。因而有

$$Q = \frac{2\pi KMs_w}{\ln \frac{R^n}{n r_w r^{n-1}}} \quad （承压水井） \tag{3.65}$$

$$Q = \frac{\pi K(H_0^2 - h_w^2)}{\ln \frac{R^n}{n r_w r^{n-1}}} \quad （潜水井） \tag{3.66}$$

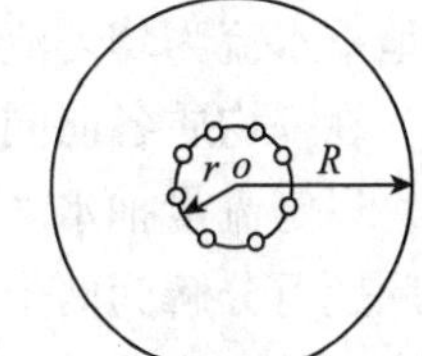

图 3.15　沿圆周分布的井群

4）补给边界对称分布的无限井排，如图 3.16a 所示。设井距为 σ，等距分布，井排距两侧补给边界的距离相等，边界水头均为 H_0。如果各井半径相等，则可认为各井的降深和流量都相同，有

$$Q = 2.73 \frac{KMs_w}{\lg \frac{\sigma}{\pi r_w} + \lg\sinh \frac{\pi R}{\sigma}} \quad （承压水井） \tag{3.67}$$

$$Q = 1.366 \frac{K(2H_0 - s_w)s_w}{\lg \frac{\sigma}{\pi r_w} + \lg\sinh \frac{\pi R}{\sigma}} \quad （潜水井） \tag{3.68}$$

式中：sinh 为双曲正弦函数符号。

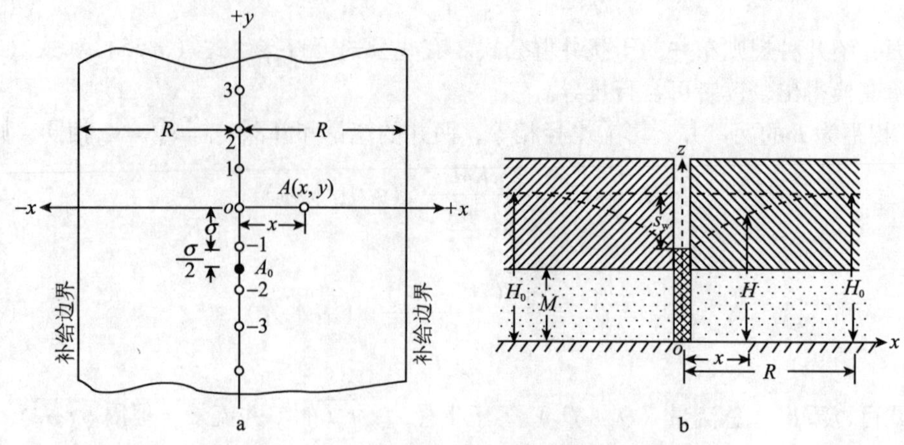

图 3.16　补给边界对称分布的无限井排示意图

a. 平面图；b. 沿 x 轴的剖面图

3.7　均匀流中的井

在以前各节的井流计算中，都假定抽水前的地下水面是水平的。但在自然界中，绝对水平的地下水面是很少的。当水面坡度不大时，可以近似地当作水平面来处理。如果地下水面有一定坡度，则要考虑地下水流对井流的影响。这里只介绍一种最简单的情况，即承压地下水流为均匀流时（水力坡度和渗透系数均为常数），一口抽水井的情况。

在一均质各向同性的承压含水层中，含水层厚度（M）是常数。有一口井位于坐标原点，以定流量抽水。均匀流的方向为 $-x$，渗流速度为 v_0。根据前面介绍的叠加原理，这一问题可分解为两个子问题：①假设不存在抽水井的承压均匀流，水力坡度为常数，如取原点处的水头作为基准面（即原点处的水头为零），则任一点（x，y）处的水头为 H_1，则有

$$v_0 = KJ = K\frac{H_1}{x}$$

或

$$H_1(x,y) = \frac{v_0}{K}x$$

②假设初始承压水面为水平时存在一半径为 r_w 的抽水井。设任一点（x，y）处的水头为 H_2，按 Dupuit 公式有

$$H_2 - h_w = \frac{Q}{2\pi KM}\ln\frac{r}{r_w},\quad r = \sqrt{x^2 + y^2}$$

因取位于原点处抽水井的水位为基准面，故有 $h_w = 0$，上式变为

$$H_2 = \frac{Q}{2\pi KM}\ln\frac{r}{r_w}$$

将 H_1 和 H_2 叠加，即得原问题的解：

$$H(x,y) = H_1 + H_2 = \frac{v_0}{K}x + \frac{Q}{2\pi T}\ln\frac{r}{r_w} \tag{3.69}$$

这就是均匀流中的承压水井抽水公式。根据该式可绘出流网，如图 3.17 所示。流网中有一条分水线和一个驻点（停滞点）。在分水线以内，地下水流向井中；在分水线以外，水向下游流走，而不进入井中。显然，抽水井的稳定流量应等于分水线以内的天然流量。因此，当 x 增大时，分水线以水平线 $y = \pm\frac{Q}{2v_0M}$ 为渐近线（图 3.17）。所谓驻点，即水流速度 $v=0$ 的点。按式（3.69），在驻点 $S(x_S, y_S)$ 处有

$$v_y = -K\frac{\partial H}{\partial y} = -K\frac{Q}{2\pi T}\frac{y_S}{x_S^2 + y_S^2} = 0$$

$$v_x = -K\frac{\partial H}{\partial x} = -v_0 - \frac{Q}{2\pi M}\frac{1}{x_S} = 0$$

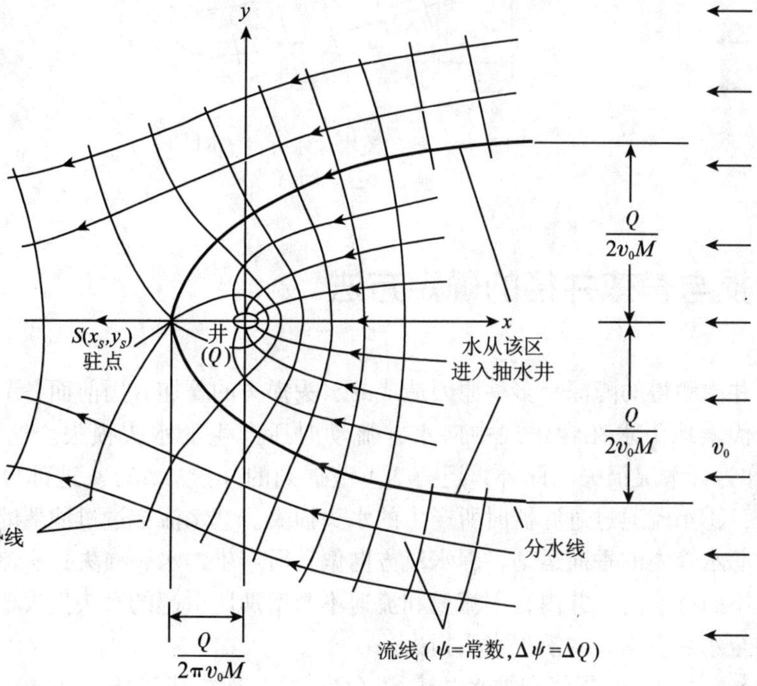

图 3.17　均匀流中抽水井的流网

（据 J. Bear，1979）

由此得驻点的坐标为

$$\begin{cases} x_S = -\dfrac{Q}{2\pi M v_0} \\ y_S = 0 \end{cases} \tag{3.70}$$

均匀流中注水井的流网如图 3.18 所示。这时，天然流速（v_0）的方向和 x 轴方向一致。同样也有分水线和驻点。图中的阴影部分表示注水影响的面积，即注水取代了原来的天然水流。

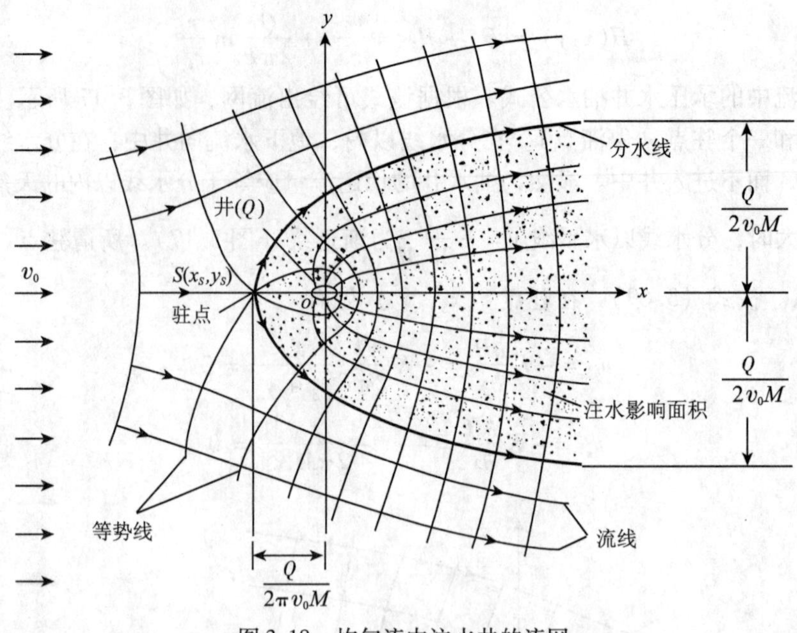

图 3.18　均匀流中注水井的流网
（据 J. Bear，1979）

3.8　井损与有效井径的确定方法

在抽水井中测得的降深是多种原因造成的水头损失的叠加。用前面各节中公式计算的降深，仅仅代表地下水在含水层中向水井流动时所产生的水头损失。这部分水头损失（s_w）有时称为含水层损失。此外，还有 3.1 节提到的井损（Δh）。这部分水头损失通常包括三部分：①水流通过过滤器时所产生的水头损失。②水流穿过过滤器时，由接近水平的运动变为滤水管内的垂向运动，因水流方向偏转所产生的水头损失；水流在滤水管内向上运动时，不断有水流入井内，因流量和流速不断增加所引起的水头损失。③水流在井管内向上运动至水泵吸水口的沿程水头损失。

C. E. Jacob 认为，井损值和抽水井流量（Q）的二次方成正比，即 $\Delta h = CQ^2$，C 称为井损常数。因此，总降深（$s_{t,w}$）可表示为

$$s_{t,w} = s_w + CQ^2 = BQ + CQ^2 \tag{3.71}$$

式中：B 为系数。稳定流时按 Dupuit 公式为 $\ln(R/r_w)/2\pi T$；非稳定流时，记为 $B(r_w, t)$，是时间的函数。

M. I. Rorabangh 认为，在井附近和井内可能出现紊流，井损常数和 Q^n 成正比，n 可能不等于 2。于是式（3.71）可表示为更一般的形式：

$$s_{t,w} = BQ + CQ^n \tag{3.72}$$

稳定流时，井内的总降深和井损值随抽水井流量变化的情况表示在图 3.19 中。

迄今为止，我们都假定井半径（r_w）的大小对抽水井的降深影响不大，这主要是指 B 值。对 C 值是有相当影响的。因为水在井内的流速同井管截面积大小有关，而截面积又

和井半径的平方成正比，所以井半径对井损有较大的影响。从图 3.19 可以看出，当流量较小时，井损很小，实际上可以忽略。但当大流量抽水时，井损在总降深中就占有相当大的比例。

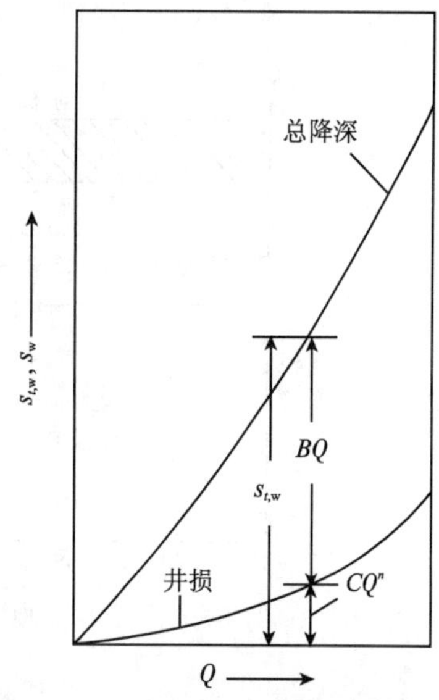

图 3.19 总降深和井损随流量的变化（据 J. Bear，1979）

井损值和有效半径，可用如下两种抽水试验资料确定。

1）多次降深的稳定抽水试验。要有三次以上的降深和观测孔资料。将式（3.71）改写为

$$\frac{s_{t,w}}{Q} = B + CQ$$

由此可知，如以 $s_{t,w}/Q$ 为纵坐标，Q 为横坐标，将三次以上稳定降深的抽水资料点绘在方格纸上，可绘出最佳的拟合直线。直线的斜率为 C，直线在纵坐标上的截距为 B。于是可求得井损：

$$\Delta h = CQ^2 \tag{3.73}$$

再将根据观测孔资料求得的参数 T 和 R 代入下式中，便可以算出有效半径（r_w）。

$$B = \frac{\ln \dfrac{R}{r_w}}{2\pi T} \tag{3.74}$$

当大流量抽水，$n \neq 2$ 时，将式（3.72）改写为

$$\frac{s_{t,w}}{Q} - B = CQ^{n-1} \tag{3.75}$$

上式包含三个待定常数，分别为 B，C 和 n。因而要用试算法。取一张双对数纸，假设一个 B 值，以 $\left(\frac{s_{t,w}}{Q} - B\right)$ 为纵坐标，以 Q 为横坐标作图。不断改变 B 值，直到各点在图上能连成一直线时为止。这时的 B 值即为要求的 B 值，直线在纵轴上的截距为 C，斜率为 $n-1$。求出 B，C 和 n 以后，按式（3.73）和式（3.74）就可以求得井损和有效半径。

2）阶梯降深抽水试验。它同多次降深稳定抽水试验不同之处在于：①流量呈阶梯状增加，每一阶段流量为常数，两阶梯之间没有水位恢复阶段，如图 3.20 所示；②每一阶段抽水不一定达到稳定状态，故它比多次降深稳定抽水试验节省时间。但也要有观测孔资料用来求参数。

应用叠加原理，在第 j 阶梯的某一时刻（t）的总降深可写成

$$s_{t,w,j}(t) = C(Q_j)^2 + \sum_{i=1}^{j}(Q_i - Q_{i-1})B(r_w, t - t_i) \tag{3.76}$$

式中：$s_{t,w,j}(t)$ 为第 j 阶梯某一时刻（t）的总降深；t 为从抽水开始算起的时间；Q_j 为 j 阶梯的流量；t_i 为 i 阶梯抽水开始的时间，以第一阶段抽水开始时为零，即 $t_1 = 0$；Q_i 为 i 阶梯的流量，$i < j$；$B(r_w,\ t - t_i)$ 为同时间有关的系数。

如取一固定的时间段（$t^* = t - t_i$），并以 $\delta s_{t,w,i}(t^*)$ 表示 i 阶梯抽水 t^* 时间以后，由

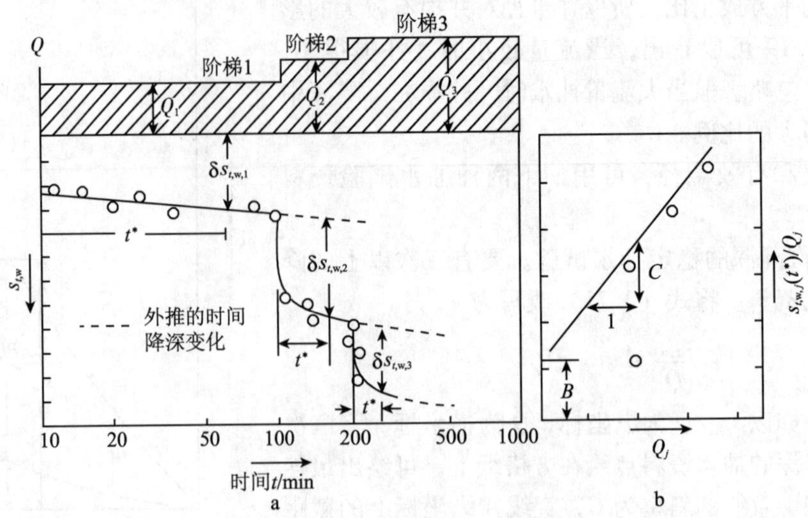

图 3.20　阶梯降深试验曲线

（据 J. Bear，1979）

于流量的增加造成的降深增量（图 3.20a），则按式（3.76），且因 $Q_0=0$，有

$$\delta s_{t,w,1}(t^*) = C(Q_1)^2 + Q_1 B(r_w, t^*)$$

而 $\delta s_{t,w,2}(t^*)$ 应为实际的 $s_{t,w,2}(t)$ 和假设不存在第三个流量阶梯时，由流量 Q_1 一直抽水到 t 时刻的假想降深 $s_{t,w,1}(t)$ 之差。按式（3.76）有

$$s_{t,w,2}(t) = C(Q_2)^2 + Q_1 B(r_w, t) + (Q_2 - Q_1)B(r_w, t^*)$$

$$s_{t,w,1}(t) = C(Q_1)^2 + Q_1 B(r_w, t)$$

于是

$$\begin{aligned}\delta s_{t,w,2}(t^*) &= s_{t,w,2}(t) - s_{t,w,1}(t) \\ &= C(Q_2)^2 - C(Q_1)^2 + Q_2 B(r_w, t^*) - Q_1 B(r_w, t^*)\end{aligned}$$

同理可求得

$$\delta s_{t,w,3}(t^*) = C(Q_3)^2 - C(Q_2)^2 + Q_3 B(r_w, t^*) - Q_2 B(r_w, t^*)$$

由此得三个阶梯的降深增量之和：

$$\sum_{i=1}^{3} \delta s_{t,w,i}(t^*) = C(Q_3)^2 + B(r_w, t^*)Q_3 = s_{t,w,3}(t^*)$$

结果说明，三次降深增量相加的结果，恰好等于一开始就用定流量 Q_3 抽水抽 t^* 时间后应得的降深值。予以推广，可得

$$\sum_{i=1}^{j} \delta s_{t,w,i}(t^*) = s_{t,w,j}(t^*) = B(r_w, t^*)Q_j + C(Q_j)^2 \tag{3.77}$$

根据式（3.77），可按下列步骤确定井损和有效井半径。

1）取固定的时间 t^*，一般为 1 ~2h。然后在图 3.20a 的降深 - 时间曲线上量取相应时间段的降深增量 $\delta s_{t,w,i}(t^*)$。

2）按式（3.77）计算出和每一流量阶梯相对应的降深 $s_{t,w,i}(t^*)$，如 $s_{t,w,3}(t^*) = \sum_{i=1}^{3} \delta s_{t,w,i}(t^*)$，$s_{t,w,2}(t^*) = \sum_{i=1}^{2} \delta s_{t,w,i}(t^*)$ 等，同时求出每一阶梯的单位流量降深：

$s_{t,w,1}(t^*)/Q_1$，$s_{t,w,2}(t^*)/Q_2$，$s_{t,w,3}(t^*)/Q_3$。

3）在方格纸上，以 $s_{t,w,j}(t^*)/Q_j$ 为纵坐标，以 Q_j 为横坐标作图，求出最佳配合直线（图3.20b）。由直线在纵轴上的截距求得 B，由直线的斜率求得 C。将 C，B 代入式（3.73）和式（3.74），便可计算出井损和有效井半径。

思考题

1. 为什么说在无限含水层中抽水时，如无其他补给源，就不可能存在稳定流？

2. 当水流为非稳定流时，通过距井轴不同距离（r_i）的过水断面上的流量（Q_r）相同吗？为什么？

3. 在一潜水井中抽水，在井附近打一观测孔，观测孔的过滤器安装在含水层的下部，此时，观测孔中的水位和该处潜水位相比，是高还是低？为什么？

4. 一个潜水井抽水时，在井周围观测孔中的水面是高于还是低于该处的潜水面？为什么？

5. 井损和渗出面的概念有何不同？承压水井和潜水井都同时有井损和渗出面吗？

6. 在什么情况下影响半径（R）随时间变化？在什么情况下不随时间变化？

7. 在实际进行抽水试验时，无论是对承压水井还是对潜水井，通常都要求有三次水位降深，为什么？

8. 本章3.3节所介绍的非线性井流公式，主要适用在什么条件下？

9. 如果勘探时的抽水试验井井径和以后的生产井井径不同，能用经验方程预报生产井的流量吗？

10. 试自行推导确定幂函数型经验公式参数的表达式（3.46）和式（3.47）。

11. 能否用小降深抽水试验得出的经验公式预报大降深时的流量？为什么？

12. 以往有些水文地质书籍，把向上弯曲的 $Q-s_w$ 曲线作为错误的曲线，结论是抽水试验不正确，这一结论是否普遍适用？实际工作中有没有可能出现曲线向上弯曲的情况？

13. 叠加原理适用于什么条件？试对定水头边界的非稳定流问题应用叠加原理进行分解。

14. 承压井群计算时，为什么对降深进行叠加，而不是对水头直接叠加？

15. 本节讨论潜水井群计算时，是对 $H_0^2-h^2$ 进行计算的，如果潜水的运动是非稳定的，也能这样计算吗？

16. 怎样利用叠加原理求得式（3.76）？

17. 为什么根据式（3.75）在双对数纸上作图，截距为 C，斜率为 $n-1$？

18. 为什么根据阶梯降深试验求井损要作如此复杂的处理？用稳定流的处理方法求井损可以吗？为什么？

第4章　地下水向完整井的非稳定运动

4.1　承压含水层中的完整井流

当承压含水层侧向边界离井很远，边界对研究区的水头分布没有明显影响时，可以把它看作是无外界补给的无限含水层。

4.1.1　定流量抽水时的 Theis 公式

承压含水层中单井定流量抽水的数学模型是在下列假设条件下建立的：

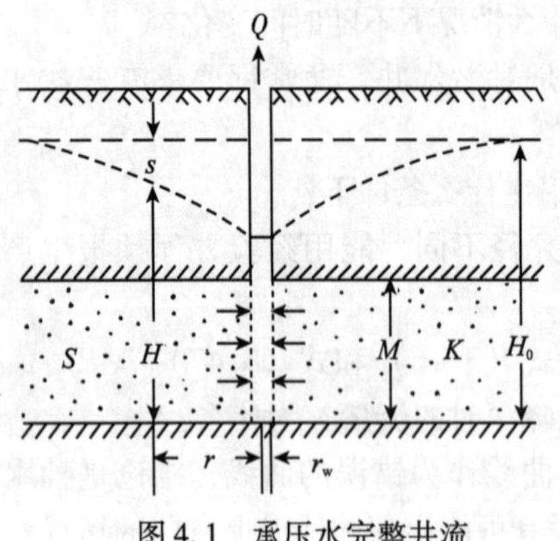

图 4.1　承压水完整井流

1）含水层均质各向同性，等厚，侧向无限延伸，产状水平；

2）抽水前天然状态下水力坡度为零；

3）完整井定流量抽水，井径无限小；

4）含水层中水流服从 Darcy 定律；

5）水头下降引起的地下水从贮存量中的释放是瞬时完成的。

在上述假设条件下，抽水后将形成以井轴为对称轴的下降漏斗，将坐标原点放在含水层底板抽水井的井轴处，井轴为 z 轴，如图 4.1 所示。此时，单井定流量的承压完整井流，可归纳为如下的数学模型：

$$
\begin{cases}
\dfrac{\partial^2 s}{\partial r^2} + \dfrac{1}{r}\dfrac{\partial s}{\partial r} = \dfrac{S}{T}\dfrac{\partial s}{\partial t} \qquad t > 0, \quad 0 < r < \infty & (4.1) \\
s(r,0) = 0 \qquad 0 < r < \infty & (4.2) \\
s(\infty,t) = 0 \qquad \left.\dfrac{\partial s}{\partial r}\right|_{r\to\infty} = 0, \quad t > 0 & (4.3) \\
\lim\limits_{r\to 0} r\dfrac{\partial s}{\partial r} = -\dfrac{Q}{2\pi T} & (4.4)
\end{cases}
$$

式中：$s = H_0 - H$。下面来研究如何求降深函数 $s(r,\ t)$。为此，利用 Hankel 变换，记 $\bar{s} = \int_0^{\infty} rsJ_0(\beta r)\,\mathrm{d}r$。其中 $J_0(\beta r)$ 为第一类零阶 Bessel 函数。将方程式（4.1）两端同乘以 $rJ_0(\beta r)$，并在 $0\to\infty$ 区间内对 r 积分。设导压系数 $a = T/S$，则有

$$a\int_0^{\infty}\frac{1}{r}\frac{\partial}{\partial r}\left(r\frac{\partial s}{\partial r}\right)rJ_0(\beta r)\mathrm{d}r = \int_0^{\infty}\frac{\partial s}{\partial r}rJ_0(\beta r)\mathrm{d}r$$

方程式右端

$$\int_0^{\infty}\frac{\partial s}{\partial r}rJ_0(\beta r)\mathrm{d}r = \frac{\partial}{\partial t}\int_0^{\infty}srJ_0(\beta r)\mathrm{d}r = \frac{\mathrm{d}\bar{s}}{\mathrm{d}t}$$

方程式左端，利用分部积分，同时注意到边界条件式（4.3）与式（4.4），有

$$a\int_0^{\infty}\frac{1}{r}\frac{\partial}{\partial r}\left(r\frac{\partial s}{\partial r}\right)rJ_0(\beta r)\mathrm{d}r = \frac{aQ}{2\pi T} - a\beta\int_0^{\infty}s\mathrm{d}[rJ_1(\beta r)]$$

按 Bessel 函数的性质，有

$$\int_0^{\infty}s\mathrm{d}[rJ_1(\beta r)] = \int_0^{\infty}s\beta rJ_0(\beta r)\mathrm{d}r$$

因此，有

$$a\int_0^{\infty}\frac{1}{r}\frac{\partial}{\partial r}\left(r\frac{\partial s}{\partial r}\right)rJ_0(\beta r)\mathrm{d}r = \frac{aQ}{2\pi T} - a\beta^2\bar{s}$$

上述定解问题，经过 Hankel 变换，消去了变量 r，转变为常微分方程的初值问题，即

$$\begin{cases}\dfrac{\mathrm{d}\bar{s}}{\mathrm{d}t} + a\beta^2\bar{s} = \dfrac{aQ}{2\pi T}\\ \bar{s}\big|_{t=0} = 0\end{cases}$$

其解为

$$\bar{s} = \int_0^{t}\frac{aQ}{2\pi T}\mathrm{e}^{-a\beta^2(t-\tau)}\mathrm{d}\tau$$

通过 Hankel 逆变换由 $\bar{s}$ 求 s，即

$$\begin{aligned}s &= \int_0^{\infty}\bar{s}\beta J_0(\beta r)\mathrm{d}\beta\\ &= \frac{aQ}{2\pi T}\int_0^{t}\left[\int_0^{\infty}\mathrm{e}^{-a\beta^2(t-\tau)}\beta J_0(\beta r)\mathrm{d}\beta\right]\mathrm{d}\tau\end{aligned} \tag{4.5}$$

先计算方括号内的积分，为此设

$$F(r) = \int_0^{\infty}\mathrm{e}^{-a\beta^2(t-\tau)}\beta J_0(\beta r)\mathrm{d}\beta \tag{4.6}$$

将式（4.6）对 r 求导数，有

$$\begin{aligned}F'(r) &= \int_0^{\infty}\beta\mathrm{e}^{-a\beta^2(t-\tau)}\frac{\partial}{\partial r}J_0(\beta r)\mathrm{d}\beta\\ &= -\frac{1}{2a(t-\tau)}\int_0^{\infty}\mathrm{e}^{-a\beta^2(t-\tau)}\beta rJ_0(\beta r)\mathrm{d}\beta\end{aligned}$$

根据式（4.6），有

$$F'(r) = -\frac{r}{2a(t-\tau)}F(r)$$

$$\frac{\mathrm{d}F(r)}{F(r)} = -\frac{r}{2a(t-\tau)}\mathrm{d}r$$

两边积分得

$$\ln F(r) = -\frac{r^2}{4a(t-\tau)} + C_1$$

令 $C_1 = \ln C$，则有

$$\ln \frac{F(r)}{C} = -\frac{r^2}{4a(t-\tau)}$$

故

$$F(r) = C\mathrm{e}^{-\frac{r^2}{4a(t-\tau)}} \tag{4.7}$$

利用 $r=0$ 时的 $F(r)$ 值，由式（4.6）可以确定 C 值：

$$F(0) = \int_0^{\infty} \mathrm{e}^{-a\beta^2(t-\tau)} \beta J_0(0)\mathrm{d}\beta = \frac{1}{2a(t-\tau)}$$

但由式（4.7），有

$$F(0) = C, \quad C = \frac{1}{2a(t-\tau)}$$

$$F(r) = \frac{1}{2a(t-\tau)}\mathrm{e}^{-\frac{r^2}{4a(t-\tau)}}$$

把上式代入式（4.5），有

$$s = \frac{aQ}{2\pi T}\int_0^t \frac{1}{2a(t-\tau)}\mathrm{e}^{-\frac{r^2}{4a(t-\tau)}}\mathrm{d}\tau \tag{4.8}$$

为计算方便，对式（4.8）进行变量代换，令

$$y = \frac{r^2}{4a(t-\tau)}, \quad \mathrm{d}\tau = \frac{r^2}{4ay^2}\mathrm{d}y$$

同时更换积分上下限，当 $\tau=0$ 时，$y=\frac{r^2}{4at}$；当 $\tau=t$ 时，$y=\infty$。于是，

$$s = \frac{Q}{4\pi T}\int_{\frac{r^2}{4at}}^{\infty} \frac{\mathrm{e}^{-y}}{\frac{r^2}{4ay}} \frac{r^2}{4ay^2}\mathrm{d}y = \frac{Q}{4\pi T}\int_u^{\infty} \frac{\mathrm{e}^{-y}}{y}\mathrm{d}y \tag{4.9}$$

其中，

$$u = \frac{r^2}{4at} = \frac{r^2 S}{4Tt} \tag{4.10}$$

在地下水动力学中，采用井函数 $W(u)$ 代替式（4.9）中的指数积分式：

$$W(u) = -E_i(-u) = \int_u^{\infty} \frac{\mathrm{e}^{-y}}{y}\mathrm{d}y$$

则式（4.9）可改写成

$$s = \frac{Q}{4\pi T}W(u) \tag{4.11}$$

式（4.10）和式（4.11）中：s 为抽水影响范围内，任一点任一时刻的水位降深；Q 为抽水井的流量；T 为导水系数；t 为自抽水开始到计算时刻的时间；r 为计算点到抽水井的距离；S 为含水层的贮水系数。

式（4.9）为无补给的承压水完整井定流量非稳定流计算公式，也就是著名的 Theis 公式。为了计算方便，通常将 $W(u)$ 展开成级数形式：

$$W(u) = \int_u^{\infty} \frac{\mathrm{e}^{-y}}{y}\mathrm{d}y = -0.577216 - \ln u + u - \sum_{n=2}^{\infty}(-1)^n \frac{u^n}{n \cdot n!}$$

并制成数值表（表 4.1），只要求出 u 值，从表 4.1 中就可查出相应的 $W(u)$ 值；反之亦然。

表 4.1 $W(u)$ 数值表

N \ u 或 u_{xy}	$N\times10^{-15}$	$N\times10^{-14}$	$N\times10^{-13}$	$N\times10^{-12}$	$N\times10^{-11}$	$N\times10^{-10}$	$N\times10^{-9}$	$N\times10^{-8}$
1.0	33.9616	31.6590	29.3564	27.0538	24.7512	22.4486	20.1460	17.8435
1.5	33.5561	31.2535	28.9509	26.6483	24.3458	22.0432	19.7406	17.4380
2.0	33.2684	30.9658	28.6632	26.3607	24.0581	21.7555	19.4529	17.1503
2.5	33.0453	30.7427	28.4401	26.1375	23.8349	21.5323	19.2298	16.9272
3.0	32.8629	30.5604	28.2578	25.9552	23.6526	21.3500	19.0474	16.7449
3.5	32.7088	30.4062	28.1036	25.8010	23.4985	21.1959	18.8933	16.5907
4.0	32.5753	30.2727	27.9701	25.6675	23.3649	21.0623	18.7598	16.4572
4.5	32.4575	30.1549	27.8523	25.5497	23.2471	20.9446	18.6420	16.3394
5.0	32.3521	30.0495	27.7470	25.4444	23.1418	20.8392	18.5366	16.2340
5.5	32.2568	29.9542	27.6516	25.3491	23.0465	20.7439	18.4413	16.1387
6.0	32.1698	29.8672	27.5646	25.2620	22.9595	20.6569	18.3543	16.0517
6.5	32.0898	29.7872	27.4846	25.1820	22.8794	20.5768	18.2742	15.9717
7.0	32.0156	29.7131	27.4105	25.1079	22.8053	20.5027	18.2001	15.8976
7.5	31.9467	29.6441	27.3415	25.0389	22.7363	20.4337	18.1311	15.8286
8.0	31.8821	29.5795	27.2769	24.9744	22.6718	20.3692	18.0666	15.7640
8.5	31.8215	29.5189	27.2163	24.9137	22.6112	20.3086	18.0060	15.7034
9.0	31.7643	29.4618	27.1529	24.8566	22.5540	20.2514	17.9488	15.6462
9.5	32.7103	29.4077	27.1051	24.8025	22.4999	20.1973	17.8948	15.5922

N \ u 或 u_{xy}	$N\times10^{-7}$	$N\times10^{-6}$	$N\times10^{-5}$	$N\times10^{-4}$	$N\times10^{-3}$	$N\times10^{-2}$	$N\times10^{-1}$	N
1.0	15.5409	13.2383	10.9357	8.6332	6.3315	4.0379	1.8229	0.2194
1.5	15.1354	12.8328	10.5303	8.2278	5.9266	3.6374	1.4645	0.1000
2.0	14.8477	12.5451	10.2426	7.9402	5.6394	3.3547	1.2227	0.04890
2.5	14.6246	12.3220	10.0194	7.7172	5.4167	3.1365	1.0443	0.02491
3.0	14.4423	12.1397	9.8371	7.5348	5.2349	2.9591	0.9057	0.01305
3.5	14.2881	11.9855	9.6830	7.3807	5.0813	2.8099	0.7942	0.006970
4.0	14.1546	11.8520	9.5495	7.2472	4.9482	2.6813	0.7024	0.003779
4.5	14.0368	11.7342	9.4317	7.1295	4.8310	2.5684	0.6253	0.002073
5.0	13.9314	11.6289	9.3263	7.0242	4.7261	2.4679	0.5598	0.001148
5.5	13.8361	11.5336	9.2310	6.9289	4.6313	2.3775	0.5034	0.0006409
6.0	13.7491	11.4465	9.1440	6.8420	4.5448	2.2953	0.4544	0.0003601
6.5	13.6691	11.3665	9.0640	6.7620	4.4652	2.2201	0.4115	0.0002034
7.0	13.5950	11.2924	8.9899	6.6879	4.3916	2.1508	0.3738	0.0001155
7.5	13.5260	11.2234	8.9209	6.6190	4.3231	2.0867	0.3403	0.0000658
8.0	13.4614	11.1589	8.8563	6.5545	4.2591	2.0269	0.3106	0.0000377
8.5	13.4008	11.0982	8.7957	6.4939	4.1990	1.9711	0.2840	0.0000216
9.0	13.3437	11.0411	8.7386	6.4368	4.1423	1.9187	0.2602	0.0000124
9.5	13.2896	10.9870	8.6845	6.3828	4.0887	1.8695	0.2387	0.0000072

（据 L. K. Wenzel，1942）

4.1.2 流量变化时的计算公式

Theis 公式是在假定流量固定不变的情况下导出的。这种情况通常只有在抽水试验时才能做到。实际上，很多生产井的流量是季节性变化的。如农用井在灌溉季节抽水量大，非灌溉季节抽水量小。工业用水也有类似情况，常随需水量而变化。在这种情况下，怎样应用 Theis 公式？首先需要绘出生产井的关系曲线，即流量过程线。然后将流量过程线概化，用阶梯折线代替原曲线，坐标选择如图 4.2 所示。概化原则是矩形面积等于曲线与横坐标所围成的面积。其中，每一个阶梯都可视为定流量，应用 Theis 公式，把各阶梯流量产生的降深，按叠加原理叠加起来，即得流量变化时水位降深的计算公式。

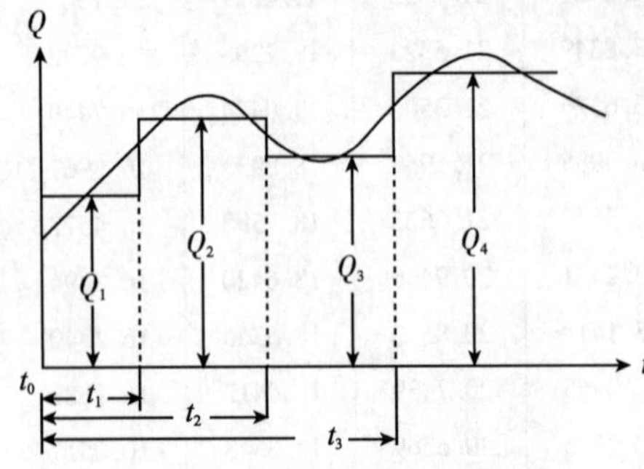

图 4.2　流量概化呈阶梯状变化图

当 $0<t<t_1$ 时，水位降深为

$$s = \frac{Q_1}{4\pi T}W\left(\frac{r^2 S}{4Tt}\right)$$

当 $t_{i-1}<t<t_i$ 时，水位降深为

$$s = \frac{Q_1}{4\pi T}W\left(\frac{r^2 S}{4Tt}\right)+\frac{Q_2-Q_1}{4\pi T}W\left[\frac{r^2 S}{4T(t-t_1)}\right]+\cdots+\frac{Q_i-Q_{i-1}}{4\pi T}W\left[\frac{r^2 S}{4T(t-t_{i-1})}\right]$$

t 时刻经历若干个阶梯流量后所产生的总水位降深为

$$s = \frac{1}{4\pi T}\sum_{i=1}^{n}(Q_i-Q_{i-1})W\left[\frac{r^2 S}{4T(t-t_{i-1})}\right] \quad t_{i-1}<t<t_i \tag{4.12}$$

式中：设 $t_0=0$，相应的 $Q_0=0$。

式（4.12）为流量变化时，经概化呈阶梯状变化后的计算公式。

4.1.3 Theis 公式的近似表达式

如前述，Theis 公式中的井函数，可以展开成无穷级数形式，即

$$W(u)=\int_u^{\infty}\frac{e^{-y}}{y}dy$$

$$=-0.577216-\ln u+u-\sum_{n=2}^{\infty}(-1)^n\frac{u^n}{n\cdot n!}$$

前三项之后的级数是一个交错级数。根据交错级数的性质可知，这个级数之和不超过 u。也就是说，当 u 很小，井函数 $W(u)$ 用级数前两项（$-0.577216-\ln u$）代替时，其舍掉部分不超过 $2u$。因此，当 $u\leqslant 0.01$（即 $t\geqslant 25\frac{r^2S}{T}$），井函数用级数前两项代替时，其相对误差不超过 0.25%；当 $u\leqslant 0.05$ 时（即 $t\geqslant 5\frac{r^2S}{T}$），相对误差不超过 2%；当 $u\leqslant 0.1$ 时

（即 $t \geqslant 2.5\frac{r^2S}{T}$），相对误差不超过5%。

一般生产上允许相对误差在2%左右。因此，当 $u \leqslant 0.01$ 或 $u \leqslant 0.05$ 时，井函数可用级数的前两项代替，即

$$W(u) \simeq -0.577216 - \ln u = \ln\frac{2.25Tt}{r^2S}$$

于是，Theis 公式可以近似地表示为下列形式：

$$s = \frac{Q}{4\pi T}\ln\frac{2.25Tt}{r^2S} = \frac{0.183Q}{T}\lg\frac{2.25Tt}{r^2S} \tag{4.13}$$

式（4.13）称为 Jacob 公式（1946）。

流量阶梯状变化时，当 $u_i \leqslant 0.01$ 时，即 $(t - t_i) \geqslant 25\frac{r^2S}{T}$ $(i = 1, 2, \cdots, n)$，式（4.12）可近似地表示为

$$s = \frac{0.183}{T}\sum_{i=1}^{n}(Q_i - Q_{i-1})\lg\frac{2.25T(t - t_{i-1})}{r^2S} \tag{4.14}$$

4.1.4 对 Theis 公式和与之有关的几个问题的讨论

（1）Theis 公式反映的降深变化规律

将式（4.11）改写成无量纲降深形式，即 $s/\frac{Q}{4\pi T} = W(u)$，并给出 $W(u) - \frac{1}{u}$ 曲线（图4.3a）。曲线表明，同一时刻随径向距离 r 增大，降深 s 变小，当 $r\to\infty$ 时，$s\to 0$，这一点符合假设条件。同一断面（即 r 固定），s 随 t 的增大而增大，当 $t=0$ 时，$s=0$，符合实际情况。当 $t\to\infty$ 时，实际上 s 不能趋向无穷大。因此，降落漏斗随时间的延长，逐渐向远处扩展。这种永不稳定的规律是符合实际的，恰好反映了抽水时在没有外界补给而完全消耗贮存量时的典型动态。图4.3反映了上述结论。

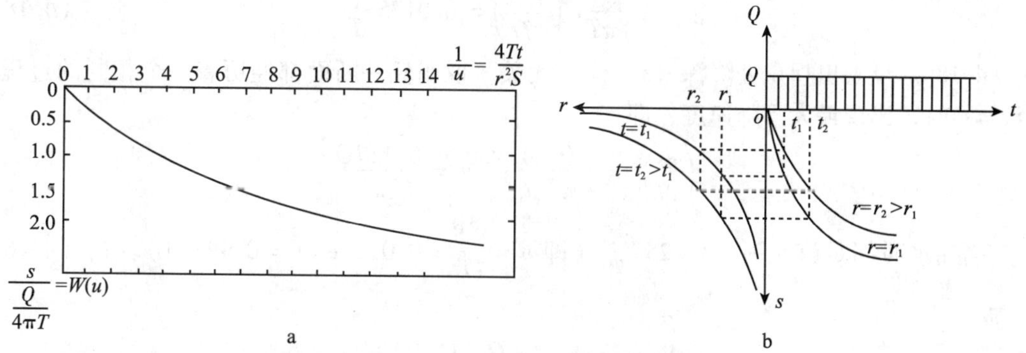

图4.3　标准曲线及降深与时间和距离的关系曲线

a. $W(u) - \frac{1}{u}$ 曲线；b. 承压含水层中的降深 $s(r, t)$

从式（4.11）或式（4.13）还可以看出：同一时刻、径向距离 r 相同的地点，降深相同。这说明抽水后形成的等水头线（s = 常数）是一些同心圆，圆心在井轴。当 $u \leqslant 0.05$ 时，可直接由式（4.13）导出描述它们的方程式为

$$x^2 + y^2 = \frac{2.25Tt}{S}e^{-\frac{4\pi Ts}{Q}} \quad (4.15)$$

（2）Theis 公式反映的水头下降速度的变化规律

式（4.9）对 t 求导数，得

$$\frac{\partial s}{\partial t} = \frac{\partial}{\partial u}\left(\frac{Q}{4\pi T}\int_u^{\infty}\frac{e^{-y}}{y}dy\right)\frac{\partial u}{\partial t} = \frac{Q}{4\pi T}\frac{1}{t}e^{-\frac{r^2S}{4Tt}} \quad (4.16)$$

式（4.16）表明，抽水初期随着 r 的增大，$e^{-\frac{r^2S}{4Tt}}$减小。因此，近处水头下降速度大，远处下降速度小。当 r 一定时，式（4.16）又表明，不同时刻的水头下降速度$\left(\frac{\partial s}{\partial t}\right)$，由于$\frac{1}{t}$和 $e^{-\frac{r^2S}{4Tt}}$两个因素起着增、减两个方向相反的作用，所以$\frac{\partial s}{\partial t}$不是 t 的单调函数；$s-t$ 曲线（图 4.3b）不能沿着同一斜率变化，存在着拐点。可以利用$\frac{\partial^2 s}{\partial t^2}=0$ 找出拐点的位置。为此有

$$\frac{\partial^2 s}{\partial t^2} = \frac{Q}{4\pi T}\frac{1}{t^2}e^{-\frac{r^2S}{4Tt}}\left(\frac{r^2S}{4Tt} - 1\right) = 0$$

所以

$$\frac{r^2S}{4Tt} = 1$$

拐点出现的时间（此时 $u=1$）为

$$t_i = \frac{r^2S}{4T} \quad (4.17)$$

图 4.3 的曲线也反映了上述结论，即每个断面的水头下降速度初期由小逐渐增大，当 $1/u=1$ 时达到最大；而后下降速度又由大变小，最后趋近于等速下降。

式（4.17）还表明不同断面拐点出现的时间 t_i 不同。将式（4.17）代入式（4.11），得拐点处降深（s_i）为

$$s_i = \frac{Q}{4\pi T}W\left(\frac{r^2S}{4Tt_i}\right) = 0.0175\frac{Q}{T} \quad (4.18)$$

式（4.18）反映出拐点处降深（s_i）与 r 无关。说明任一断面都经历着一个相同的过程，当 $s=s_i$ 时，出现最大下降速度，即

$$\left(\frac{\partial s}{\partial t}\right)_i = \frac{Q}{4\pi T}\frac{1}{t_i}e^{-\frac{r^2S}{4Tt_i}} = \frac{0.117Q}{Sr^2}$$

当抽水时间足够长时，$t \geqslant 25\frac{r^2S}{T}$（即 $u=\frac{r^2S}{4Tt}<0.01$，$e^{-\frac{r^2S}{4Tt}}=0.99\simeq 1$）。式（4.16）变为

$$\frac{\partial s}{\partial t} \simeq \frac{Q}{4\pi T}\frac{1}{t} \quad (4.19)$$

上式意味着：t 足够大时，在抽水井周围一定范围内，下降基本上是相同的，与 r 无关。换言之，经过一定时间抽水后，下降速度变慢，在一定范围内产生大致等幅的下降。

（3）Theis 公式反映出的流量和渗流速度变化规律

将式（4.9）对 r 求导数，得

$$\frac{\partial s}{\partial t} = \frac{\partial}{\partial u}\left(\frac{Q}{4\pi T}\int_u^{\infty}\frac{e^{-y}}{y}dy\right)\frac{\partial u}{\partial r}$$

$$r\frac{\partial s}{\partial t} = -\frac{Q}{2\pi T}e^{-\frac{r^2S}{4Tt}} \tag{4.20}$$

又根据 Darcy 定律，可写出 r 处过水断面的流量为

$$Q_r = -2\pi KMr\frac{\partial s}{\partial r}$$

将式（4.20）代入上式，得

$$Q_r = Qe^{-\frac{r^2S}{4Tt}} \tag{4.21}$$

因为$\frac{r^2S}{4Tt}$恒取正值，所以 $e^{-\frac{r^2S}{4Tt}}<1$，因而 $Q_r<Q$，当 $r\to 0$ 时，$Q_r\to Q$。

式（4.21）说明，通过不同过水断面的流量是不等的，r 值越小，即离抽水井越近的过水断面，流量越大。这一点是和稳定流理论无垂向水量交换条件下通过任何断面的流量都是相等的结论不同。它反映了地下水在流向抽水井的过程中，不断得到贮存量的补给。当抽水延续时间（t）大到一定程度以后（如 $t\geqslant 25\frac{r^2S}{T}$，$e^{-\frac{r^2S}{4Tt}}=0.99\simeq 1$），则 $Q_r\simeq Q$。换言之，这时在该断面范围内释放出的水量（$Q-Q_r$）就微不足道了。

由式（4.20）还可知，水井抽水时地下水渗流速度为

$$v = -K\frac{\partial s}{\partial r} = \frac{Q}{2\pi Mr}e^{-\frac{r^2S}{4Tt}}$$

式中负号表示速度与 r 的正方向相反。式中$\frac{Q}{2\pi Mr}$为抽水达到稳定时各点的渗流速度。由于沿途含水层的释水作用，使得渗流速度小于稳定状态的渗流速度。但随着时间的增加，$e^{-\frac{r^2S}{4Tt}}$逐渐趋于1，又接近稳定渗流速度。当$\frac{r^2S}{4Tt}=0.01$ 时，与稳定流速相差只有1%了。这时可以认为达到相对稳定（似稳定）。在距离 r 处，似稳定出现的时间为

$$t = 25\frac{r^2S}{T}$$

（4）关于“影响半径”的问题

Theis 公式本身不包含“影响半径”的概念。因此，理论上讲，在无限延伸的无越流补给的承压含水层中是不存在“影响半径”的。但把式（4.13）稍加改变，即可改写为

$$s = \frac{Q}{2\pi T}\ln\frac{1.5\left(\frac{Tt}{S}\right)^{1/2}}{r}$$

和 Dupuit 公式比较，有人定义影响半径为

$$R = 1.5\left(\frac{Tt}{S}\right)^{1/2} \tag{4.22}$$

它能近似地说明某一时刻的相对影响范围。

经长时间抽水后（$t>25\frac{r^2S}{T}$），由式（4.13）可得某一时刻离井 r_1 和 r_2 两点的降深分别为

$$s_1 = \frac{Q}{4\pi T}\ln\frac{2.25Tt}{r_1^2 S}$$

$$s_2 = \frac{Q}{4\pi T}\ln\frac{2.25Tt}{r_2^2 S}$$

两式相减得

$$s_1 - s_2 = \frac{Q}{2\pi T}\ln\frac{r_2}{r_1}$$

和稳定流的 Thiem 公式（3.6）完全相同，如取 $r_1 = r_w$，$r_2 = r$，则可得式（3.5）。这说明，在无越流补给且侧向无限延伸的承压含水层中抽水时，虽然理论上不可能出现稳定状态，但随着抽水时间的增加，降落漏斗范围不断向外扩展，自含水层四周向水井汇流的面积不断增大，水井附近地下水测压水头的变化渐渐趋于缓慢，在一定的范围内，接近稳定状态（似稳定流），和稳定流的降落曲线形状相同。但要注意，这不能说明地下水头降落已达稳定。

（5）关于假设井径 $r_w \to 0$ 和天然水力坡度为零的问题

要求 $r_w \to 0$ 是为了不必考虑井筒中的水量，可以把井当作汇点或源点来处理。实际上，井径（r_w）总是个有限值。这样一个假设条件对 Theis 公式的应用有什么限制呢？由式（4.20）可以直接看出，在边界条件式（4.4）中使用这个假设，是为了使

$$\lim_{r\to 0}\left(r\frac{\partial s}{\partial r}\right) = \lim_{r\to 0}\left(-\frac{Q}{2\pi T}e^{-\frac{r^2S}{4Tt}}\right) = -\frac{Q}{2\pi T}$$

即 $e^{-\frac{r^2S}{4Tt}} \to 1$，我们知道 $e^{-0.01} = 0.99$，可近似地等于 1，误差不超过 1%，所以只要 $\frac{r^2S}{4Tt} \leqslant 0.01$（或 $t \geqslant 25\frac{r^2S}{T}$），上述假设所引起的误差不超过 1%。实际上，要满足上述要求并不困难，在抽水早期就能满足。

在推导 Theis 公式的过程中，假设初始的承压水头面是水平的，这一假设是否会影响公式的使用呢？从实际资料看来，承压水头面一般坡度很小。尤其在平原区，通常为千分之几到万分之几。因此，从实用观点看来，这种假设不影响 Theis 公式的实际使用。

4.1.5 利用 Theis 公式确定水文地质参数

Theis 公式既可以用于水位预测，也可以用于求参数。当含水层水文地质参数已知时，可进行水位预测，也可预测在允许降深条件下井的涌水量。反之，可根据抽水试验资料来确定含水层的参数。这里着重介绍下列几种求参数的方法。

4.1.5.1 配线法

（1）原理

对式（4.11）和式（4.10）两端取对数：

$$\lg s = \lg W(u) + \lg\frac{Q}{4\pi T},\quad \lg\frac{t}{r^2} = \lg\frac{1}{u} + \lg\frac{S}{4T}$$

两式右端的第二项在同次抽水试验中都是常数。因此，在双对数坐标系内，对于定流量抽

水 $s-\frac{t}{r^2}$曲线和 $W(u)-\frac{1}{u}$标准曲线在形状上是相同的，只是纵横坐标平移了$\frac{Q}{4\pi T}$和$\frac{S}{4T}$的距离而已。只要将两曲线重合，任选一匹配点，记下对应的坐标值，代入式（4.10）和式（4.11）即可确定有关参数。此法称为降深－时间距离配线法。

同理，由于实际资料绘制的 $s-t$ 曲线与 $W(u)-\frac{1}{u}$标准曲线有相同的形状。因此，可以利用一个观测孔不同时刻的降深值，在双对数纸上绘出 $s-t$ 曲线和 $W(u)-\frac{1}{u}$曲线，进行拟合，此法称为降深－时间配线法。

如果有三个以上的观测孔，可以取 t 为定值，利用所有观测孔的降深值，在双对数纸上绘出 $s-r^2$ 实际资料曲线与 $W(u)-u$ 标准曲线拟合，称为降深－距离配线法。

（2）计算步骤

1）在双对数坐标纸上绘制 $W(u)-\frac{1}{u}$的标准曲线（附图2）。

2）在另一张模数相同的透明双对数纸上绘制实测的 $s-\frac{t}{r^2}$曲线或 $s-t$ 曲线。

3）将实际曲线置于标准曲线上，在保持对应坐标轴彼此平行的条件下相对平移，直至两曲线重合为止（图4.4）。

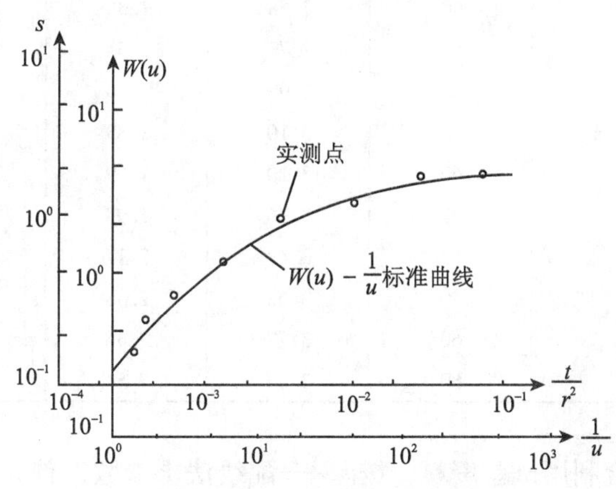

图4.4　降深－时间距离配线法

4）任取一匹配点（在曲线上或曲线外均可），记下匹配点的对应坐标值：$W(u)$，$\frac{1}{u}$，s 和$\frac{t}{r^2}$（或 t），代入式（4.11）和式（4.10），分别计算有关参数。

$$T=\frac{Q}{4\pi[s]}[W(u)],\quad S=\frac{4T}{\left[\frac{1}{u}\right]}\left[\frac{t}{r^2}\right]$$

配线法的最大优点是，可以充分利用抽水试验的全部观测资料，避免个别资料的误差，提高计算精度。但也存在一定的缺点：①抽水初期实际曲线常与标准曲线不符。因此，非稳定抽水试验时间不宜过短。②当抽水后期曲线比较平缓时，同标准曲线不容易拟合准确，常因个人判断不同引起误差。因此在确定抽水延续时间和观测精度时，应考虑所得资料能

绘出 $s-t$ 或 $s-\frac{t}{r^2}$ 曲线的弯曲部分，便于拟合。如果后期实测数据偏离标准曲线，则可能是含水层外围边界的影响或含水层岩性发生了变化等。这就需要把试验数据和具体水文地质条件结合起来分析。有关边界的影响，以后还要专门论述。

【例 4.1】承压含水层多孔抽水试验，抽水井稳定流量为 $60m^3/h$，有四个观测孔，其观测资料见表 4.2，试用配线法求含水层参数。

表 4.2　抽水试验观测资料

孔号 / 距离 / 流量及降深 / 累计时间/min	14	观 2	观 15	观 10	观 1
距离	抽水井	43m	140m	510m	780m
流量及降深	流量/$m^3 \cdot h^{-1}$	降深/m	降深/m	降深/m	降深/m
10	60	0.73	0.16	0.04	0
20	60	1.28	0.48		
30	60	1.53	0.54		
40	60	1.72	0.65	0.06	
60	60	1.96	0.75	0.20	
80	60	2.14	1.00	0.20	0.04
100	60	2.28	1.12	0.20	
120	60	2.39	1.22	0.21	0.08
150	60	2.54	1.36	0.24	0.09
210	60	2.77	1.55	0.40	0.16
270	60	2.99	1.70	0.53	0.25
330	60	3.10	1.83	0.63	0.34
400	60	3.20	1.89	0.65	0.42
450	60	3.26	1.98	0.73	0.50
645	60	3.47	2.17	0.93	0.71
870	60	3.68	2.38	1.14	0.87
990	60	3.77	2.46	1.24	0.96
1185	60	3.85	2.54	1.35	1.06

解：为了全面综合利用试验资料，按 $s-\frac{t}{r^2}$ 配线法求参数，首先根据表 4.2 资料计算与 s 对应的 $\frac{t}{r^2}$ 值。依据这些数据在透明双对数纸上绘制 $s-\frac{t}{r^2}$ 实际资料曲线；将此曲线重叠在 $W(u)-\frac{1}{u}$ 标准曲线上，在保持对应坐标轴彼此平行的条件下，使实际资料曲线与标准曲线尽量拟合（图 4.5）。拟合之后，任选一匹配点 A，取坐标值：

$W(u)=1$，$\frac{1}{u}=10$，$s=0.54$，$\frac{t}{r^2}=0.0025$，代入式（4.10）和式（4.11）进行计算。

$$T=\frac{Q}{4\pi[s]}[W(u)]=\frac{60\times 24}{4\times 3.14\times 0.54}=212.3\text{m}^3/\text{d}$$

$$S=\frac{4T}{\left[\frac{1}{u}\right]}\left[\frac{t}{r^2}\right]=\frac{4\times 212.3}{10\times 60\times 24}\times 0.0025=1.47\times 10^{-4}$$

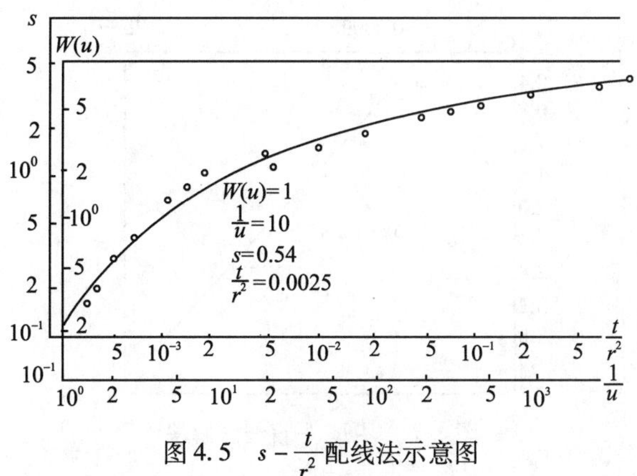

图 4.5 $s-\frac{t}{r^2}$配线法示意图

【例 4.2】根据例 4.1 中第 15 号观测孔观测资料，利用降深 - 时间配线法求参数。

解：首先根据实测的不同时间的降深值，绘制 $s-t$ 曲线；然后将它与 $W(u)-\frac{1}{u}$标准曲线拟合，方法同前（图 4.6）。取匹配点 A 的坐标值：

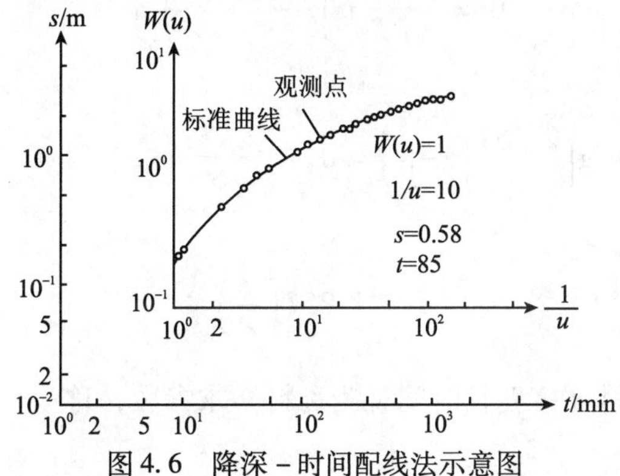

图 4.6 降深 - 时间配线法示意图

$W(u)=1$，$\frac{1}{u}=10$，$s=0.58\text{m}$，$t=85\text{min}$

代入有关公式计算：

$$T=\frac{Q}{4\pi[s]}[W(u)]=\frac{60\times 24}{4\times 3.14\times 0.58}\times 1=197.67\text{m}^2/\text{d}$$

$$S=\frac{4T[t]}{r^2\left[\frac{1}{u}\right]}=\frac{4\times 197.67\times 85}{10\times 140^2\times 1440}=2.38\times 10^{-4}$$

4.1.5.2 Jacob 直线图解法

当 $u\leqslant 0.01$ 时，可利用 Jacob 公式（4.13）计算参数。首先把它改写成下列形式：

$$s=\frac{2.3Q}{4\pi T}\lg\frac{2.25T}{S}+\frac{2.3Q}{4\pi T}\lg\frac{t}{r^2}$$

上式表明，s 与 $\lg\left(\frac{t}{r^2}\right)$呈线性关系，斜率为$\frac{2.3Q}{4\pi T}$。利用斜率可求出导水系数（$T$），如图 4.7 所示：

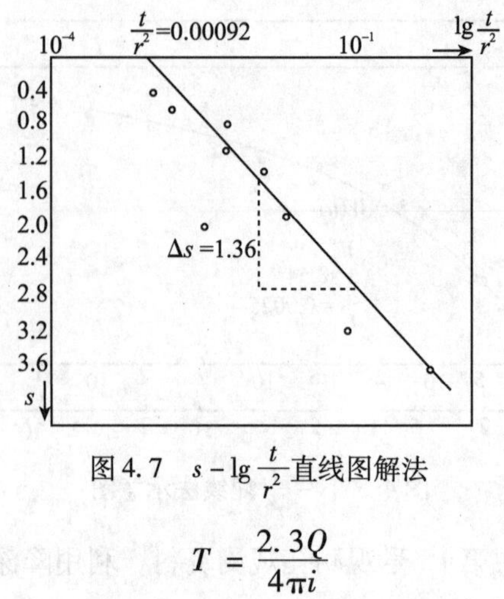

图 4.7 $s-\lg\frac{t}{r^2}$直线图解法

$$T = \frac{2.3Q}{4\pi i}$$

式中：i 为直线的斜率，此直线在零降深线上的截距为$\left(\frac{t}{r^2}\right)_0$。把它代入式（4.13）有

$$0 = \frac{2.3Q}{4\pi T}\lg\left[\frac{2.25T}{S}\left(\frac{t}{r^2}\right)_0\right]$$

因此，

$$\lg\left[\frac{2.25T}{S}\left(\frac{t}{r^2}\right)_0\right] = 0, \quad \frac{2.25T}{S}\left(\frac{t}{r^2}\right)_0 = 1$$

于是得

$$S = 2.25T\left(\frac{t}{r^2}\right)_0$$

以上是利用综合资料（多孔长时间观测资料）求参数，称为$s-\lg\frac{t}{r^2}$直线图解法。同理，由式（4.13）还可看出，$s-\lg t$ 和 $s-\lg r$ 均呈线性关系。直线的斜率分别为$\frac{2.3Q}{4\pi T}$和$-\frac{2.3Q}{4\pi T}$。因此，如果只有一个观测孔，可利用 $s-\lg t$ 直线的斜率求导水系数（T），利用该直线在零降深线上截距 t_0 值，求贮水系数（S）。

如果有三个以上观测孔资料，可利用 $s-\lg r$ 直线的值求 S。

这种方法的优点是，既可以避免配线法的随意性，又能充分利用抽水后期的所有资料。但是，必须满足 $u\leqslant 0.01$ 或放宽精度 $u\leqslant 0.05$，即只有在 r 较小，而 t 值较大的情况下才能使用；否则，抽水时间短，直线斜率小，截距值小，所得的 T 值偏大，而 S 值偏小。

【例 4.3】 根据例 4.1 资料，绘制 $s-\lg\frac{t}{r^2}$直线图解法计算参数。

解：（1）根据上述资料，绘制 $s-\lg\frac{t}{r^2}$曲线（图 4.7）；

（2）将 $s-\lg\frac{t}{r^2}$曲线的直线部分延长，在零降深线上的截距为$\left(\frac{t}{r^2}\right)_0=0.00092$；

（3）求直线斜率（i）。最好取和一个周期相对应的降深 Δs，这就是斜率（i）。由此得 $i=\Delta s=1.36$；

（4）代入有关公式进行计算：

$$T=\frac{2.3Q}{4\pi\Delta s}=\frac{2.3\times 60\times 24}{4\times 3.14\times 1.36}=194\mathrm{m^2/d}$$

$$S=2.25T\left(\frac{t}{r^2}\right)_0=2.25\times 194\times 0.00092/1440=2.78\times 10^{-4}$$

4.1.5.3 水位恢复试验

如不考虑水头惯性滞后动态，水井以流量 Q 持续抽水 t_p 时间后停抽恢复水位，那么在某一时刻（$t>t_p$）的剩余降深（s'，原始水位与停抽后某时刻水位之差），可理解为以流量 Q 继续抽水一直延续到 t 时刻的降深和从停抽时刻起以流量 Q 注水 $t-t_p$ 时间的水位抬升的叠加。两者均可用 Theis 公式计算。故有

$$s'=\frac{Q}{4\pi T}\left[W\left(\frac{r^2S}{4Tt}\right)-W\left(\frac{r^2S}{4Tt'}\right)\right] \tag{4.23}$$

式中：$t'=t-t_p$。当$\frac{r^2S}{4Tt'}\leqslant 0.01$ 时，式（4.23）可简化为

$$s'=\frac{2.3Q}{4\pi T}\left(\lg\frac{2.25Tt}{r^2S}-\lg\frac{2.25Tt'}{r^2S}\right)=\frac{2.3Q}{4\pi T}\lg\frac{t}{t'} \tag{4.24}$$

式（4.24）表明，s'与 $\lg\frac{t}{t'}$呈线性关系，$i=\frac{2.3Q}{4\pi T}$，为直线斜率。利用水位恢复资料绘出 $s'-\lg\frac{t}{t'}$曲线，求得其直线段斜率（i），由此可以计算参数 T：

$$T=0.183\frac{Q}{i}$$

如已知停抽时刻的水位降深（s_p），则停抽后任一时刻的水位上升值（s^*）可写成：

$$s^*=s_p-\frac{2.3Q}{4\pi T}\lg\frac{t}{t'}$$

或

$$s^*=\frac{2.3Q}{4\pi T}\lg\frac{2.25at_p}{r^2}-\frac{2.3Q}{4\pi T}\lg\frac{t}{t'} \tag{4.25}$$

式（4.25）表明，s^*与 $\lg\frac{t}{t'}$呈线性关系，斜率为$-\frac{2.3Q}{4\pi T}$。如根据水位恢复试验资料绘出 $s^*-\lg\frac{t}{t'}$曲线，求出其直线段斜率，也可计算 T 值。

又根据 $s_p=\frac{2.3Q}{4\pi T}\lg\frac{2.25at_p}{r^2}$，将求出的 $T=-\frac{2.3Q}{4\pi i}$代入，可得

$$a=0.44\frac{r^2}{t_p}10^{-\frac{s_p}{i}} \tag{4.26}$$

利用式（4.26）可求出导压系数（a）和贮水系数（S）。

4.1.6 定降深井流的计算

在侧向无限延伸的承压含水层中抽水，如果在这个抽水期间保持井中水头（h_w）或降深（s_w）不变，那么抽水量（Q）将随着抽水时间的延续而逐渐减少；除了抽水井本身以外，含水层中任一点的水头（H）也将随着时间的延续而降低。当 $t\to\infty$ 时，$Q\to 0$，$s(r,t)\to s_w$。一口顶盖密封的自流井，会保持原来水头。在打开井盖的瞬间，水从井中溢出，水位迅速降低到井口附近。在一定时间内，自流井内保持一定的水位，流量则逐渐减少。对自流井放水来说，基本上属于这种定降深变流量问题（图4.8）。坑道放水钻孔也类似于这种情况。如果其他条件同推导 Theis 公式时的假设一样，则该定解问题的数学模型为

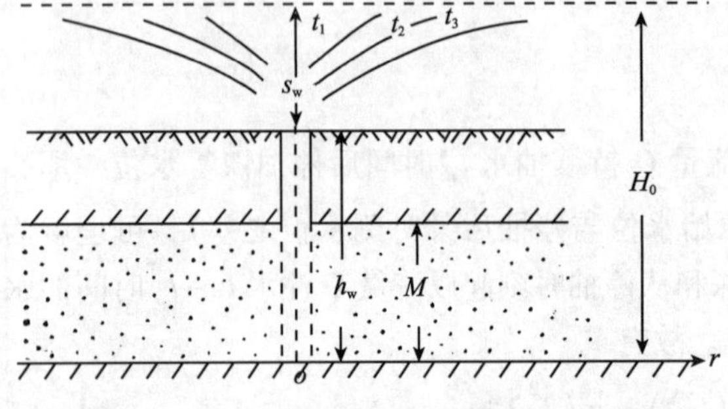

图4.8 承压含水层中定降深抽（放）水试验

$$\begin{cases} \dfrac{1}{r}\dfrac{\partial}{\partial r}\left(r\dfrac{\partial s}{\partial r}\right) = \dfrac{S}{T}\dfrac{\partial s}{\partial t} & t>0,\ 0<r<\infty \\ s(r,0) = 0 & 0<r<\infty \\ s(\infty,t) = 0 & t>0 \\ s(0,t) = s_w & t>0 \end{cases}$$

这个数学模型通过 Laplace 变换求得其解为

$$s = s_w A(\lambda,\bar{r}) \tag{4.27}$$

式中：s_w 为井中降深；$A(\lambda,\ \bar{r})$ 为以 λ 和 $\bar{r}$ 为变量的函数，称为无越流补给承压含水层定降深井流的降深函数，其值列于表4.3中；$\bar{r}=r/r_w$ 为无量纲径向距离；$\lambda=\dfrac{Tt}{r_w^2 S}$为无量纲时间。

将式（4.27）对 r 求导数并代入 Darcy 定律，得

$$Q = 2\pi T s_w G(\lambda) \tag{4.28}$$

式中：Q 为随时间变化的流量；$G(\lambda)$ 为无越流补给承压含水层定降深井流的流量函数（表4.4）。

如果在双对数坐标纸上绘制 $G(\lambda)-\lambda$ 曲线（图4.9），由此曲线可以看出，随时间的增加，λ 增大，$G(\lambda)$ 减小，流量（Q）也随着减小。

$A(\lambda,\ \bar{r})$ 是一个小于1的函数。由式（4.27）可以看出，各点降深等于自流井或放水井的降深乘以一个小于1的函数。这个函数在同一时刻随着 $\bar{r}$ 的增加而减小；在同一断面上随着 t 的增加、λ 增大而逐渐增加。因此，各点降深在同一时刻随远离自流（放水）井而逐渐减小；在同一断面上随着时间增加而增大。这是符合实际情况的。

利用自流井做放水试验可以确定水文地质参数，这是一种既简单又经济的办法。确定参数方法的原理和定流量抽水试验相似，现介绍如下。

表4.3　函数$A(\lambda, \bar{r})$数值表

λ \ $\bar{r}$	1	1.5	2	3	4	5	6	7	8
1	1.000	0.606	0.351	0.095	0.018	0.002	0.001	0	0
2	1.000	0.677	0.458	0.194	0.071	0.022	0.005	0.001	0
3	1.000	0.711	0.511	0.256	0.119	0.049	0.018	0.006	0.002
4	1.000	0.731	0.544	0.300	0.157	0.076	0.034	0.014	0.005
5	1.000	0.746	0.568	0.332	0.188	0.101	0.051	0.024	0.010
6	1.000	0.757	0.586	0.357	0.214	0.123	0.067	0.035	0.017
7	1.000	0.767	0.601	0.378	0.235	0.142	0.082	0.046	0.024
8	1.000	0.773	0.613	0.395	0.254	0.159	0.097	0.056	0.032
9	1.000	0.779	0.623	0.409	0.270	0.175	0.110	0.067	0.039
10	1.000	0.784	0.631	0.422	0.284	0.188	0.122	0.077	0.047
20	1.000	0.813	0.681	0.497	0.370	0.277	0.207	0.153	0.122
30	1.000	0.827	0.705	0.534	0.415	0.325	0.256	0.201	0.157
40	1.000	0.836	0.720	0.558	0.444	0.358	0.290	0.235	0.190
50	1.000	0.843	0.731	0.574	0.464	0.381	0.314	0.260	0.215
60	1.000	0.848	0.739	0.588	0.481	0.399	0.334	0.281	0.236
70	1.000	0.851	0.746	0.598	0.494	0.414	0.350	0.297	0.253
80	1.000	0.855	0.752	0.607	0.505	0.427	0.364	0.312	0.268
90	1.000	0.857	0.756	0.614	0.514	0.437	0.374	0.323	0.280
100	1.000	0.860	0.760	0.621	0.522	0.446	0.385	0.334	0.291
200	1.000	0.874	0.784	0.658	0.569	0.500	0.444	0.397	0.357
300	1.000	0.881	0.796	0.677	0.593	0.528	0.475	0.430	0.392
400	1.000	0.886	0.804	0.690	0.609	0.546	0.495	0.451	0.414
500	1.000	0.889	0.810	0.699	0.620	0.559	0.510	0.468	0.432
600	1.000	0.891	0.814	0.706	0.629	0.569	0.520	0.479	0.444
700	1.000	0.893	0.818	0.712	0.636	0.578	0.530	0.490	0.455
800	1.000	0.895	0.821	0.716	0.642	0.585	0.538	0.498	0.464
900	1.000	0.897	0.824	0.720	0.647	0.591	0.544	0.504	0.471
1000	1.000	0.898	0.826	0.724	0.652	0.596	0.550	0.511	0.478

λ \ $\bar{r}$	9	10	20	30	40	50	60	70	80	90	100
1											
2	0										
3	0	0									
4	0.002	0									
5	0.004	0.002									
6	0.008	0.003									
7	0.012	0.006									
8	0.017	0.009									
9	0.022	0.012	0								
10	0.028	0.016	0								
20	0.081	0.057	0.001	0							
30	0.122	0.094	0.004	0							
40	0.153	0.123	0.009	0							

续表

λ \ $\bar{r}$	9	10	20	30	40	50	60	70	80	90	100
50	0.177	0.146	0.016	0.001	0						
60	0.199	0.167	0.023	0.002	0						
70	0.216	0.184	0.031	0.003	0						
80	0.230	0.198	0.038	0.005	0						
90	0.242	0.210	0.046	0.007	0.001	0					
100	0.254	0.222	0.053	0.010	0.001	0	0				
200	0.322	0.291	0.110	0.038	0.011	0.001	0.001	0			
300	0.358	0.328	0.146	0.064	0.026	0.009	0.003	0.001	0		
400	0.382	0.353	0.173	0.086	0.040	0.018	0.007	0.003	0.001	0	
500	0.400	0.372	0.194	0.104	0.054	0.026	0.012	0.005	0.002	0.001	0
600	0.413	0.385	0.210	0.119	0.066	0.035	0.018	0.008	0.004	0.002	0.001
700	0.424	0.397	0.223	0.132	0.077	0.044	0.024	0.012	0.006	0.003	0.001
800	0.434	0.407	0.235	0.145	0.087	0.052	0.030	0.016	0.009	0.004	0.002
900	0.442	0.415	0.245	0.153	0.096	0.059	0.035	0.020	0.011	0.006	0.003
1000	0.449	0.422	0.254	0.162	0.104	0.066	0.041	0.024	0.014	0.008	0.004

表 4.4 $G(\lambda)$ 数值表

N \ λ	$N\times10^{-4}$	$N\times10^{-3}$	$N\times10^{-2}$	$N\times10^{-1}$	$N\times10^{0}$	$N\times10^{1}$	$N\times10^{2}$	$N\times10^{3}$
1	56.9	18.34	6.13	2.249	0.985	0.534	0.346	0.251
2	40.4	13.11	4.47	1.716	0.803	0.461	0.311	0.232
3	33.1	10.79	3.74	1.477	0.719	0.427	0.294	0.222
4	28.7	9.41	3.30	1.333	0.667	0.405	0.283	0.215
5	25.7	8.47	3.00	1.234	0.630	0.389	0.274	0.210
6	23.5	7.77	2.78	1.160	0.602	0.377	0.268	0.206
7	21.8	7.23	2.60	1.103	0.580	0.367	0.263	0.203
8	20.4	6.79	2.46	1.057	0.562	0.359	0.258	0.200
9	19.3	6.43	2.35	1.018	0.547	0.352	0.254	0.198
10	18.3	6.13	2.25	0.985	0.534	0.346	0.251	0.196
N \ λ	$N\times10^{4}$	$N\times10^{5}$	$N\times10^{6}$	$N\times10^{7}$	$N\times10^{8}$	$N\times10^{9}$	$N\times10^{10}$	$N\times10^{11}$
1	0.1964	0.1608	0.1360	0.1177	0.1037	0.0927	0.0838	0.0764
2	0.1841	0.1524	0.1299	0.1131	0.1002	0.0899	0.0814	0.0744
3	0.1777	0.1479	0.1266	0.1106	0.0982	0.0883	0.0801	0.0733
4	0.1733	0.1449	0.1244	0.1089	0.0968	0.0872	0.0792	0.0726
5	0.1701	0.1426	0.1227	0.1076	0.0958	0.0864	0.0785	0.0720
6	0.1675	0.1408	0.1213	0.1066	0.0950	0.0857	0.0779	0.0716
7	0.1654	0.1393	0.1202	0.1057	0.0943	0.0851	0.0774	0.0712
8	0.1636	0.1380	0.1192	0.1049	0.0937	0.0846	0.0770	0.0709
9	0.1621	0.1369	0.1184	0.1043	0.0932	0.0842	0.0767	0.0706
10	0.1608	0.1360	0.1177	0.1037	0.0927	0.0838	0.0764	0.0704

（据 C. E. Jacob 等，1952）

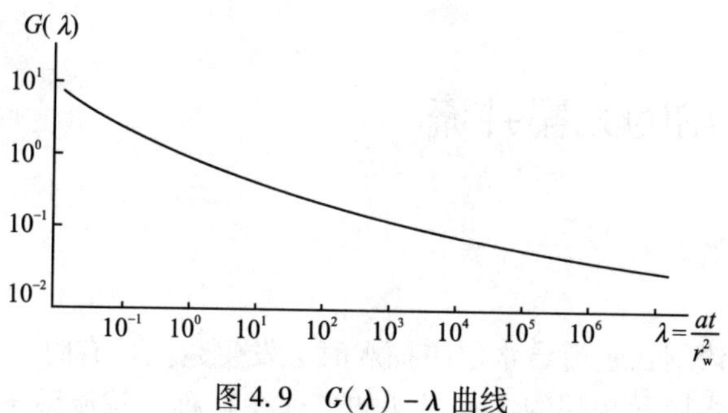

图 4.9 $G(\lambda)-\lambda$ 曲线

（1）配线法

对式（4.28）和$\frac{Tt}{Sr^2}=\lambda$两侧取对数，有

$$\lg Q = \lg G(\lambda) + \lg(2\pi T s_w)$$

$$\lg t = \lg\lambda + \lg\frac{r^2 S}{T}$$

在双对数纸上，$Q-t$ 曲线和 $G(\lambda)-\lambda$ 曲线形状相同，可以利用匹配点坐标 $G(\lambda)$，λ，Q 和 t 来确定参数。

$$T = \frac{[Q]}{2\pi s_w[G(\lambda)]},\quad S = \frac{T[t]}{[\lambda]r_w^2}$$

（2）直线图解法

根据式（4.28），当 $\lambda=\frac{Tt}{r^2 S}>5000$ 时，有下列近似关系：

$$G(\lambda) \approx \frac{2}{\ln\frac{2.25Tt}{r_w^2 S}}$$

于是有

$$Q = \frac{4\pi T s_w}{\ln\frac{2.25Tt}{r_w^2 S}}$$

或

$$\frac{1}{Q} = \frac{2.3}{4\pi T s_w}\lg\frac{2.25Tt}{r_w^2 S} = \frac{0.183}{T s_w}\lg\frac{2.25T}{r_w^2 S} + \frac{0.183}{T s_w}\lg t$$

由上式可以看出，$1/Q$ 与 $\lg t$ 为线性关系（图 4.10），直线的斜率为 i。利用此斜率（i）得

$$T = \frac{0.183}{s_w i}$$

将直线延长，交 t 轴于一点 t_0，利用 t_0 点的 $1/Q=0$，可计算 S。

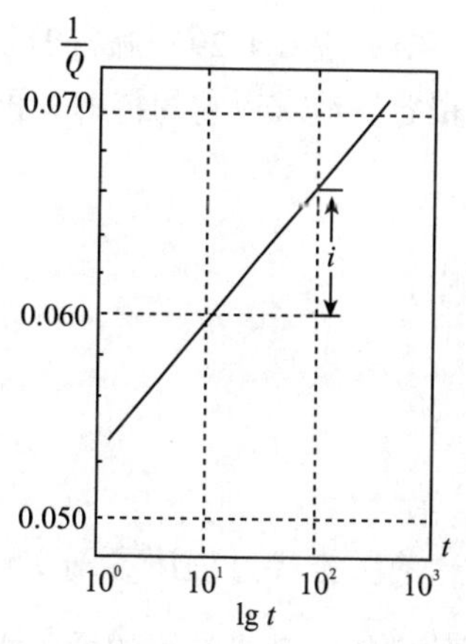

图 4.10 定降深放水试验应用直线图解法确定水文地质参数

4.2 有越流补给的完整井流

4.2.1 基本方程

在第1章中，曾谈到在越流含水层中抽水时会发生越流。有时，人们把这种系统，包括越流含水层、弱透水层和相邻的含水层（如果存在）称为越流系统（图1.33）。第3章探讨了这种情况下的稳定运动（图3.10）。现在进而探讨这种情况下的非稳定运动。研究时采用了和研究稳定运动时相同的地质模型（图3.10）和假设，即

1）越流系统中每一层都是均质各向同性，无限延伸的，含水层底板水平，含水层和弱透水层都是等厚的；

2）含水层中水流服从Darcy定律；

3）虽然发生越流，但相邻含水层在抽水过程中水头保持不变（这在径流条件比较好的含水层中不难达到）；

4）弱透水层本身的弹性释水可以忽略，通过弱透水层的水流可视为垂向一维流；

5）抽水含水层天然水力坡度为零，抽水后为平面径向流；

6）抽水井为完整井，井径无限小，定流量抽水。

在上述假设条件下，根据微分方程（1.86），把水头化为以降深表示，并改用柱坐标，于是有越流补给的抽水含水层中地下水运动的基本方程为

$$\frac{\partial^2 s}{\partial r^2}+\frac{1}{r}\frac{\partial s}{\partial r}-\frac{s}{B^2}=\frac{S}{T}\frac{\partial s}{\partial t} \tag{4.29}$$

相应的定解条件为

$$s\big|_{t=0}=0,\qquad 0<r<\infty \tag{4.30}$$

$$s\big|_{r\to\infty}=0,\qquad t>0 \tag{4.31}$$

$$\lim_{r\to 0}\left(r\frac{\partial s}{\partial r}\right)=-\frac{Q}{2\pi T},\qquad t>0 \tag{4.32}$$

对方程（4.29）施行Hankel变换，于是原定解问题变为常微分方程的初值问题，可以很容易地求得它的特解。再施行逆变换可求得其解为

$$s=\frac{Q}{4\pi T}W\left(u,\frac{r}{B}\right) \tag{4.33}$$

其中，

$$W\left(u,\frac{r}{B}\right)=\int_u^{\infty}\frac{1}{y}\mathrm{e}^{-y-\frac{r^2}{4B^2y}}\mathrm{d}y \tag{4.34}$$

$$u=\frac{r^2S}{4Tt} \tag{4.35}$$

有关推导过程请参阅文献（薛禹群，1986）。式（4.33）为Hantush和Jacob于1955年建立的有越流补给的承压水完整井公式。其中，$W\left(u,\frac{r}{B}\right)$为不考虑相邻弱透水层弹性释水时越流系统的井函数，其值列于表4.5中。

表 4.5　$W(u, r/B)$ 或 $W(u', a)$ 数值表

u 或 u' \ r/B 或 a	0.01	0.015	0.03	0.05	0.075	0.10	0.15	0.2	0.3
0.000001									
0.000005	9.4413								
0.00001	9.4176	8.6313							
0.00005	8.8827	8.4533	7.2450						
0.0001	8.3983	8.1414	7.2122	6.2882	5.4288				
0.0005	6.9750	6.9152	6.6219	6.0821	5.4062	4.8530			
0.001	6.3069	6.2765	6.1202	5.7965	5.3078	4.8292	4.0595	3.5054	
0.005	4.7212	4.7152	4.6829	4.6084	4.4713	4.2960	3.8821	3.4567	2.7428
0.01	4.0356	4.0326	4.0167	3.9795	3.9091	3.8150	3.5725	3.2875	2.7104
0.05	2.4675	2.4670	2.4642	2.4576	2.4448	2.4271	2.3776	2.3110	2.1371
0.1	1.8227	1.8225	1.8213	1.8184	1.8128	1.8050	1.7829	1.7527	1.6704
0.5	0.5598	0.5597	0.5596	0.5594	0.5588	0.5581	0.5561	0.5532	0.5453
1.0	0.2194	0.2194	0.2193	0.2193	0.2191	0.2190	0.2186	0.2179	0.2161
5.0	0.0011	0.0011	0.0011	0.0011	0.0011	0.0011	0.0011	0.0011	0.0011

u 或 u' \ r/B 或 a	0.4	0.5	0.6	0.7	0.8	0.9	1.0	1.5	2.0	2.5
0.000001										
0.000005										
0.00001										
0.00005										
0.0001										
0.0005										
0.001										
0.005	2.2290									
0.01	2.2253	1.8486	1.5550	1.3201	1.1307					
0.05	1.9283	1.7075	1.4927	1.2955	1.1210	0.9700	0.8409			
0.1	1.5644	1.4422	1.3115	1.1791	1.0505	0.9297	0.8190	0.4217	0.2278	
0.5	0.5344	0.5206	0.5044	0.4860	0.4658	0.4440	0.4210	0.3007	0.1944	0.1174
1.0	0.2135	0.2103	0.2065	0.2020	0.1970	0.1914	0.1855	0.1509	0.1139	0.0803
5.0	0.0011	0.0011	0.0011	0.0011	0.0011	0.0011	0.0011	0.0010	0.0010	0.0009

（据 M. S. Hantush，1956）

4.2.2　公式讨论

（1）降深 - 时间曲线的形状

将式（4.33）写成无量纲降深形式：

$$\frac{s}{\frac{Q}{4\pi T}} = W\left(u, \frac{r}{B}\right)$$

根据表4.5的井函数表，绘制 $W\left(u, \frac{r}{B}\right) - \frac{1}{u}$ 曲线（图4.11，附图3）。曲线反映出，有越流补给的 $s-t$ 关系大致可分为三个阶段。

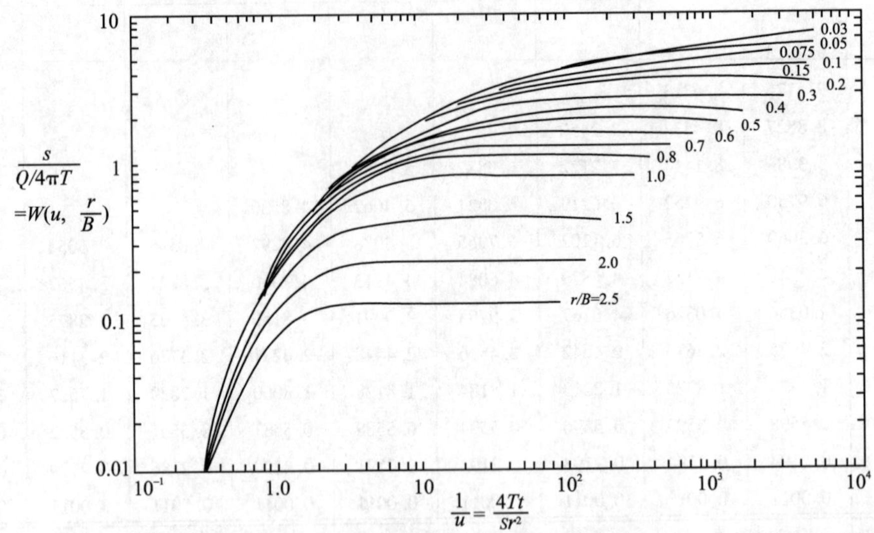

图4.11 越流含水层的标准曲线

1）抽水早期，降深曲线同Theis曲线一致。这表明越流尚未进入主含水层，抽水量几乎全部来自主含水层的弹性释水。在理论上，相当于 $K_1/m_1=0$ 或 $B\to\infty$，$W\left(u, \frac{r}{B}\right)\to W(u)$。此时和Theis曲线一致。

标准曲线组中又反映出，r/B 不同时，与Theis曲线吻合的时间也不一样。在其他条件一定时，如果越流系数 K_1/m_1 越小（即 r/B 越小），同Theis曲线一致的过程就越长。这说明，弱透水层透水性越小，厚度越大，阻力越大，越流进入抽水层的时间越晚。当弱透水层透水性无限小时，在有限的抽水时间内，可能没有明显的越流反映，而同Theis曲线相一致。

2）抽水中期，因水位下降变缓而开始偏离Theis曲线，说明越流已经开始进入抽水含水层。这时，抽水量由两部分组成：一是抽水含水层的弹性释水；二是越流补给，$\frac{r^2}{4yB^2}$ 值由零进入有限值，即

$$W\left(u,\frac{r}{B}\right) = \int_u^{\infty} \frac{1}{y} e^{-y-\frac{r^2}{4B^2y}} dy < \int_u^{\infty} \frac{1}{y} e^{-y} dy = W(u)$$

因此，越流含水层的降深小于无越流含水层的降深，而且随 K_1/m_1 增大（即 r/B 越大），越流含水层的降深比无越流含水层的降深小得多。

3）抽水后期，曲线趋于水平直线，抽水量与越流补给量平衡，表示非稳定流已转化为稳定流。此时方程（4.33），当 $t\to\infty$，$u\to 0$ 时，可简化成式（3.33），即

$$s = \frac{Q}{2\pi T} K_0\left(\frac{r}{B}\right)$$

式中：$K_0\left(\frac{r}{B}\right)$ 为虚宗量第二类Bessel函数（表4.6）。

表 4.6 $K_0\left(\frac{r}{B}\right)$数值表

N	$r/B=N\times10^{-3}$	$r/B=N\times10^{-2}$	$r/B=N\times10^{-1}$	$r/B=N\times1$
1.0	7.0237	4.7212	2.4271	0.4210
1.5	6.6182	4.3159	2.0300	0.2138
2.0	6.3305	4.0285	1.7527	0.1139
2.5	6.1074	3.8056	1.5414	0.0623
3.0	5.9251	3.6235	1.3725	0.0347
3.5	5.7709	3.4697	1.2327	0.0196
4.0	5.6374	3.3365	1.1145	0.0112
4.5	5.5196	3.2192	1.0129	0.0064
5.0	5.4143	3.1142	0.9244	0.0037
5.5	5.3190	3.0195	0.8466	
6.0	5.2320	2.9329	0.7775	0.0012
6.5	5.1520	2.8564	0.7159	
7.0	5.0779	2.7798	0.6605	0.0004
7.5	5.0089	2.7114	0.6106	
8.0	4.9443	2.6475	0.5653	
8.5	4.8837	2.5875	0.5242	
9.0	4.8266	2.5310	0.4867	
9.5	4.7725	2.4776	0.4524	

（据 M. S. Hantush，1956）

（2）水头下降速度

$$\frac{\partial s}{\partial t}=\frac{Q}{4\pi T}\frac{\partial}{\partial u}\left(\int_u^{\infty}\frac{1}{y}e^{-y-\frac{r^2}{4B^2y}}dy\right)\frac{\partial u}{\partial t}=\frac{Q}{4\pi T}\frac{1}{t}e^{-\left(\frac{r^2S}{4Tt}+\frac{Tt}{SB^2}\right)} \tag{4.36}$$

与式（4.16）比较可以看出，越流含水层水位下降速度比无越流含水层慢。另外，与无越流含水层一样，当 t 足够大时，在一定范围内，水位下降速度是相同的。

4.2.3 利用抽水试验资料确定越流系统的参数

4.2.3.1 配线法

用定流量抽水试验实测的 $\lg s-\lg t$ 曲线与标准曲线 $\lg W\left(u,\frac{r}{B}\right)-\lg\frac{1}{u}$的形状是相同的，只是其纵、横坐标彼此平移了 $\lg\frac{Q}{4\pi T}$和 $\lg\frac{r^2S}{4T}$而已。下面仅简单地写出其步骤：

1）在双对数坐标纸上绘制 $W\left(u,\frac{r}{B}\right)-\frac{1}{u}$标准曲线。

2）在另一相同模数的透明双对数坐标纸上，投上 $s-t$ 实测数据。

3）在保持对应坐标轴彼此平行的前提下，相对移动两坐标纸；在一组 r/B 标准曲线中找出最优重合曲线（图 4.12）。

4）两曲线重合以后，任选一匹配点，记下对应的四个坐标值$\frac{1}{u}$，$W\left(u,\frac{r}{B}\right)$，$t$ 和 s。

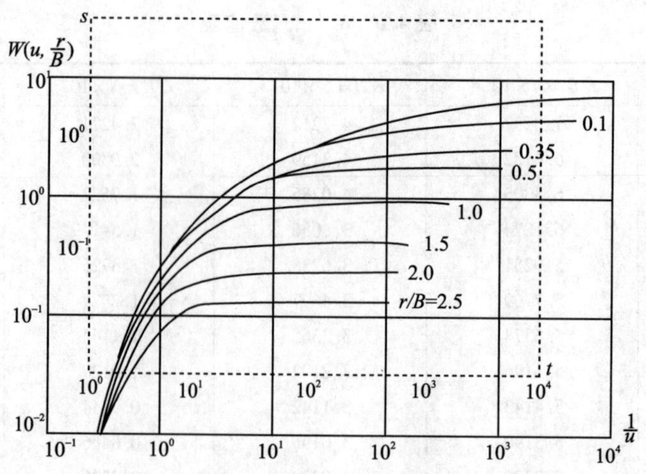

图 4.12 越流含水量的配线法

将它们分别代入式（4.33）和式（4.35），可以计算含水层的参数 T 和 S，即

$$T=\frac{Q}{4\pi[S]}\left[W\left(u,\frac{r}{B}\right)\right]$$

$$S=\frac{4T[t]}{r^2\left[\frac{1}{u}\right]}$$

5）已知$\left[\frac{r}{B}\right]$和 r，可计算出 B 值和 K_1/m_1 值：

$$B=\frac{r}{\left[\frac{r}{B}\right]},\quad \frac{K_1}{m_1}=\frac{T}{B^2}$$

4.2.3.2 拐点法

（1）原理

1）取式（4.33）对 lg$t$ 的导数，同时由式（4.36）有

$$\frac{\partial s}{\partial t}=\frac{\partial s}{\partial \lg t}\frac{\mathrm{d}\lg t}{\mathrm{d}t}=\frac{Q}{4\pi T}\frac{1}{t}\mathrm{e}^{-\frac{r^2S}{4Tt}-\frac{Tt}{SB^2}}$$

故有

$$\frac{\partial s}{\partial \lg t}=\frac{2.3Q}{4\pi T}\mathrm{e}^{-\frac{r^2S}{4Tt}-\frac{Tt}{SB^2}} \tag{4.37}$$

从式（4.37）可以看出，同一观测孔的 $s-\lg t$ 曲线的斜率变化规律是由小到大，又由大变到小，存在着拐点。可以通过 s 对 lg$t$ 的二阶导数等于零来确定其位置。设拐点为 P，则

$$\frac{\partial^2 s}{\partial(\lg t)^2}=\frac{(2.3)^2Q}{4\pi T}\mathrm{e}^{-\frac{r^2S}{4Tt_P}-\frac{Tt}{SB^2}}\left(\frac{r^2S}{4Tt_P}-\frac{Tt_P}{SB^2}\right)=0$$

故在拐点有

$$\frac{r^2S}{4Tt_P}-\frac{Tt_P}{SB^2}=0$$

解得拐点处的时间（t_P）为

$$t_P = \frac{SBr}{2T} \tag{4.38}$$

相应的 u 值为

$$u_P = \frac{r^2 S}{4Tt_P} = \frac{r}{2B} \tag{4.39}$$

将式（4.39）代回式（4.37），得拐点处切线的斜率为

$$i_P = \frac{2.3Q}{4\pi T} \mathrm{e}^{-\frac{r}{B}} \tag{4.40}$$

2）求拐点处降深：把式（4.39）代入式（4.33），得

$$s_P = \frac{Q}{4\pi T}\int_{\frac{r}{2B}}^{\infty} \frac{1}{y}\mathrm{e}^{-y-\frac{r^2}{4B^2 y}}\mathrm{d}y \tag{4.41}$$

根据式（4.33）拐点处降深又可写成

$$s_P = \frac{Q}{4\pi T}\left(\int_0^{\infty} \frac{1}{y}\mathrm{e}^{-y-\frac{r^2}{4B^2 y}}\mathrm{d}y - \int_0^{u_P} \frac{1}{y}\mathrm{e}^{-y-\frac{r^2}{4B^2 y}}\mathrm{d}y\right)$$

进行变量代换，设

$$\xi = \frac{r^2}{4B^2 y},\quad y = \frac{r^2}{4B^2 \xi},\quad \mathrm{d}y = -\frac{r^2}{4B^2 \xi^2}\mathrm{d}\xi$$

当 $y=0$ 时，$\xi=\infty$；

当 $y=u_P$ 时，$\xi=\frac{r^2}{4B^2 u_P}=\frac{r}{2B}$

则

$$s_P = \frac{Q}{2\pi T}K_0\left(\frac{r}{B}\right) - \frac{Q}{4\pi T}\int_{\frac{r}{2B}}^{\infty} \frac{1}{\xi}\mathrm{e}^{-\xi-\frac{r^2}{4B^2 \xi}}\mathrm{d}\xi \tag{4.42}$$

将式（4.41）和式（4.42）相加，得

$$s_P = \frac{Q}{4\pi T}K_0\left(\frac{r}{B}\right) = \frac{1}{2}s_{\max} \tag{4.43}$$

式（4.43）表明，拐点处降深等于最大降深的一半（图4.13）。

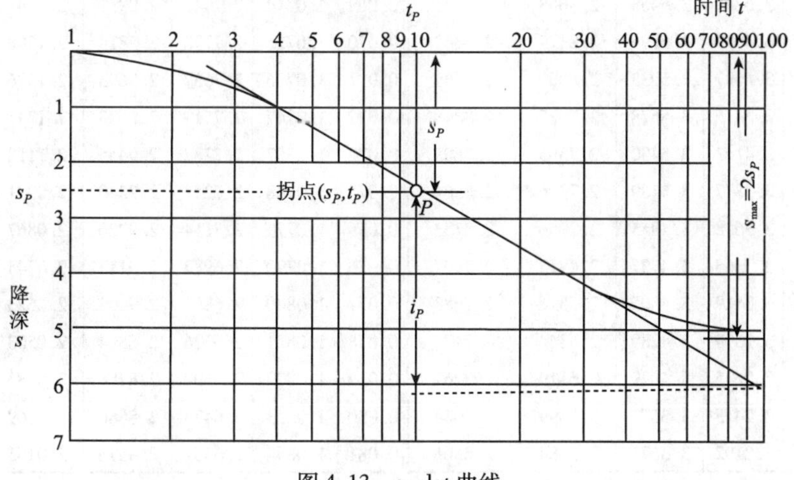

图4.13　$s-\lg t$ 曲线

3）建立拐点 P 处降深 s_P 与斜率 i_P 之间的关系。用式（4.40）除式（4.43）得

$$\frac{2.3s_P}{i_P} = K_0\left(\frac{r}{B}\right)e^{\frac{r}{B}} \tag{4.44}$$

式（4.44）右端的值已列成表4.7。

表4.7　e^x，$K(x)$，$e^xK(x)$，$-E_i(-x)$ 和 $-E_i(-x)$ e^x 的数值表

x	e^x	$K_0(x)$	$e^xK_0(x)$	$-E_i(-x)$	$-E_i(-x)e^x$	x	e^x	$K_0(x)$	$e^xK_0(x)$	$-E_i(-x)$	$-E_i(-x)e^x$
0.010	1.0101	4.7212	4.7687	4.0379	4.0787	0.046	1.0471	3.1973	3.3478	2.5477	2.6672
0.011	1.0111	4.6260	4.6771	3.9436	3.9874	0.047	1.0481	3.1758	3.3287	2.5268	2.6483
0.012	1.0121	4.5390	4.5938	3.8576	3.9044	0.048	1.0492	3.1549	3.3100	2.5068	2.6300
0.013	1.0131	4.4590	4.5173	3.7785	3.8282	0.049	1.0502	3.1342	3.2918	2.4871	2.6120
0.014	1.0141	4.3849	4.3467	3.7054	3.7578	0.050	1.0513	3.1142	3.2733	2.4679	2.5945
0.015	1.0151	4.3159	4.3812	3.6374	3.6925	0.051	1.0523	3.0945	3.2564	2.4491	2.5773
0.016	1.0161	4.2514	4.3200	3.5739	3.6315	0.052	1.0534	3.0752	3.2393	2.4306	2.5604
0.017	1.0171	4.1908	4.2627	3.5143	3.5746	0.053	1.0544	3.0562	3.2226	2.4126	2.5440
0.018	1.0182	4.1337	4.2088	3.4581	3.5209	0.054	1.0555	3.0376	3.2062	2.3948	2.5278
0.019	1.0192	4.0797	4.1580	3.4050	3.4705	0.055	1.0565	3.0194	3.1901	2.3775	2.5120
0.020	1.0202	4.0285	4.1098	3.3547	3.4225	0.056	1.0576	3.0015	3.1744	2.3604	2.4964
0.021	1.0212	3.9797	4.0642	3.3069	3.3771	0.057	1.0587	2.9839	3.1589	2.3437	2.4811
0.022	1.0222	3.9332	4.0207	3.2614	3.3340	0.058	1.0597	2.9666	3.1437	2.3273	2.4663
0.023	1.0233	3.8888	3.9793	3.2179	3.2927	0.059	1.0608	2.9496	3.1288	2.3111	2.4516
0.024	1.0243	3.8463	3.9398	3.1763	3.2535	0.060	1.0618	2.9329	3.1142	2.2953	2.4371
0.025	1.0253	3.8056	3.9019	3.1365	3.2159	0.061	1.0629	2.9165	3.0999	2.2797	2.4230
0.026	1.0263	3.7664	3.8656	3.0983	3.1799	0.062	1.0640	2.9003	3.0858	2.2645	2.4092
0.027	1.0274	3.7287	3.8307	3.0615	3.1452	0.063	1.0650	2.8844	3.0719	2.2494	2.3956
0.028	1.0284	3.6924	3.7972	3.0261	3.1119	0.064	1.0661	2.8688	3.0584	2.2346	2.3822
0.029	1.0294	3.6574	3.7650	2.9920	3.0800	0.065	1.0672	2.8534	3.0450	2.2201	2.3691
0.030	1.0305	3.6235	3.7339	2.9591	3.0494	0.066	1.0682	2.8382	3.0319	2.2058	2.3562
0.031	1.0315	3.5908	3.7039	2.9273	3.0196	0.067	1.0693	2.8233	3.0189	2.1917	2.3434
0.032	1.0325	3.5591	3.6749	2.8965	2.9908	0.068	1.0704	2.8086	3.0052	2.1779	2.3310
0.033	1.0336	3.5284	3.6468	2.8668	2.9631	0.069	1.0714	2.7941	2.9937	2.1643	2.3188
0.034	1.0346	3.4986	3.6196	2.8379	2.9362	0.070	1.0725	2.7798	2.9814	2.1508	2.3067
0.035	1.0356	3.4697	3.5933	2.8099	2.9101	0.071	1.0736	2.7657	2.9693	2.1376	2.2949
0.036	1.0367	3.4416	3.5678	2.7827	2.8848	0.072	1.0747	2.7519	2.9573	2.1246	2.2832
0.037	1.0377	3.4143	3.5430	2.7563	2.8603	0.073	1.0757	2.7382	2.9455	2.1118	2.2717
0.038	1.0387	3.3877	3.5189	2.7306	2.8364	0.074	1.0768	2.7247	2.9340	2.0991	2.2603
0.039	1.0398	3.3618	3.4955	2.7056	2.8133	0.075	1.0779	2.7114	2.9226	2.0867	2.2492
0.040	1.0408	3.3365	3.4727	2.6813	2.7907	0.076	1.0790	2.6983	2.9113	2.0744	2.2381
0.041	1.0419	3.3119	3.4505	2.6576	2.7688	0.077	1.0800	2.6853	2.9002	2.0623	2.2273
0.042	1.0429	3.2879	3.4289	2.6344	2.7474	0.078	1.0811	2.6726	2.8894	2.0503	2.2165
0.043	1.0439	3.2645	3.4079	2.6119	2.7267	0.079	1.0822	2.6599	2.8786	2.0386	2.2062
0.044	1.0450	3.2415	3.3574	5.5899	2.7064	0.080	1.0833	2.6475	2.8680	2.0269	2.1957
0.045	1.0460	3.2192	3.3673	2.5684	2.6866	0.081	1.0844	2.6352	2.8575	2.0155	2.1856

续表

x	e^x	$K_0(x)$	$e^xK_0(x)$	$-E_i(-x)$	$-E_i(-x)e^x$	x	e^x	$K_0(x)$	$e^xK_0(x)$	$-E_i(-x)$	$-E_i(-x)e^x$
0.082	1.0855	2.6231	2.8472	2.0042	2.1754	0.33	1.3910	1.2857	1.7883	0.8361	1.1630
0.083	1.0865	2.6111	2.8370	1.9930	2.1655	0.34	1.4050	1.2587	1.7685	0.8147	1.1446
0.084	1.0876	2.5992	2.8270	1.9820	2.1557	0.35	1.4191	1.2327	1.7493	0.7942	1.1270
0.085	1.0887	2.5875	2.8171	1.9711	2.1460	0.36	1.4333	1.2075	1.7308	0.7745	1.1101
0.086	1.0898	2.5759	2.8073	1.9604	2.1364	0.37	1.4477	1.1832	1.7129	0.7554	1.0936
0.087	1.0909	2.5645	2.7976	1.9498	2.1270	0.38	1.4623	1.1596	1.6956	0.7371	1.0779
0.088	1.0920	2.5532	2.7881	1.9393	2.1176	0.39	1.4770	1.1367	1.6789	0.7194	1.0626
0.089	1.0931	2.5421	2.7787	1.9290	2.1086	0.40	1.4918	1.1145	1.6627	0.7024	1.0478
0.090	1.0942	2.5310	2.7694	1.9187	2.0994	0.41	1.5068	1.0930	1.6470	0.6859	1.0335
0.091	1.0953	2.5201	2.7602	1.9087	2.0906	0.42	1.5220	1.0721	1.6317	0.6700	1.0197
0.092	1.0964	2.5093	2.7511	1.8987	2.0818	0.43	1.5373	1.0518	1.6169	0.6546	1.0063
0.093	1.0975	2.4986	2.7421	1.8888	2.0729	0.44	1.5572	1.0321	1.6025	0.6397	0.9933
0.094	1.0986	2.4881	2.7333	1.8791	2.0643	0.45	1.5683	1.0129	1.5886	0.6253	0.9807
0.095	1.0997	2.4779	2.7246	1.8695	2.0558	0.46	1.5841	0.9943	1.5750	0.6114	0.9685
0.096	1.1008	2.4673	2.7159	1.8599	2.0473	0.47	1.6000	0.9761	1.5617	0.5979	0.9566
0.097	1.1019	2.4571	2.7074	1.8505	2.0390	0.48	1.6161	0.9584	1.5489	0.5848	0.9451
0.098	1.1030	2.4470	2.6989	1.8412	2.0307	0.49	1.6323	0.9412	1.5363	0.5721	0.9338
0.099	1.1041	2.4370	2.6906	1.8320	2.0227	0.50	1.6437	0.9244	1.5214	0.5598	0.9229
0.100	1.1052	2.4271	2.6823	1.8229	2.0147	0.51	1.6653	0.9081	1.5122	0.5478	0.9123
0.11	1.1163	2.3333	2.6046	1.7371	1.9391	0.52	1.6820	0.8921	1.5006	0.5362	0.9019
0.12	1.1275	2.2479	2.5345	1.6595	1.8771	0.53	1.6989	0.8766	1.4892	0.5250	0.8919
0.13	1.1388	2.1695	2.4707	1.5889	1.8094	0.54	1.7160	0.8614	1.4781	0.5140	0.8820
0.14	1.1503	2.0972	2.4123	1.5241	1.7532	0.55	1.7330	0.8466	1.4673	0.5034	0.8725
0.15	1.1618	2.0300	2.3585	1.4645	1.7015	0.56	1.7507	0.8321	1.4567	0.4930	0.8631
0.16	1.1735	1.9674	2.3088	1.4092	1.6537	0.57	1.7683	0.8180	1.4464	0.4830	0.8541
0.17	1.1853	1.9088	2.2625	1.3578	1.6094	0.58	1.7860	1.8042	1.4363	0.4732	0.8451
0.18	1.1972	1.8537	2.2193	1.3098	1.5981	0.59	1.8040	0.7907	1.4262	0.4637	0.8365
0.19	1.2093	1.8018	2.1788	1.2649	1.5295	0.60	1.8221	0.7775	1.4167	0.4544	0.8280
0.20	1.2214	1.7527	2.1408	1.2227	1.4934	0.61	1.8404	0.7646	1.4073	0.4454	0.8197
0.21	1.2337	1.7062	2.1049	1.1829	1.4593	0.62	1.8589	0.7520	1.3980	0.4366	0.8116
0.22	1.2461	1.6620	2.0710	1.1454	1.4273	0.63	1.8776	0.7397	1.3889	0.4280	0.8036
0.23	1.2586	1.6199	2.0389	1.1099	1.3969	0.64	1.8965	0.7277	1.3800	0.4197	0.7960
0.24	1.2713	1.5798	2.0084	1.0762	1.3681	0.65	1.9155	0.7159	1.3713	0.4115	0.7882
0.25	1.2840	1.5415	1.9793	1.0443	1.3409	0.66	1.9348	0.7043	1.3627	0.4036	0.7809
0.26	1.2969	1.5048	1.9517	1.0139	1.3149	0.67	1.9542	0.6930	1.3543	0.3959	0.7737
0.27	1.3100	1.4697	1.9253	0.9849	1.2902	0.68	1.9739	0.6820	0.3461	0.3883	0.7665
0.28	1.3231	1.4360	1.9000	0.9573	1.2666	0.69	1.9937	0.6711	1.3380	0.3810	0.7656
0.29	1.3364	1.4036	1.8758	0.9309	1.2441	0.70	2.0138	0.6605	1.3301	0.3738	0.7528
0.30	1.3499	1.3720	1.8526	0.9057	1.2226	0.71	2.0340	0.6501	1.3223	0.3668	0.7461
0.31	1.3634	1.3425	1.8304	0.8315	1.2018	0.72	2.0544	0.6399	1.3147	0.3599	0.7394
0.32	1.3771	1.3136	1.8089	0.8583	1.1820	0.73	2.0751	0.6300	1.3072	0.3532	0.7329

续表

x	e^x	$K_0(x)$	$e^xK_0(x)$	$-E_i(-x)$	$-E_i(-x)e^x$	x	e^x	$K_0(x)$	$e^xK_0(x)$	$-E_i(-x)$	$-E_i(-x)e^x$
0.74	2.0959	0.6202	1.2998	0.3467	0.7266	1.8	6.0496	0.1459	0.8828	0.0647	0.3915
0.75	2.1170	0.6106	1.2926	0.3403	0.7204	1.9	6.6859	0.1288	0.8614	0.0562	0.3758
0.76	2.1383	0.6012	1.2855	0.3341	0.7144	2.0	7.3891	0.1139	0.8416	0.0489	0.3613
0.77	2.1598	0.5920	1.2785	0.3280	0.7084	2.1	8.1662	0.1008	0.8230	0.0426	0.3480
0.78	2.1815	0.5829	1.2716	0.3221	0.7027	2.2	9.0250	0.0893	0.8057	0.0372	0.3356
0.79	2.2034	0.5740	1.2649	0.3163	0.6969	2.3	9.9742	0.0791	0.7894	0.0325	0.3242
0.80	2.2255	0.5653	1.2582	0.3106	0.6912	2.4	11.0232	0.0702	0.7740	0.0284	0.3135
0.81	2.2479	0.5568	1.2517	0.3050	0.6856	2.5	12.1825	0.0623	0.7596	0.0249	0.3035
0.82	2.2705	0.5484	1.2452	0.2996	0.6802	2.6	13.4637	0.0554	0.7459	0.0219	0.2942
0.83	2.2933	0.5402	1.2389	0.2943	0.6749	2.7	14.8797	0.0493	0.7329	0.0192	0.2854
0.84	2.3264	0.5321	1.2326	0.2891	0.6697	2.8	16.4446	0.0438	0.7206	0.0169	0.2773
0.85	2.3397	0.5242	1.2265	0.2840	0.6644	2.9	18.1742	0.0390	0.7089	0.0148	0.2693
0.86	2.3632	0.5165	1.2205	0.2790	0.6593	3.0	20.0855	0.0347	0.6978	0.0131	0.2621
0.87	2.3869	0.5088	1.2145	0.2742	0.6545	3.1	22.1980	0.0310	0.6871	0.0115	0.2551
0.88	2.4109	0.5013	1.2086	0.2694	0.6495	3.2	24.5325	0.0276	0.6770	0.0101	0.2485
0.89	2.4351	0.4940	1.2029	0.2647	0.6445	3.3	27.1126	0.0246	0.6673	0.0089	0.2424
0.90	2.4596	0.4867	1.1972	0.2602	0.6400	3.4	29.9641	0.0220	0.6580	0.0079	0.2365
0.91	2.4843	0.4796	1.1916	0.2557	0.6352	3.5	33.1155	0.0196	0.6490	0.0070	0.2308
0.92	2.5093	0.4727	1.1860	0.2513	0.6306	3.6	36.5982	0.0175	0.6405	0.0062	0.2254
0.93	2.5345	0.4658	1.1806	0.2470	0.6260	3.7	40.4473	0.0156	0.6322	0.0055	0.2204
0.94	2.5600	0.4591	1.1752	0.2429	0.6218	3.8	44.7012	0.0140	0.6243	0.0048	0.2155
0.95	2.7857	0.4524	1.1699	0.2387	0.6172	3.9	49.4025	0.0125	0.6166	0.0043	0.2108
0.96	2.6117	0.4459	1.1647	0.2347	0.6130	4.0	54.5982	0.0112	0.6093	0.0038	0.2063
0.97	2.6379	0.4396	1.1595	0.2308	0.6088	4.1	60.3403	0.0100	0.6022	0.0033	0.2021
0.98	2.6645	0.4333	1.1544	0.2269	0.6046	4.2	66.6863	0.0089	0.5953	0.0030	0.1980
0.99	2.6912	0.4271	1.1494	0.2231	0.6004	4.3	73.6998	0.0080	0.5887	0.0026	0.1941
1.00	2.7183	0.4210	1.1445	0.2194	0.5964	4.4	81.4509	0.0071	0.5823	0.0022	0.1903
1.1	3.0042	0.3656	1.0983	0.1860	0.5588	4.5	90.0171	0.0064	0.5761	0.0021	0.1866
1.2	3.3201	0.3185	1.0575	0.1584	0.5259	4.6	99.4843	0.0057	0.5701	0.0018	0.1832
1.3	3.6693	0.2782	1.0210	0.1355	0.4972	4.7	109.9472	0.0051	0.5643	0.0016	0.1798
1.4	4.0552	0.2437	0.9881	0.1162	0.4712	4.8	121.5104	0.0046	0.5586	0.0014	0.1766
1.5	4.4817	0.2138	0.9582	0.1000	0.4482	4.9	134.2898	0.0041	0.5531	0.0013	0.1734
1.6	4.6530	0.1880	0.9309	0.0863	0.4275	5.0	148.4132	0.0037	0.5478	0.0011	0.1704
1.7	5.4739	0.1655	0.9059	0.0747	0.4086						

（据 M. S. Hantush，1956）

应用上述原理，根据某一观测孔的观测资料绘出 $s-\lg t$ 曲线，就可计算有关参数。

（2）步骤

1）有一个观测孔时。

a. 在单对数坐标纸上绘制 $s-\lg t$ 曲线，用外推法确定最大降深（s_{max}），如图 4.13 所示，并用式（4.43）计算拐点处降深（s_P）。

b. 根据 s_P 确定拐点位置，并从图上读出拐点出现的时间 t_P。

c. 作拐点 P 处曲线的切线，并从图上确定拐点 P 处切线的斜率（i_P）。

d. 根据式（4.44），求出有关数值后，查表 4.7 确定$\frac{r}{B}$和 $e^{\frac{r}{B}}$值。

e. 根据$\frac{r}{B}$值求 B 值，

$$B = \frac{r}{\left[\frac{r}{B}\right]}$$

按式（4.40）和式（4.38）分别计算 T 和 S 值：

$$T = \frac{2.3Q}{2\pi i_P}e^{-\frac{r}{B}}, \quad S = \frac{2Tt_P}{Br}, \quad \frac{K_1}{m_1} = \frac{T}{B^2}$$

f. 验证，因为图解出的 s_{max} 和 s_P 常有较大的随意性而引起误差，所以进行验证是必要的。

将所求得的参数代入式（4.33），并给出不同的 t 值，计算理论降深。然后把它同实测降深比较，如果不吻合，则应重新图解计算。

2）有多个观测孔时。当抽水时间不长，观测孔降深未趋于稳定，不知道或不可能外推求出 s_{max}时，不能用上面介绍的方法。此时可利用下述方法求参数。

根据式（4.40）有

$$i_P = \frac{2.3Q}{4\pi T}e^{-\frac{r}{B}}$$

两边同时取对数：

$$\ln i_P = \ln\frac{2.3Q}{4\pi T} - \frac{r}{B}$$

$$r = 2.3B\lg\frac{2.3Q}{4\pi T} - 2.3B\lg i_P \tag{4.45}$$

式（4.45）表明，r 与 $\lg i_P$ 呈线性关系。如有三个以上的观测孔资料能绘制出 $r-\lg i_P$ 曲线时，可以用它来计算参数。具体步骤如下。

a. 绘每个观测孔的 $s-\lg t$ 曲线（图 4.14），并从图上确定每条曲线直线段的斜率（i_P）近似地代替拐点处的斜率。

b. 根据各孔的斜率作 $r-\lg i_P$ 曲线（图 4.15），应为一直线。取该直线段的斜率，得

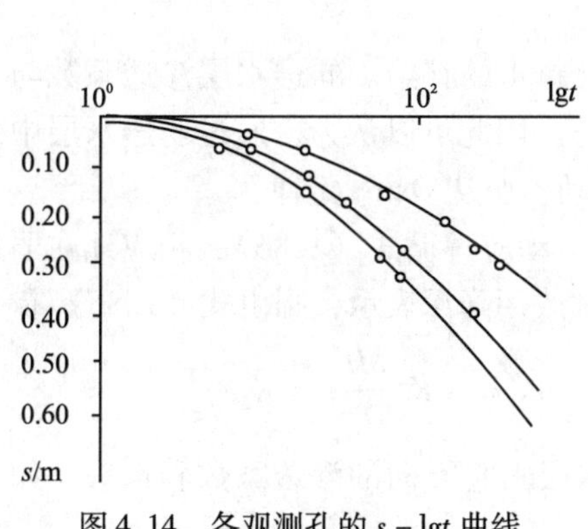

图 4.14 各观测孔的 $s-\lg t$ 曲线

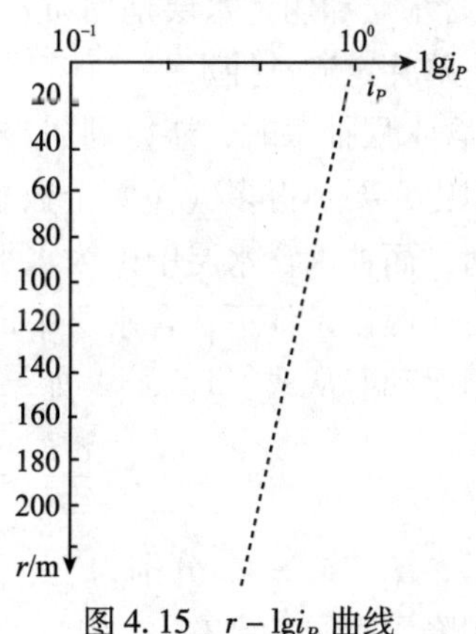

图 4.15 $r-\lg i_P$ 曲线

$$\frac{\Delta r}{\Delta(\lg i_P)} = -2.3B, \quad B = -\frac{\Delta r}{2.3\Delta(\lg i_P)}$$

c. 将 $r-\lg i_P$ 直线段延长交横轴于一点，读得 $r=0$ 时的 $(i_P)_0$ 值。把它代入式（4.45），得

$$r = 0, \quad \lg\frac{2.3Q}{4\pi T} = \lg(i_P)_0$$

$$T = \frac{2.3Q}{4\pi(i_P)_0}, \quad \frac{K_1}{m_1} = \frac{T}{B^2}$$

d. 将所求得的 B，T 代入式（4.43），计算出不同观测孔的拐点处降深：

$$s_P = \frac{Q}{4\pi T}K_0\left(\frac{r}{B}\right)$$

利用 s_P 从 $s-\lg t$ 曲线上读得 t_P 值，然后按式（4.38）算出各孔的 S 值：

$$S = \frac{2Tt_P}{Br}$$

最后取其平均值。

4.3 有弱透水层弹性释水补给和越流补给的完整井流

在层状含水层分布区，一个含水层常被弱透水层覆盖或下伏有弱透水层，形成双层或多层结构的含水层组。从含水层中抽水时，会引起弱透水层弹性释水补给抽水含水层。当弱透水层厚度较大时这种补给相当大，不能忽略不计。1960 年 M. S. Hantush 研究了这个课题。

4.3.1 基本方程

下面讨论考虑弱透水层弹性释水，而相邻含水层（如果存在）水头保持不变的越流系统的基本方程。其他假设条件如下：

1）含水层和弱透水层是均质各向同性和等厚的，产状水平，分布无限。天然水力坡度为零。单井定流量抽水。

2）含水层抽水时，能得到弱透水层弹性释水的补给。弱透水层渗透系数与含水层渗透系数相比，要小得多（差两个数量级以上）。因此可以认为，通过弱透水层中的水流是垂向运动，而抽水含水层中则为水平径向运动，服从 Darcy 定律。

在上述假设条件下，含水层中地下水的运动应遵循式（1.86），相应地在弱透水层中地下水的运动服从式（1.73）。如果越流强度改用降深表示，则由式（1.85）有

$$v_1 = -K_1\frac{\partial H_1}{\partial z} = K_1\frac{\partial s_1}{\partial z}, \quad v_2 = -K_2\frac{\partial H_2}{\partial z} = K_2\frac{\partial s_2}{\partial z}$$

式中：K_1，H_1，K_2，H_2 分别为上、下弱透水层垂直方向的渗透系数和水头。如整个方程组也改用降深表示，则有

$$T\left(\frac{\partial^2 s}{\partial r^2}+\frac{1}{r}\frac{\partial s}{\partial r}\right)+K_1\frac{\partial s_1}{\partial z}-K_2\frac{\partial s_2}{\partial z}=S\frac{\partial s}{\partial t}$$

$$T_1\frac{\partial^2 s_1}{\partial z^2}=S_1\frac{\partial s_1}{\partial t}$$

$$T_2\frac{\partial^2 s_2}{\partial z^2}=S_2\frac{\partial s_2}{\partial t}$$

式中：S，T，$s(r,\ t)$，S_1，T_1，$s_1(r,\ z,\ t)$，S_2，T_2，$s_2(r,\ z,\ t)$ 分别为抽水含水层、上弱透水层和下弱透水层的贮水系数、导水系数和水位降深。根据连续性原理，在抽水含水层的底板（即 $z=m_2$ 处）和顶板（即 $z=m_2+M$ 处）（图 1.33）分别有

$$s_2(r,m_2,t)=s(r,t)$$

$$s_1(r,m_2+M,t)=s(r,t)$$

常见的考虑含水层弹性释水补给而相邻含水层（如果存在）的水头保持不变的越流系统，主要有下列三种情况（图 4.16）。

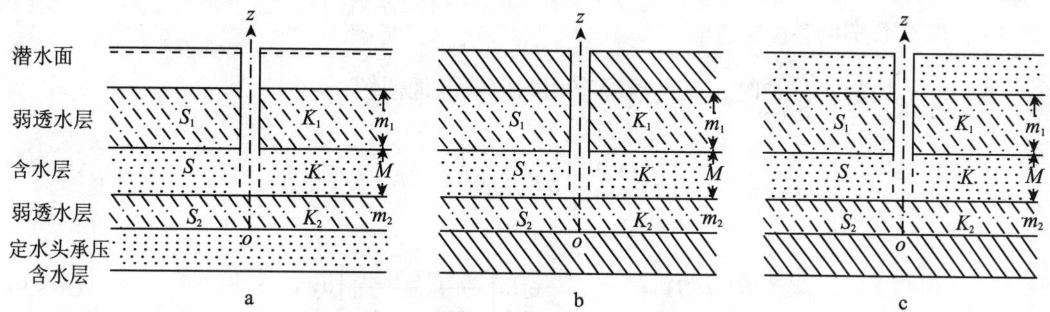

图 4.16　弱透水层弹性释水的三种情况

（据 M. S. Hantush，1967）

第一种情况，与上、下弱透水层相邻的是两个定水头的含水层（图 4.16a）；第二种情况，与上、下弱透水层相邻的是两个隔水层（图 4.16b）；第三种情况，与第一个弱含水层相邻的是定水头含水层，与另一个弱含水层相邻的是隔水层（图 4.16c）。

对于这三种情况，可以分别写出它们的偏微分方程和定解条件。先看第一种情况：

上弱透水层

$$T_1\frac{\partial^2 s_1}{\partial z^2}=S_1\frac{\partial s_1}{\partial t} \tag{4.46}$$

$$s_1(r,z,0)=0 \tag{4.47}$$

$$s_1(r,m_2+M+m_1,t)=0 \tag{4.48}$$

$$s_1(r,m_2+M,t)=s(r,t) \tag{4.49}$$

抽水含水层

$$T\left(\frac{\partial^2 s}{\partial r^2}+\frac{1}{r}\frac{\partial s}{\partial r}\right)+K_1\frac{\partial}{\partial z}s_1-K_2\frac{\partial}{\partial z}s_2=S\frac{\partial s}{\partial t} \tag{4.50}$$

$$s(r,0)=0 \tag{4.51}$$

$$s(\infty,t)=0 \tag{4.52}$$

$$\lim_{r\to 0} r\frac{\partial s(r,t)}{\partial r}=-\frac{Q}{2\pi T} \tag{4.53}$$

下弱透水层
$$\begin{cases}T_2\dfrac{\partial^2 s_2}{\partial z^2}=S_2\dfrac{\partial s_2}{\partial t} & (4.54)\\ s_2(r,z,0)=0 & (4.55)\\ s_2(r,0,t)=0 & (4.56)\\ s_2(r,m_2,t)=s(r,t) & (4.57)\end{cases}$$

第二种情况和第一种情况基本相同，只是将式（4.48）和式（4.56）分别以下式代替：

$$\frac{\partial}{\partial z}s_1(r,m_2+M+m_1,t)=0 \tag{4.58}$$

$$\frac{\partial}{\partial z}s_2(r,0,t)=0 \tag{4.59}$$

第三种情况也和第一种情况基本相同，只是将式（4.56）用下式代替：

$$\frac{\partial}{\partial z}s_2(r,0,t)=0$$

上述定解问题，对于足够短的时间和足够长的时间有近似解。

（1）抽水初期的解

当$t<\dfrac{m_1S_1}{10K_1}$和$t<\dfrac{m_2S_2}{10K_2}$时，三种情况有相同形式的近似解：

$$s=\frac{Q}{4\pi T}H(u,\beta) \tag{4.60}$$

其中，

$$H(u,\beta)=\int_u^\infty\frac{e^{-y}}{y}\text{erfc}\left[\frac{\beta\sqrt{u}}{\sqrt{y(y-u)}}\right]dy \tag{4.61}$$

$$u=\frac{r^2S}{4Tt}$$

$\beta=\dfrac{r}{4B_1}\sqrt{\dfrac{S_1}{S}}+\dfrac{r}{4B_2}\sqrt{\dfrac{S_2}{S}}$，其中，$B_1=\sqrt{Tm_1/K_1}$，$B_2=\sqrt{Tm_2/K_2}$分别为上、下两个弱透水层的越流因数。

考虑弱透水层弹性释水时，越流系统的井函数 H（u，β）的值列于表4.8中。

表4.8 $H(u,\beta)$ 数值表

β / u	(−3)			(−2)			(−1)		
	1	2	5	1	2	5	1	2	5
1(−6)	11.9842	11.4237	10.5928	9.9259	9.2469	8.3395	7.6497	6.9590	6.0463
5(−6)	10.8959	10.4566	9.7174	9.0866	8.4251	7.5284	6.8427	6.1548	5.2459
1(−5)	10.3789	9.9987	9.3203	8.7142	8.0657	7.1771	6.4944	5.8085	4.9024
5(−5)	9.0422	8.8128	8.3171	7.8031	7.2072	6.3523	5.6821	5.0045	4.1090
1(−4)	8.4258	8.2487	7.8386	7.3803	6.8208	5.9906	5.3297	4.6581	3.7700
5(−4)	6.9273	6.8375	6.6024	6.2934	5.8561	5.1223	4.4996	3.8527	2.9933
1(−3)	6.2624	6.1969	6.60193	5.7727	5.4001	4.7290	4.1337	3.5045	2.6650
5(−3)	4.6951	4.6649	4.5786	4.4474	4.2231	3.7415	3.2483	2.6891	1.9250
1(−2)	4.0163	3.9950	3.9334	3.8374	3.6669	3.2752	2.8443	2.3325	1.6193

续表

β	(−3)			(−2)			(−1)		
u	1	2	5	1	2	5	1	2	5
5(−2)	2.4590	2.4502	2.4243	2.3826	2.3040	2.1007	1.8401	1.4872	0.9540
1(−1)	1.8172	1.8116	1.7949	1.7677	1.2157	1.5768	1.3893	1.1207	0.6974
5(−1)	0.5584	0.5570	0.5530	0.5463	0.5333	0.4969	0.4436	0.3591	0.2083
1(0)	0.2189	0.2184	0.2169	0.2144	0.2097	0.1961	0.1758	0.1427	812(−4)
5(0)	115(−5)	114(−5)	114(−5)	112(−5)	110(−5)	104(−5)	934(−6)	763(−6)	423(−6)
10(0)	415(−8)	414(−8)	411(−8)	407(−8)	399(−8)	375(−8)	339(−8)	277(−8)	153(−8)

β	(0)			(1)			(2)		
u	1	2	5	1	2	5	1	2	5
1(−6)	5.3575	4.6721	3.7756	3.1110	2.4671	1.6710	1.1361	1.6879	0.2698
5(−6)	4.5617	3.8836	3.0055	2.3661	1.7633	1.0574	0.6256	0.3091	787(−4)
1(−5)	4.2212	3.5481	2.6822	1.0590	1.4816	0.8285	0.4519	0.1978	388(−4)
5(−5)	3.4394	2.7848	1.9622	1.3943	0.8994	0.4024	0.1685	494(−4)	405(−5)
1(−4)	3.1082	2.4658	1.6704	1.1359	0.6878	0.2698	963(−4)	222(−4)	107(−5)
5(−4)	2.3601	1.7604	1.0564	0.6252	0.3089	787(−4)	166(−4)	169(−5)	129(−7)
1(−3)	2.0506	1.4776	0.8271	0.4513	0.1976	388(−4)	590(−5)	361(−6)	
5(−3)	1.3767	0.8915	0.4001	0.1677	493(−4)	403(−5)	205(−6)	228(−8)	
1(−2)	1.1122	0.6775	0.2670	955(−4)	221(−4)	106(−5)	274(−7)		
5(−2)	0.5812	0.2923	755(−4)	160(−4)	164(−5)	126(−7)			
1(−1)	0.3970	0.1789	359(−4)	552(−5)	300(−6)				
5(−1)	0.1006	325(−4)	388(−5)	151(−6)	171(−8)				
1(0)	365(−4)	993(−5)	547(−6)	151(−7)					
5(0)	167(−6)	309(−7)							
10(0)									

注：表中括号内的数字为 10 的幂次，如 488(−4) = 0.0488，5(−5) = 5×10^{-5}。

（2）抽水时间足够长时的解

第一种情况：当 $t>5\dfrac{m_1S_1}{K_1}$，同时 $t>5\dfrac{m_2S_2}{K_2}$时，其解为

$$s=\frac{Q}{4\pi T}W(u_1,a) \tag{4.62}$$

式中：W（u_1，a）为不考虑弱透水层弹性释水的越流系统的井函数（表 4.5），

$$u_1=\frac{r^2\left(S+\dfrac{S_1}{3}+\dfrac{S_2}{3}\right)}{4Tt}$$

$$a=r\sqrt{\frac{1}{B_1^2}+\frac{1}{B_2^2}}$$

第二种情况：当 $t>10\dfrac{m_1S_1}{K_1}$，同时 $t>10\dfrac{m_2S_2}{K_2}$时，其解为

$$s=\frac{Q}{4\pi T}W(u_2) \tag{4.63}$$

式中：$W(u_2)$ 为无越流含水层的井函数（表4.1），

$$u_2 = \frac{r^2(S + S_1 + S_2)}{4Tt}$$

第三种情况：当 $t > 5\frac{m_1 S_1}{K_1}$，同时 $t > 10\frac{m_2 S_2}{K_2}$ 时，其解为

$$s = \frac{Q}{4\pi T}W\left(u_3, \frac{r}{B_1}\right) \tag{4.64}$$

式中：$W\left(u_3, \frac{r}{B_1}\right)$ 为不考虑弱透水层弹性释水的越流系统的井函数（表4.5），

$$u_3 = \frac{r^2\left(S + S_2 + \frac{S_1}{3}\right)}{4Tt}$$

4.3.2 公式讨论

1）上面列举的是在一般情况下的解。如果在上述三种情况下的任何一个解中，令 $B_1 = B_2 = \infty$，$S_1 = S_2 = 0$ 时，$\beta \to 0$，$\mathrm{erfc}(0) = 1$ 就成了无越流补给的承压含水层的 Theis 公式。

在第一、第三种情况中，如果取 $K_2 = 0$，$S_1 = S_2 = 0$，此时式（4.62）和式（4.64）转化为式（4.33），即不考虑弱透水层弹性释水的越流系统。

2）在双对数坐标纸上绘制 $H(u, \beta) - \frac{1}{u}$ 标准曲线（图4.17，附图4）。由式（4.60）有

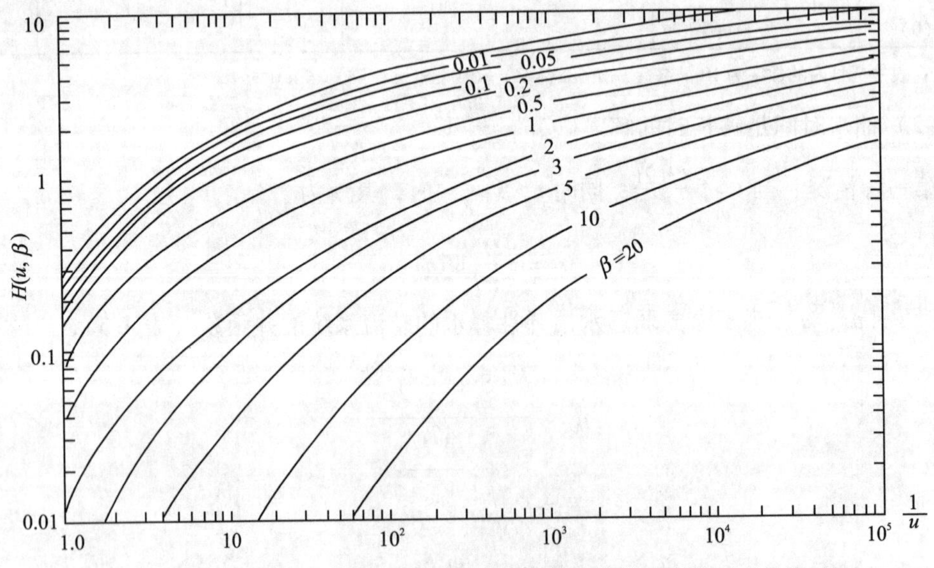

图4.17 考虑弱透水层弹性释水的越流系统短期抽水时的标准曲线

（据W. C. Walton，1970）

$$\frac{s}{\frac{Q}{4\pi T}} = H(u,\beta)$$

可知，曲线反映出 s 与 t 的关系，也反映出 s 与 β 的关系。总的来说，s 随着 β 的增大而减小。当 $\beta=0$ 时，曲线和 Theis 曲线一致。这意味着：①随着 S_1 和 S_2 的增大，s 会减小。因此，弱透水层的贮水系数增大，可以释放出更多的水，抽水含水层的降深就会相应地减小；②随着 r 增大，s 会减小；③随着越流因素（B）的减小，s 也会减小。

4.3.3 利用抽水试验资料确定水文地质参数

根据抽水初期或短时间抽水的资料，利用配线法来求参数的原理同前。利用观测孔的全部观测资料，在双对数透明纸上绘出 $s-t$ 曲线，把抽水初期的曲线（或短时间抽水的曲线）同标准曲线 $H(u,\ \beta)-\frac{1}{u}$（图 4.17）重合，记下匹配点的坐标 $H(u,\ \beta)$，$1/u$，β，s，t，代入公式（4.60），求出含水层的参数 T 和 S。

$$T = \frac{Q}{4\pi[s]}[H(u,\beta)], \quad S = \frac{4T[t]}{r^2\left[\frac{1}{u}\right]}$$

对于长时间抽水，第一种情况和第三种情况利用配线法确定参数的原理和方法与有越流补给的式（4.33）相同，标准曲线都是用图 4.11 所示的曲线。

根据长期解的第二种情况，利用配线法确定参数和利用 Theis 公式的配线法相同。

4.4 潜水完整井流

前面重点讨论了承压完整井流，下面讨论潜水完整井流问题。潜水井流与承压水井流不同，它的上界面是一个随时间变化的浸润面（自由面）。因而它的运动与承压水不同，主要表现在下列几点：

1）潜水井流的导水系数（$T=Kh$）随距离（r）和时间（t）而变化，而承压水井流 $T=KM$ 和 r，t 无关。

2）当潜水井流降深较大时，垂向分速度不可忽略，在井附近为三维流。而水平含水层中的承压水井流垂向分速度可忽略，一般为二维流或可近似地当作二维流来处理。

3）从潜水井抽出的水主要来自含水层的重力疏干。重力疏干不能瞬时完成，而是逐渐被排放出来，因而出现明显地迟后于水位下降的现象。潜水面虽然下降了，但潜水面以上的非饱和带内的水继续向下不断地补给潜水。因此，测出的给水度在抽水期间是以一个递减的速率逐渐增大的。只有当抽水时间足够长后，给水度才实际上趋近于一个常数值。承压水井流则不同，抽出的水来自含水层贮存量的释放，接近于瞬时完成，贮水系数是常数。

到目前为止，还没有同时考虑上述三种情况的潜水井流公式。

在一定条件下，也可将承压水完整井流公式应用于潜水完整井流的近似计算。如果满足4.1节前面的四个假设条件，条件5）虽然不同，但当抽水相当长时间以后，迟后排水现象已不明显，可近似地认为已满足条件5）。因此，潜水完整井在降深不大的情况下，即 $s \leqslant 0.1H_0$，H_0 为抽水前潜水流的厚度，可用承压水井流公式作近似计算。此时，潜水流厚度可近似地用 $H_m = \frac{1}{2}(H_0 + H)$ 来代替。于是承压水井公式中的 $2Ms$ 用 $H_0^2 - H^2$ 代替，则有

$$H_0^2 - H^2 = \frac{Q}{2\pi K}W(u), \quad u = \frac{r^2\mu}{4T't} \quad (T' = KH_m) \tag{4.65}$$

也可采用修正降深值，直接利用 Theis 公式：

$$s' = s - \frac{s^2}{2H_0} = \frac{Q}{4\pi T}W(u), \quad u = \frac{r^2\mu}{4Tt} \quad (T = KH_0) \tag{4.66}$$

式中：s'为修正降深；s 为实际观测降深；H_0 为潜水流初始厚度。

有关计算潜水完整井流的方法主要有：①考虑井附近流速垂直分量的 Boulton 第一潜水井流模型；②考虑迟后排水的 Boulton 第二潜水井流模型；③既考虑流速的垂直分量又考虑潜水含水层弹性释水的 Neuman 模型。这里简单地介绍后两种模型。

4.4.1 考虑迟后疏干的 Boulton 模型

4.4.1.1 假设条件及井流状态分析

Boulton 是在下列条件下进行讨论的：

1）均质、各向同性、隔水底板水平、无限延伸的含水层；

2）初始自由水面水平；

3）完整井，井径无限小，降深 $s \ll H_0$（潜水流初始厚度）的定流量抽水；

4）水流服从 Darcy 定律；

5）抽水时，水位下降，含水层中的水不能瞬时排出，存在着迟后现象。

分析潜水完整井抽水时的降深－时间曲线，可以明显地看到三个阶段。

第一个阶段：抽水早期（也许只有几分钟），降深－时间曲线与承压水完整井抽水时的 Theis 曲线一致，主要表现为潜水位下降了。但含水介质不能立即通过重力排水把其中的水排出，而只是由于压力降低引起水的瞬时释放，即弹性释水。含水层的反应和一个贮水系数小的承压含水层相似。一般来说，水流主要是水平运动。

第二个阶段：降深－时间曲线的斜率减小，明显地偏离 Theis 曲线，有的甚至出现短时间的假稳定。它反映疏干排水的作用，好像含水层得到了补给，使水位下降速度明显减缓。含水层的反应类似于一个受到越流补给的承压含水层。但降落漏斗仍以缓慢速度扩展着。

第三个阶段：这个阶段的降深－时间曲线又与 Theis 曲线重合。说明重力排水已跟得上水位下降，迟后疏干影响逐渐变小，可以忽略不计。抽水量来自重力排水，降落漏斗扩展速度增大。此时，给水度所起的作用相当于承压含水层的贮水系数。决定于含水层的条件，这一阶段可以从抽水后的几分钟到几天后开始。

Boulton 根据抽水过程中降深－时间曲线的特征提出了考虑迟后疏干的计算方法。他

作了如下假设：抽水开始后的时间τ和$\tau+\Delta\tau$之间潜水面下降了 Δs，此时含水层排出水量由两部分组成。

1）弹性释放出的水量：水位下降 Δs 时，单位面积含水层的弹性释水量为 $S \cdot \Delta s \cdot 1$。

2）迟后疏干排水量：降深 Δs 时，单位水平面积含水层于 t 时刻（$t>\tau$）排出的重力水量假设为 $\Delta s \cdot \alpha \cdot \mu e^{-\alpha(t-\tau)} \cdot 1$。其中，$\mu$ 为给水度；α 为一经验系数。这个假设是有一定道理的，因为：

a. 迟后疏干排水量 $\Delta s \cdot \alpha \cdot \mu e^{-\alpha(t-\tau)}$ 与 $t-\tau$的关系如图 4.18 所示，符合一般经验。

b. 在τ时刻以后，单位水平面积含水层内降深为 1 个单位时，迟后重力排水的总体积为

$$\int_{\tau}^{\infty} \alpha\mu e^{-\alpha(t-\tau)} dt = \mu$$

它等于含水层的给水度。因此，在水量均衡上没有矛盾，符合实际，假设是合理的。

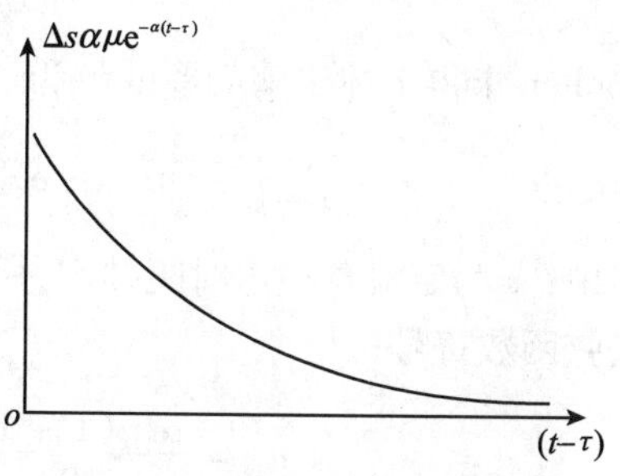

图 4.18　迟后疏干排水过程线

c. 在τ和 t 区间迟后排水总量为

$$\int_{\tau}^{t} \Delta s\alpha\mu e^{-\alpha(t-\tau)} dt = \Delta s\mu\left[1 - e^{-\alpha(t-\tau)}\right]$$

由上式可了解 α 的意义。若 α 大，则τ到 t 时间内排出的水量大，即迟后性小；或者说，$1/\alpha$ 小，迟后性小。因此，称 $1/\alpha$ 为延迟指数。

4.4.1.2　数学模型及其解

如果只考虑贮存水的释放，不考虑迟后重力排水，并假设降深很小($s \ll H_0$)，T 值保持不变，则潜水非稳定径向运动的偏微分方程可写为

$$T\left(\frac{\partial^2 s}{\partial r^2} + \frac{1}{r}\frac{\partial s}{\partial r}\right) = S\frac{\partial s}{\partial t}$$

如果考虑迟后重力排水，则方程式的右边还要加上一项，即在 t 时刻单位水平面积含水层中单位时间内迟后重力排水的体积。这个值可以用下述方法来求得。

将 0 到 t 这一时间段分成 n 个时间小段 $\Delta\tau_i = \tau_i - \tau_{i-1}$($i=1, 2, \cdots, n-1, n$，而 $\tau_0=0$)，每一小段 $\Delta\tau_i$ 对应的降深为 Δs_i($i=1, 2, \cdots, n-1, n$)。

由上述假设知，在 t 时刻由 Δs_i 引起的排水量为 $\Delta s_i\alpha\mu e^{-\alpha(t-\tau_i)}$。显然，由于迟后排水，$t$ 时刻以前的每一个 Δs_i 都会排水到达 t 时刻的潜水面。因此，在 t 时刻单位水平面积的潜水面上，单位时间接受的迟后排水总量为

$$\sum_{i=1}^{n} \Delta s_i\alpha\mu e^{-\alpha(t-\tau_i)} = \sum_{i=1}^{n} \frac{\Delta s_i}{\Delta\tau_i}\alpha\mu e^{-\alpha(t-\tau_i)}\Delta\tau_i$$

当 $n\to\infty$，$\Delta\tau_i\to 0$ 时，$\frac{\Delta s_i}{\Delta\tau_i}\to\frac{\partial s}{\partial\tau}$，则有

$$\int_0^t \frac{\partial s}{\partial\tau}\alpha\mu e^{-\alpha(t-\tau)} d\tau$$

因此，考虑迟后重力排水时，流向潜水完整井非稳定运动的偏微分方程为

$$T\left(\frac{\partial^2 s}{\partial r^2}+\frac{1}{r}\frac{\partial s}{\partial r}\right)=S\frac{\partial s}{\partial t}+\alpha\mu\int_0^t\frac{\partial s}{\partial \tau}\mathrm{e}^{-\alpha(t-\tau)}\mathrm{d}\tau \tag{4.67}$$

相应的定解条件为

$$s(r,0)=0 \tag{4.68}$$

$$s(\infty,t)=0,\quad t>0 \tag{4.69}$$

$$\lim_{r\to 0}\left(r\frac{\partial s}{\partial r}\right)=-\frac{Q}{2\pi T},\quad t>0 \tag{4.70}$$

Boulton 求得上述定解问题的解为

$$s=\frac{Q}{4\pi t}\int_0^\infty \frac{2}{x}\left\{1-\mathrm{e}^{-u_1}\left[\cosh u_2+\frac{\alpha\eta(1-x^2)t}{2u_2}\sinh u_2\right]\right\}J_0\left(\frac{r}{\nu D}x\right)\mathrm{d}x \tag{4.71}$$

式中：s 为定流量抽水时距抽水井为 r 处 t 时刻的降深；sinh，cosh 为双曲正弦函数和双曲余弦函数符号；

$$u_1=\frac{\alpha t\eta(1+x^2)}{2};\quad u_2=\frac{\alpha t\sqrt{\eta^2(1+x^2)^2-4\eta x^2}}{2};$$

$$\nu=\sqrt{\frac{\eta-1}{\eta}}=\sqrt{\frac{\mu}{S+\mu}};\quad \eta=\frac{S+\mu}{S};$$

$D=\sqrt{T/\alpha\mu}$为疏干因素（量纲为［L］）；S 为贮水系数；μ 为给水度；$1/\alpha$ 为延迟指数；x 为积分变量；J_0（x）为第一类零阶 Bessel 函数。

当 $\eta\to\infty$ 时，即给水度比贮水系数大得多时，式（4.71）可简化为

$$s=\frac{Q}{4\pi t}\int_0^\infty 2J_0\left(\frac{r}{D}x\right)\left(1-\frac{1}{x^2+1}\mathrm{e}^{-\frac{\alpha t x^2}{x^2+1}}-F\right)\frac{\mathrm{d}x}{x} \tag{4.72}$$

式中：$F=\frac{x^2}{x^2+1}\mathrm{e}^{-\alpha\eta t(x^2+1)}$。式（4.72）的积分部分可用 $W\left(u_{a,y},\frac{r}{D}\right)$来表示，称为无压含水层中完整井的井函数（表4.9）。其中的 $u_{a,y}$，在抽水早期取 u_a 值，抽水后期取 u_y 值。它所描述的曲线形状，也就是理论上降深－时间曲线的形状。据此，可将上述解分为三部分。

抽水早期：
$$s=\frac{Q}{4\pi T}W\left(u_a,\frac{r}{D}\right) \tag{4.73}$$

表 4.9　$W(u_{a,y},r/D)$ 数值表

$1/u_a=N\times10^n$																	
$r/D=0.01$			$r/D=0.1$			$r/D=0.2$			$r/D=0.316$			$r/D=0.4$			$r/D=0.6$		
N	n	$W\left(u_a,\frac{r}{D}\right)$	N	n	$W\left(u_a,\frac{r}{D}\right)$	N	n	$W\left(u_a,\frac{r}{D}\right)$	N	n	$W\left(u_a,\frac{r}{D}\right)$	N	n	$W\left(u_a,\frac{r}{D}\right)$	N	n	$W\left(u_a,\frac{r}{D}\right)$
1	1	1.82	1	1	1.80	5	0	1.19	1	0	0.216	1	0	0.213	1	0	0.206
1	2	4.04	5	1	3.24	1	1	1.75	2	0	0.544	2	0	0.534	2	0	0.504
1	3	6.31	1	2	3.81	5	1	2.95	5	0	1.153	5	0	1.114	5	0	0.996
5	3	7.82	2	2	4.30	1	2	3.29	1	1	1.655	1	1	1.564	1	1	1.311
1	4	8.40	5	2	4.71	5	2	3.50	5	1	2.504	5	1	2.181	2	1	1.493
1	5	9.42	1	3	4.83	1	3	3.51	1	2	2.623	1	2	2.225	5	1	1.553
1	6	9.44	1	4	4.85				1	3	2.648	1	3	2.229	1	2	1.555

续表

$r/D=0.08$			$r/D=1.0$			$r/D=1.5$			$r/D=2.0$			$r/D=2.5$			$r/D=3.0$		
N	n	$W\left(u_a,\frac{r}{D}\right)$	N	n	$W\left(u_a,\frac{r}{D}\right)$	N	n	$W\left(u_a,\frac{r}{D}\right)$	N	n	$W\left(u_a,\frac{r}{D}\right)$	N	n	$W\left(u_a,\frac{r}{D}\right)$	N	n	$W\left(u_a,\frac{r}{D}\right)$
5	−1	0.046	5	−1	0.0444	5	−1	0.0394	3.33	−1	0.0100	5	−1	0.0271	5	−1	0.0210
1	0	0.197	1	0	0.1855	1	0	0.1509	5	−1	0.0335	1	0	0.0803	1	0	0.0534
2	0	0.466	2	0	0.421	1.25	0	0.199	1	0	0.144	1.25	0	0.0961	1.25	0	0.0607
5	0	0.857	5	0	0.715	2	0	0.301	1.25	0	0.114	2	0	0.1174	2	0	0.0681
1	1	1.050	1	1	0.819	5	0	0.413	2	0	0.194	5	0	0.1247	5	0	0.0695
2	1	1.121	2	1	0.841	1	1	0.427	5	0	0.227	1	1	0.1247	1	1	0.0695
5	1	1.131	5	1	0.842	2	1	0.428	1	1	0.228						

$1/u_y=N\times10^n$

$r/D=0.01$			$r/D=0.1$			$r/D=0.2$			$r/D=0.316$			$r/D=0.4$			$r/D=0.6$		
N	n	$W\left(u_y,\frac{r}{D}\right)$	N	n	$W\left(u_y,\frac{r}{D}\right)$	N	n	$W\left(u_y,\frac{r}{D}\right)$	N	n	$W\left(u_y,\frac{r}{D}\right)$	N	n	$W\left(u_y,\frac{r}{D}\right)$	N	n	$W\left(u_y,\frac{r}{D}\right)$
4	2	9.45	4	0	4.86	4	−1	3.51	4	−1	2.66	1	−1	2.23	4.44	−1	1.586
4	3	9.54	4	1	4.95	4	0	3.54	4	0	2.74	1	0	2.26	4.22	0	1.707
4	4	10.23	4	2	5.64	2	1	3.69	4	1	3.38	5	0	2.40	4.44	0	1.844
4	5	12.31	4	3	7.72	4	1	3.85	4	2	5.42	1	1	2.55	1.67	1	2.448
4	6	14.61	4	4	10.01	1.5	2	4.55	4	3	7.72	3.75	1	3.20	4.44	1	3.255
						4	2	5.42				1	2	4.05			

$r/D=0.08$			$r/D=1.0$			$r/D=1.5$			$r/D=2.0$			$r/D=2.5$			$r/D=3.0$		
N	n	$W\left(u_y,\frac{r}{D}\right)$	N	n	$W\left(u_y,\frac{r}{D}\right)$	N	n	$W\left(u_y,\frac{r}{D}\right)$	N	n	$W\left(u_y,\frac{r}{D}\right)$	N	n	$W\left(u_y,\frac{r}{D}\right)$	N	n	$W\left(u_y,\frac{r}{D}\right)$
2.5	−2	1.133	4	−2	0.844	7.11	−2	0.444	4	−2	0.239	2.56	−2	0.1321	1.78	−2	0.0743
2.5	−1	1.158	4	−1	0.901	3.55	−1	0.509	2	−1	0.283	1.28	−1	0.1617	8.89	−2	0.0939
1.25	0	1.264	4	0	1.356	7.11	−1	0.587	4	−1	0.337	2.56	−1	0.1988	1.78	−1	0.1189
2.5	0	1.387	4	1	3.140	2.67	0	0.963	1.5	0	0.614	9.6	−1	0.3990	6.67	−1	0.2618
9.37	0	1.938				7.11	0	1.569	4	0	1.111	2.56	0	0.7977	1.78	0	0.5771
2.5	1	2.704															

抽水中期：
$$s=\frac{Q}{2\pi T}K_0\left(\frac{r}{D}\right) \tag{4.74}$$

抽水晚期：
$$s=\frac{Q}{4\pi T}W\left(u_y,\frac{r}{D}\right) \tag{4.75}$$

式中：$W\left(u_a,\ \frac{r}{D}\right)$为无压含水层中完整井流 A 组井函数，

$$u_a=\frac{r^2S}{4Tt} \tag{4.76}$$

$W\left(u_y,\ \frac{r}{D}\right)$为无压含水层中完整井流 B 组井函数，

$$u_y=\frac{r^2\mu}{4Tt} \tag{4.77}$$

$K_0\left(\frac{r}{D}\right)$为虚宗量第二类 Bessel 函数。

4.4.1.3 讨 论

在 t 相当小时(相当于抽水的初期)，式(4.72)中的$\frac{1}{x^2+1}e^{-\frac{\alpha t x^2}{x^2+1}} \rightarrow \frac{1}{x^2+1}, 1-\frac{1}{x^2+1}=\frac{x^2}{x^2+1}$，式（4.72）可写成

$$s=\frac{Q}{4\pi t}\int_0^{\infty} 2J_0\left(\frac{r}{D}x\right)\frac{x^2}{x^2+1}\left[1-e^{-\alpha\eta t(x^2+1)}\right]\frac{dx}{x} \tag{4.78}$$

此式经适当变换，可证明它与式（4.33）一样，只是式（4.33）中的 u 和$\frac{r}{B}$在此变为 u_a 和$\frac{r}{D}$而已。说明在抽水初期，潜水位下降过程和越流承压含水层的水位下降过程是相同的。

当 t 很大时（相当于抽水延续时间很长的情况），可以证明定解问题的解和 Theis 公式（4.11）相当，此时的 u 值即 $\bar{u}=\frac{r^2(S+\mu)}{4Tt}$。说明在长时间抽水后，潜水含水层中完整井的降深计算是可以采用 Theis 公式的。

井函数 $W\left(u_{a,y}, \frac{r}{D}\right)$不能用初等函数表示，但可求出它的数值解（表 4.9）。根据这些数值在双对数纸上画出标准曲线族，如图 4.19 所示（附图 5）。它包括两组曲线：左边是 A 组 $W\left(u_a, \frac{r}{D}\right)-\frac{1}{u_a}$曲线，适用于抽水早期；右边是 B 组 $W\left(u_y, \frac{r}{D}\right)-\frac{1}{u_y}$曲线，适用于抽水后期。两组曲线间用它们的共同切线连接。由于式（4.72）是在 $\eta\rightarrow\infty$ 时，由式（4.71）简化得来的，这时曲线的中间部分为一水平线，可以用式（4.74）来表达。当 $\eta\geqslant 100$ 时，曲线的中间部分仍趋近于一水平线，因而式（4.74）仍然适用。如果 $\eta<100$，则曲线的中间部分就不是水平线，而是一条比早期和后期曲线的斜率小得多的曲线。

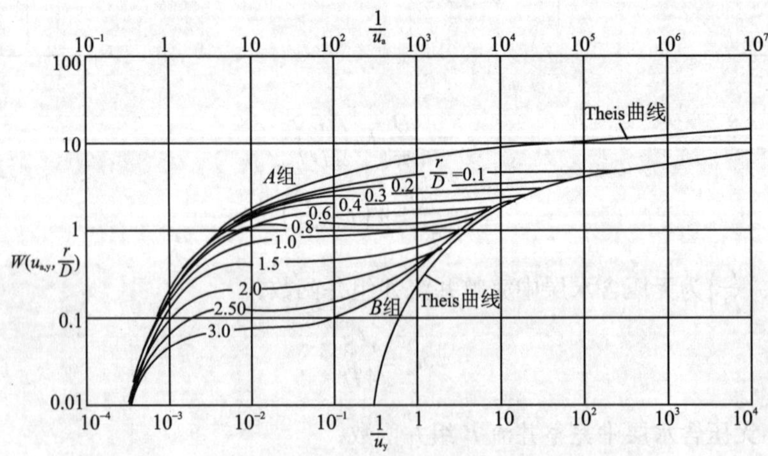

图 4.19 Boulton 潜水完整井流标准曲线示意图

（据 T. A. Prickett，1965）

曲线组反映了迟后排水的影响。在抽水初期，因以弹性释水为主，水位降深同左边的 Theis 曲线吻合。当迟后重力排水发生影响后便偏离 Theis 曲线，下降速度变小，并随 r/D 的不同，以不同方式以水平线趋近。在抽水后期，迟后重力排水减弱，下降速度由小变大，曲线斜率增加。当迟后重力排水影响基本结束时，又趋向右边的 Theis 曲线，和前面分析的三个阶段是一致的。

4.4.1.4 利用抽水试验资料确定水文地质参数

（1）配线法

1）根据表 4.9 在双对数坐标纸上绘制标准曲线（图 4.19，附图 5）。当 $5<\eta<100$ 时，严格讲，应按式（4.71）另作标准曲线。但 T. A. Prickett 经对比表明，按式（4.71）制作的 η 为有限值的标准曲线和根据联结 A 组、B 组曲线的切线来表示中间过渡带的方法绘制的标准曲线差别不太大。因此，可以用后者作为前者的近似。

2）根据试验资料，在模数和标准曲线相同的透明双对数纸上，绘制 $s-t$ 曲线。

3）把 $s-t$ 曲线叠置在标准曲线上，保持对应坐标轴平行，使 $s-t$ 曲线尽可能多地与某一条 A 组曲线重合。任选一匹配点，取坐标：s，t，$W\left(u_a, \frac{r}{D}\right)$，$\frac{1}{u_a}$和重合曲线的$\frac{r}{D}$值，代入有关公式计算参数：

$$T=\frac{Q}{4\pi[s]}\left[W\left(u_a,\frac{r}{D}\right)\right],\quad S=\frac{4T[t]}{r^2\left[\frac{1}{u_a}\right]}$$

4）使 $s-t$ 曲线的剩余部分尽可能多地与 B 组曲线重合，$\frac{r}{D}$值不变。任选匹配点，取坐标值：s，t，$W\left(u_y, \frac{r}{D}\right)$，$\frac{1}{u_y}$，代入有关公式计算参数：

$$T=\frac{Q}{4\pi[s]}\left[W\left(u_y,\frac{r}{D}\right)\right],\quad \mu=\frac{4T[t]}{r^2\left[\frac{1}{u_y}\right]}$$

$$\eta=\frac{S+\mu}{S}$$

$$\frac{1}{\alpha}=\frac{4t}{\left(\frac{r}{D}\right)^2\frac{1}{u_y}} \tag{4.79}$$

把 μ 的表达式代入 D 的表达式，即可得上式。

5）上述计算是在假设降深（s）与含水层厚度（H_0）之比比较小的情况下，以 T 值不变为前提的。但实际上，T 在改变，随着含水层被疏干，厚度减小，相应的 T 值也减小。为减小这方面的误差，需对观测降深用式（4.66）进行校正。

6）由标准曲线图可以看出，随着 $1/u_y$ 的增加，B 组曲线逐渐向 Theis 曲线靠近，最终两者非常靠近而重合，这个使 B 组曲线变为 Theis 曲线的时间 $t_{w,t}$ 是迟后重力排水对降深影响基本结束的时间；将配合点的 $1/u_y$ 值代入式（4.79）可得

$$\alpha t_{w,t}=\frac{1}{4}\left(\frac{r}{D}\right)^2\frac{1}{u_y}$$

上式反映 r/D 与 $\alpha t_{w,t}$ 有对应关系，故可作出 $\alpha t_{w,t}-\frac{r}{D}$ 曲线（图 4.20）。然后，根据前面求得的 r/D，由图 4.20 得 $\alpha t_{w,t}$，再把 $1/\alpha$ 值代入，就可求出 $t_{w,t}$。

（2）直线图解法

抽水持续足够长时间后，迟后重力排水影响消除，$s-\lg t$ 关系与无越流补给的承压完整井一样呈线性关系，故可利用直线图解法计算参数。

绘制 $s-\lg t$ 曲线，如图 4.21 所示。由式（4.13）得

$$s = \frac{2.3Q}{4\pi T}\lg\frac{2.25T}{r^2\mu} + \frac{2.3Q}{4\pi T}\lg t$$

用 4.1 节中所讲述的直线图解法相同的方法，可得

$$T = \frac{2.3Q}{4\pi i},\ \mu = \frac{2.25Tt_0}{r^2}$$

式中：i 和 t_0 分别为从图 4.21 上读得的直线斜率和在横轴（$s=0$）上的截距。

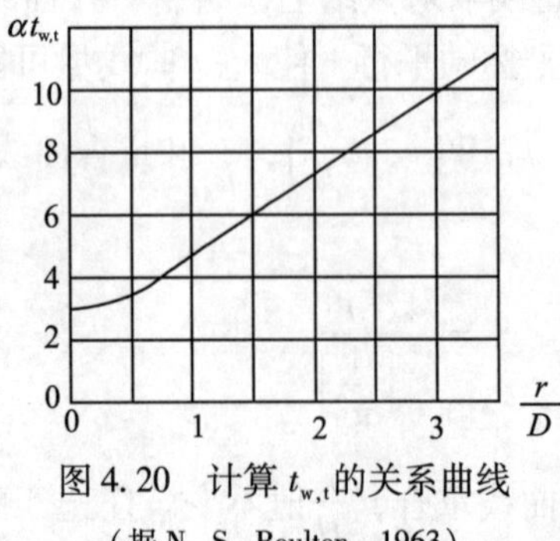

图 4.20 计算 $t_{w,t}$ 的关系曲线
（据 N. S. Boulton，1963）

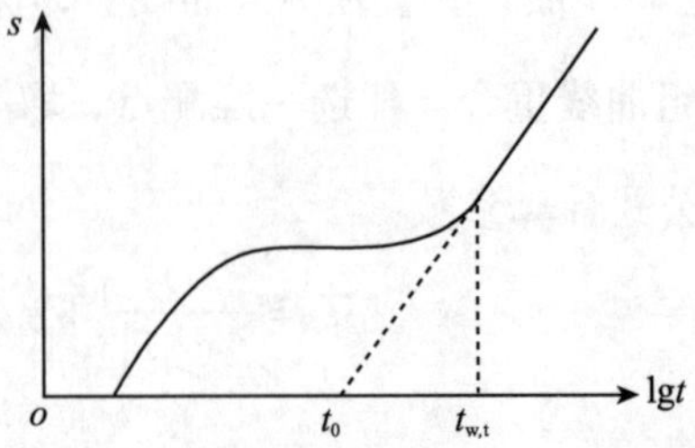

图 4.21 潜水完整井抽水的 $s-\lg t$ 曲线

Boulton 法考虑了潜水含水层的弹性释水性质，并引进了迟后重力排水的假设，有一经验系数 α，虽有一定道理，但其物理意义并不十分明确。因此，考虑迟后疏干的 Boulton 法仍是一种不完善的方法。

4.4.2 考虑流速垂直分量和弹性释水的 Neuman 模型

在 Boulton 模型中，延迟指数 $1/\alpha$ 缺乏明确的物理意义，也不能保证 α 是常数，用它解释无压含水层从贮存中释放水的机制就会有困难。下面将要介绍的 Neuman 模型，不仅考虑了流速的垂直分量和弹性释水，还把潜水面视为可移动的边界，建立了有关潜水面变动的连续性方程，并简化得到潜水面边界条件的近似表达式。这样就不涉及非饱和带和物理意义不明确的延迟指数了。

4.4.2.1 定解问题及其解

Neuman 模型是在下列假设条件下建立的：

1）含水层均质各向异性，侧向无限延伸，坐标轴和主渗透方向一致，隔水层水平；

2）初始潜水面水平；

3）水流服从 Darcy 定律；

4）完整井，定流量抽水；

5）抽水期间自由面上没有入渗补给或蒸发，潜水面降深和含水层厚度相比小得多，因此在建立潜水面边界条件时可以忽略水头（H）对 x，y 的导数或对 r 的导数。

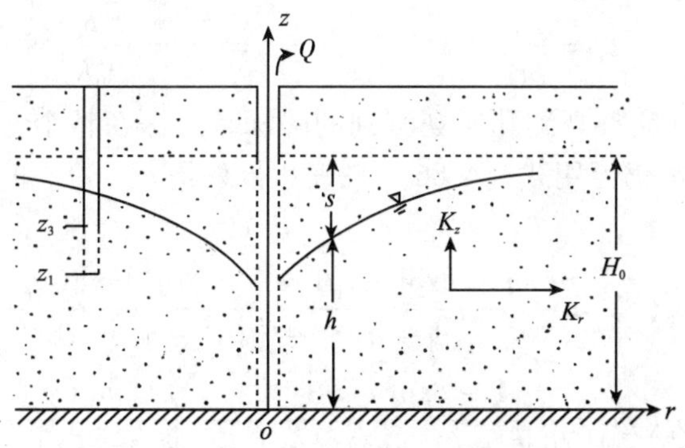

图 4.22　潜水完整井流

在上述假设条件下，可以写出潜水完整井流（图 4.22）的定解问题为

$$K_r\left(\frac{\partial^2 s}{\partial r^2}+\frac{1}{r}\frac{\partial s}{\partial r}\right)+K_z\frac{\partial^2 s}{\partial z^2}=S_s\frac{\partial s}{\partial \tau},\quad 0<z<H_0 \tag{4.80}$$

$$s(r,z,0)=0 \tag{4.81}$$

$$s(\infty,z,t)=0 \tag{4.82}$$

$$\frac{\partial}{\partial z}s(r,0,t)=0 \tag{4.83}$$

$$K_z\frac{\partial}{\partial z}s(r,H_0,t)=-\mu\frac{\partial}{\partial t}s(r,H_0,t) \tag{4.84}$$

$$\lim_{r\to 0}\int_0^{H_0} r\frac{\partial s}{\partial r}\mathrm{d}z=-\frac{Q}{2\pi K_r} \tag{4.85}$$

式中：K_r 为水平径向渗透系数；K_z 为垂向渗透系数；S_s 为贮水率；μ 为给水度；H_0 为潜水流初始厚度。

通过积分变换，可求得上述定解问题的解。降深（s）用无量纲参数（β，σ，z_d 和 t_s）表示为

$$s(r,z,t)=\frac{Q}{4\pi T}\int_0^{\infty}4yJ_0(y\beta^{1/2})\left[\omega_0(y)+\sum_{n=1}^{\infty}\omega_n(y)\right]\mathrm{d}y \tag{4.86}$$

其中，

$$\omega_0(y)=\frac{\{1-\exp[-t_s\beta(y^2-\gamma_0^2)]\}\cosh(\gamma_0 z_d)}{\{y^2+(1+\sigma)\gamma_0^2-[(y^2-\gamma_0^2)^2/\sigma]\}\cosh(\gamma_0)} \tag{4.87}$$

$$\omega_n(y)=\frac{\{1-\exp[-t_s\beta(y^2+\gamma_n^2)]\}\cos(\gamma_n z_d)}{\{y^2-(1+\sigma)\gamma_n^2-[(y^2+\gamma_n^2)^2/\sigma]\}\cos(\gamma_n)} \tag{4.88}$$

其中，γ_0，γ_n分别为下列两个方程的根：

$$\sigma\gamma_0\sinh(\gamma_0)-(y^2-\gamma_0^2)\cosh(\gamma_0)=0,\quad \gamma_0^2<y^2 \tag{4.89}$$

$$\sigma\gamma_n\sin(\gamma_n)+(y^2+\gamma_n^2)\cos(\gamma_n)=0 \tag{4.90}$$

$$(2n-1)\frac{\pi}{2}<\gamma_n<n\pi\quad(n\geqslant 1)$$

此处，

$$\sigma = \frac{S}{\mu}, \quad K_d = \frac{K_z}{K_r}, \quad z_d = \frac{z}{H_0}, \quad h_d = \frac{H_0}{r}$$

$$t_s = \frac{Tt}{Sr^2}, \quad t_y = \frac{Tt}{\mu r^2}, \quad \beta = \frac{K_d}{h_d^2} = \frac{r^2 K_z}{H_0^2 K_r}$$

在实际工作中，在完整观测孔所观测到的降深是降深在整个含水层厚度上的平均值 $s(r, t)$。此时，上述解仍可用式（4.86）来表达，只是 $\omega_0(\gamma)$ 和 $\omega_n(\gamma)$ 需要按下式重新定义：

$$\omega_0(\gamma) = \frac{\{1 - \exp[-t_s\beta(\gamma^2 - \gamma_0^2)]\}\tanh(\gamma_0)}{\{\gamma^2 + (1+\sigma)\gamma_0^2 - [(\gamma^2 - \gamma_0^2)^2/\sigma]\}\gamma_0} \tag{4.91}$$

$$\omega_n(\gamma) = \frac{\{1 - \exp[-t_s\beta(\gamma^2 + \gamma_n^2)]\}\tan(\gamma_n)}{\{\gamma^2 - (1+\sigma)\gamma_n^2 - [(\gamma^2 + \gamma_n^2)^2/\sigma]\}\gamma_n} \tag{4.92}$$

式中：tanh 为双曲正切函数符号。

4.4.2.2 Neuman 解的特点

1）降深－时间曲线的特点：解析解描述的降深－时间曲线和抽水过程的三个阶段相一致。图 4.23 反映的是各向同性含水层（$K_d = 1$）中位于距抽水孔等于含水层厚度（$h_d = 1$）处含水层底部（$z_d = 0$）的降深。纵坐标是无量纲降深$\left(s_d = \frac{4\pi T}{Q}s\right)$，横坐标是无量纲时间$\left(t_s = \frac{Tt}{Sr^2}\right)$，六条曲线对应不同的 σ。抽水早期，这些曲线和 Theis 曲线一致，说明此时抽水量基本上来自弹性释水。第二阶段，由于重力排水的影响，曲线和获得越流补给的情况相似。σ 越小，重力排水的作用愈大，这种类似于越流补给的影响愈显著（表现为这个阶段愈长）。随着抽水时间的进一步延长，进入第三阶段，弹性释水的影响完全消失，重力排水已跟得上水位下降，曲线再一次和 Theis 曲线一致。

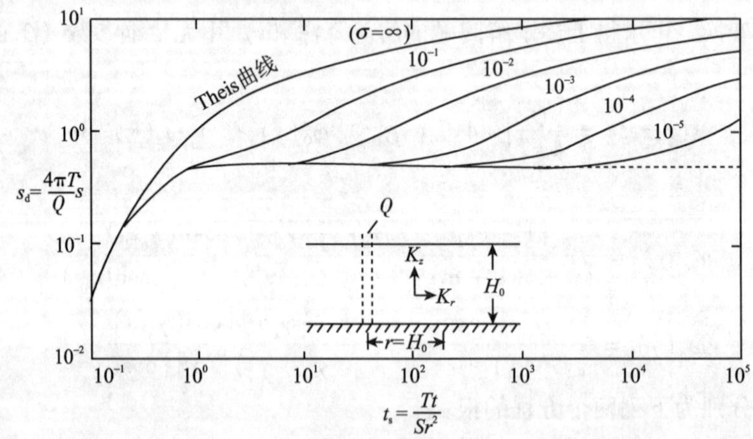

图 4.23　$z_d = 0$，$h_d = 1$ 和 $K_d = 1$，无量纲降深（s_d）与无量纲时间（t_s）关系曲线

（据 S. P. Neuman，1972）

在横轴为无量纲时间 t_y 的图 4.24 上，曲线也反映了抽水的三个阶段。s 愈小（σ 愈小），降深－时间曲线第一阶段所占的时间也愈短。当 σ 趋近于零时，第一阶段就完全消

失了。此时，潜水面以下各点的水头，由于忽略弹性释水的作用，会在抽水开始的那一瞬间突然下降。图 4.23 和图 4.24 说明，虽然潜水含水层的 S_s 和 μ 相比是如此得小，但一般地讲，潜水含水层的弹性释水还不应把它忽略不计。

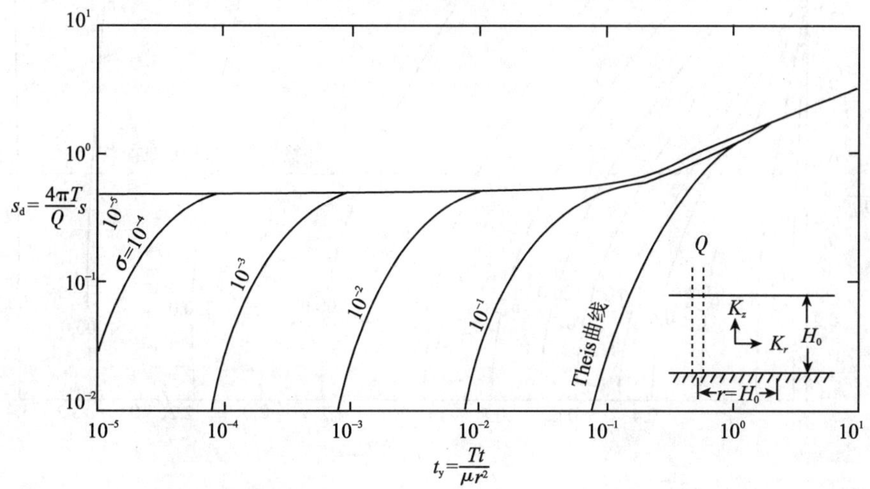

图 4.24 $z_d=0$，$h_d=1$ 和 $K_d=1$，无量纲降深（s_d）与无量纲时间（t_y）关系曲线

（据 S. P. Neuman，1972）

2）降深－时间曲线和观测点在含水层中位置的关系：图 4.25 表示在 $\sigma=10^{-2}$ 的典型情况下，降深－时间曲线和观测点位置（z_d）的关系。从此图可以看出，在抽水早期和中期，潜水面处的降深点小于含水层中任何一点的降深。所谓迟后排水或潜水面迟后反应就是从这个现象引出来的。

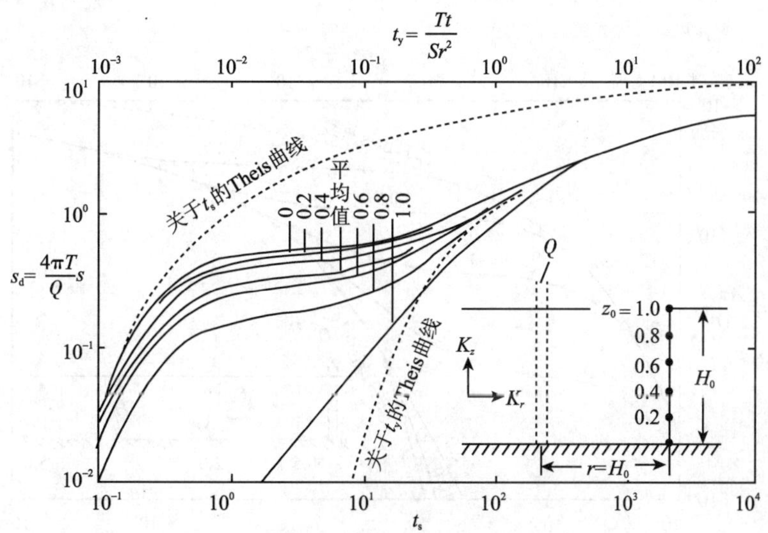

图 4.25 $\sigma=10^{-2}$，$h_d=1$，$K_d=1$ 时，无量纲降深与无量纲时间（t_s，t_y）关系曲线

（据 S. P. Neuman，1972）

3）水流状态变化：$h_d=1$ 的剖面上，不同时刻的降深分布曲线（图 4.26）反映出，抽水早期和后期，降深分布曲线基本上是垂直线，即同一剖面不同深度的降深几乎是相同的，不存在垂向分速度，水流实质上是水平的，和 Dupuit 假设一致。因此，Theis 解成

立，降深－时间曲线分别与有关 S 及 μ 的 Theis 曲线一致。而在中间阶段，含水层上部存在着明显的垂向分速度。

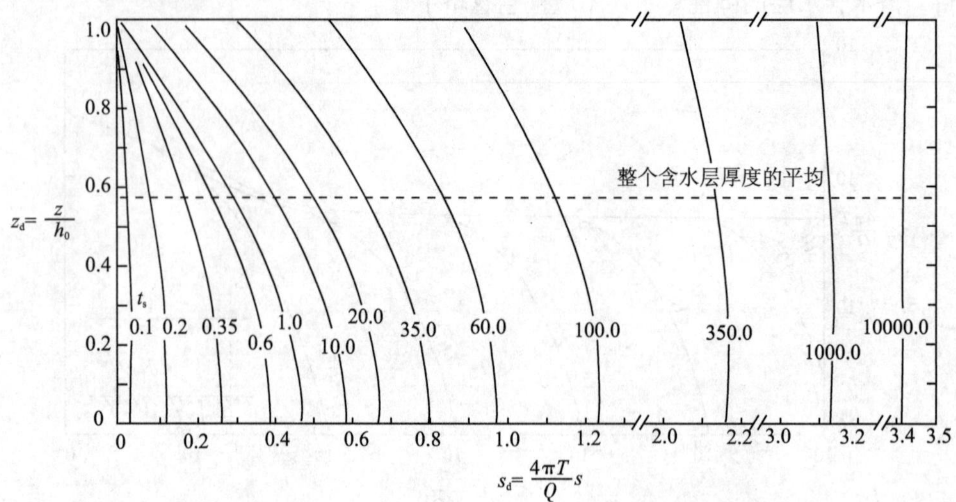

图 4.26　$\sigma=10^{-2}$，$h_d=1$，$K_d=1$ 时，无量纲高程（z_d）与无量纲降深（s_d）关系曲线

（据 S. P. Neuman，1972）

4）降深－时间曲线随径向距离的变化：图 4.27 显示出，在 $z_d=0$ 处距抽水井不同径向距离（r）的点上，降深－时间曲线的形状不同。随着 r 的增大，弹性贮存的作用逐渐减弱。在 $r>10H_0$ 的地段，弹性贮存的影响小到可以完全忽略不计。降深－时间曲线和与 μ 有关的 t_y 的 Theis 曲线一致。

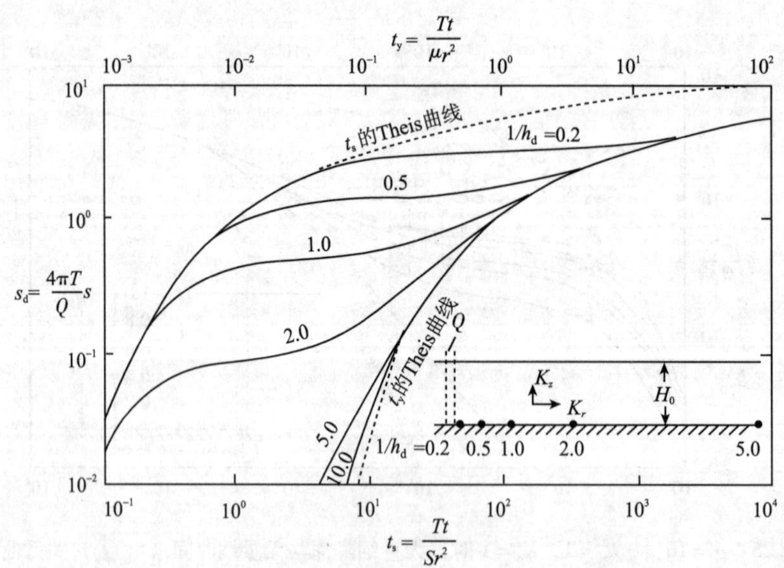

图 4.27　$\sigma=10^{-2}$，$z_d=0$，$K_d=1$ 时，无量纲降深（s_d）与无量纲时间（t_s，t_y）关系曲线

（据 S. P. Neuman，1972）

从图中还可以看出，潜水面迟后反映也随 r 的增大减弱了。因此，前面讨论的降深－时间曲线的三个阶段，只是在 r 不大的情况下才会明显地表现出来。

5）各向异性对降深－时间曲线的影响：图4.28证实，在各向异性介质中，K_d 愈小，水平速度愈大，因而弹性释水作用和迟后反映愈明显。

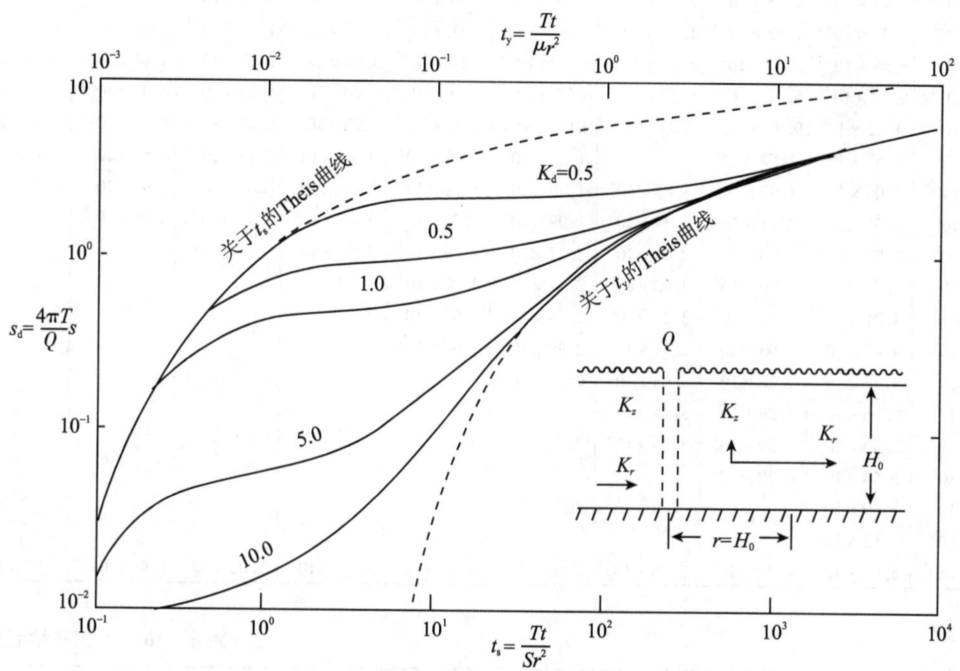

图4.28　$\sigma=10^{-2}$，$z_d=0$，$h_d=1$ 时，无量纲降深（s_d）与无量纲时间（t_s，t_y）关系曲线

（据S. P. Neuman，1972）

4.4.2.3　利用抽水实验资料确定水文地质参数

（1）配线法

当抽水井和观测孔都是完整井时，由式（4.86）确定的观测孔中的降深 $s(r, t)$ 包括三个独立的无量纲参数 σ，β 和 t_s（或 t_y）。一般地讲，它们不能绘在一张图纸上。为了便于作图，必须减少独立参数的个数。为此，设 S 远小于 μ，令 $\sigma=0$，使独立参数减为两个，得到两组标准曲线，分别称为 A 组标准曲线（表示于图4.29、附图6的左侧）和 B 组标准曲线（表示于图4.29、附图6的右侧）。与 A 组标准曲线对应的坐标 t_s 标在图的上端；与 B 组标准曲线对应的坐标 t_y 标在图的下端。它们分别用来分析抽水早期和后期的降深资料。A 组曲线的右边部分和 B 组曲线的左边部分都趋近于一组水平的渐近线。当 $\sigma\to 0$ 时，两组标准曲线彼此相距无限远的距离。为此，必须采用不同的尺度（一个与 t_s 对应，一个与 t_y 对应）作图，才能把它们绘在一张图纸上。表4.10列出了两组标准曲线的数据。

利用标准曲线确定有关参数的步骤如下。

1）将观测孔中不同时刻的实测降深资料点在透明双对数坐标纸上，绘制 $s-t$ 曲线；

2）把 $s-t$ 曲线重叠在 B 组曲线上，保持对应坐标轴平行，使后期 $s-t$ 曲线和 B 组曲线中某一曲线最优地重合，记下该曲线的 β 值。在重叠部位任选一匹配点，读出相应坐标 s，t，s_d 和 t_y，代入下式计算有关参数：

表 4.10a　完整井绘制标准

t_s	$\beta=0.001$	$\beta=0.004$	$\beta=0.01$	$\beta=0.03$	$\beta=0.06$	$\beta=0.1$	$\beta=0.2$	$\beta=0.4$	$\beta=0.6$
1×10^{-1}	2.48×10^{-2}	2.43×10^{-2}	2.41×10^{-2}	2.35×10^{-2}	2.30×10^{-2}	2.24×10^{-2}	2.14×10^{-2}	1.99×10^{-2}	1.88×10^{-2}
2×10^{-1}	1.45×10^{-1}	1.42×10^{-1}	1.40×10^{-1}	1.36×10^{-1}	1.31×10^{-1}	1.27×10^{-1}	1.19×10^{-1}	1.08×10^{-1}	9.88×10^{-2}
3.5×10^{-1}	3.58×10^{-1}	3.52×10^{-1}	3.45×10^{-1}	3.31×10^{-1}	3.18×10^{-1}	3.04×10^{-1}	2.79×10^{-1}	2.44×10^{-1}	2.17×10^{-1}
6×10^{-1}	6.62×10^{-1}	6.48×10^{-1}	6.33×10^{-1}	6.01×10^{-1}	5.70×10^{-1}	5.40×10^{-1}	4.83×10^{-1}	4.03×10^{-1}	3.43×10^{-1}
1×10^{0}	1.02×10^{0}	9.92×10^{-1}	9.63×10^{-1}	9.05×10^{-1}	8.49×10^{-1}	7.92×10^{-1}	6.88×10^{-1}	5.42×10^{-1}	4.38×10^{-1}
2×10^{0}	1.57×10^{0}	1.52×10^{0}	1.46×10^{0}	1.35×10^{0}	1.23×10^{0}	1.12×10^{0}	9.18×10^{-1}	6.59×10^{-1}	4.97×10^{-1}
3.5×10^{0}	2.05×10^{0}	1.97×10^{0}	1.88×10^{0}	1.70×10^{0}	1.51×10^{0}	1.34×10^{0}	1.03×10^{0}	6.90×10^{-1}	5.07×10^{-1}
6×10^{0}	2.52×10^{0}	2.41×10^{0}	2.27×10^{0}	1.99×10^{0}	1.73×10^{0}	1.47×10^{0}	1.07×10^{0}	6.96×10^{-1}	
1×10^{1}	2.97×10^{0}	2.80×10^{0}	2.61×10^{0}	2.22×10^{0}	1.85×10^{0}	1.53×10^{0}	1.08×10^{0}		
2×10^{1}	3.56×10^{0}	3.30×10^{0}	3.00×10^{0}	2.41×10^{0}	1.92×10^{0}	1.55×10^{0}			
3.5×10^{1}	4.01×10^{0}	3.65×10^{0}	3.23×10^{0}	2.48×10^{0}	1.93×10^{0}				
6×10^{1}	4.42×10^{0}	3.93×10^{0}	3.37×10^{0}	2.49×10^{0}	1.94×10^{0}				
1×10^{2}	4.77×10^{0}	4.12×10^{0}	3.43×10^{0}	2.50×10^{0}					
2×10^{2}	5.16×10^{0}	4.26×10^{0}	3.45×10^{0}						
3.5×10^{2}	5.40×10^{0}	4.29×10^{0}	3.46×10^{0}						
6×10^{2}	5.54×10^{0}	4.30×10^{0}							
1×10^{3}	5.59×10^{0}								
2×10^{3}	5.62×10^{0}								
3.5×10^{3}	5.62×10^{0}	4.30×10^{0}	3.46×10^{0}	2.50×10^{0}	1.94×10^{0}	1.55×10^{0}	1.08×10^{0}	6.96×10^{-1}	5.07×10^{-1}

表 4.10b　完整井绘制标准

t_y	$\beta=0.001$	$\beta=0.004$	$\beta=0.01$	$\beta=0.03$	$\beta=0.06$	$\beta=0.1$	$\beta=0.2$	$\beta=0.4$	$\beta=0.6$
1×10^{-4}	5.62×10^{0}	4.30×10^{0}	3.46×10^{0}	2.50×10^{0}	1.94×10^{0}	1.56×10^{0}	1.09×10^{0}	6.97×10^{-1}	5.08×10^{-1}
2×10^{-4}									
3.5×10^{-4}									
6×10^{-4}									
1×10^{-3}								6.97×10^{-1}	5.08×10^{-1}
2×10^{-3}								6.97×10^{-1}	5.09×10^{-1}
3.5×10^{-3}								6.98×10^{-1}	5.10×10^{-1}
6×10^{-3}								7.00×10^{-1}	5.12×10^{-1}
1×10^{-2}								7.03×10^{-1}	5.16×10^{-1}
2×10^{-2}						1.56×10^{0}	1.09×10^{0}	7.10×10^{-1}	5.24×10^{-1}
3.5×10^{-2}					1.94×10^{0}	1.56×10^{0}	1.10×10^{0}	7.20×10^{-1}	5.37×10^{-1}
6×10^{-2}				2.50×10^{0}	1.95×10^{0}	1.57×10^{0}	1.11×10^{0}	7.37×10^{-1}	5.57×10^{-1}
1×10^{-1}				2.51×10^{0}	1.96×10^{0}	1.58×10^{0}	1.13×10^{0}	7.63×10^{-1}	5.89×10^{-1}
2×10^{-1}	5.62×10^{0}	4.30×10^{0}	3.46×10^{0}	2.52×10^{0}	1.98×10^{0}	1.61×10^{0}	1.18×10^{0}	8.29×10^{-1}	6.67×10^{-1}
3.5×10^{-1}	5.63×10^{0}	4.31×10^{0}	3.47×10^{0}	2.54×10^{0}	2.01×10^{0}	1.66×10^{0}	1.24×10^{0}	9.22×10^{-1}	7.80×10^{-1}
6×10^{-1}	5.63×10^{0}	4.31×10^{0}	3.49×10^{0}	2.57×10^{0}	2.06×10^{0}	1.73×10^{0}	1.35×10^{0}	1.07×10^{0}	9.54×10^{-1}
1×10^{0}	5.63×10^{0}	4.32×10^{0}	3.51×10^{0}	2.62×10^{0}	2.13×10^{0}	1.83×10^{0}	1.50×10^{0}	1.29×10^{0}	1.20×10^{0}
2×10^{0}	5.64×10^{0}	4.35×10^{0}	3.56×10^{0}	2.73×10^{0}	2.31×10^{0}	2.07×10^{0}	1.85×10^{0}	1.72×10^{0}	1.68×10^{0}
3.5×10^{0}	5.65×10^{0}	4.38×10^{0}	3.63×10^{0}	2.88×10^{0}	2.55×10^{0}	2.37×10^{0}	2.23×10^{0}	2.17×10^{0}	2.15×10^{0}
6×10^{0}	5.67×10^{0}	4.44×10^{0}	3.74×10^{0}	3.11×10^{0}	2.86×10^{0}	2.75×10^{0}	2.68×10^{0}	2.66×10^{0}	2.65×10^{0}
1×10^{1}	5.70×10^{0}	4.52×10^{0}	3.90×10^{0}	3.40×10^{0}	3.24×10^{0}	3.18×10^{0}	3.15×10^{0}	3.14×10^{0}	3.14×10^{0}
2×10^{1}	5.76×10^{0}	4.71×10^{0}	4.22×10^{0}	3.92×10^{0}	3.85×10^{0}	3.83×10^{0}	3.82×10^{0}	3.82×10^{0}	3.82×10^{0}
3.5×10^{1}	5.85×10^{0}	4.94×10^{0}	4.58×10^{0}	4.40×10^{0}	4.38×10^{0}	4.38×10^{0}	4.37×10^{0}	4.37×10^{0}	4.37×10^{0}
6×10^{1}	5.99×10^{0}	5.23×10^{0}	5.00×10^{0}	4.92×10^{0}	4.91×10^{0}	4.91×10^{0}	4.91×10^{0}	4.91×10^{0}	4.91×10^{0}
1×10^{2}	6.16×10^{0}	5.59×10^{0}	5.46×10^{0}	5.42×10^{0}	5.42×10^{0}	5.42×10^{0}	5.42×10^{0}	5.42×10^{0}	5.42×10^{0}

曲线 ***A*** 的 s_d 数值表

$\beta=0.8$	$\beta=1.0$	$\beta=1.5$	$\beta=2.0$	$\beta=2.5$	$\beta=3.0$	$\beta=4.0$	$\beta=5.0$	$\beta=6.0$	$\beta=7.0$
1.79×10^{-2}	1.70×10^{-2}	1.53×10^{-2}	1.38×10^{-2}	1.25×10^{-2}	1.13×10^{-2}	9.33×10^{-3}	7.72×10^{-3}	6.39×10^{-3}	5.30×10^{-2}
9.15×10^{-2}	8.49×10^{-2}	7.13×10^{-2}	6.03×10^{-2}	5.11×10^{-2}	4.35×10^{-2}	3.17×10^{-2}	2.34×10^{-2}	1.74×10^{-2}	1.31×10^{-2}
1.94×10^{-1}	1.75×10^{-1}	1.36×10^{-1}	1.07×10^{-1}	8.46×10^{-2}	6.78×10^{-2}	4.45×10^{-2}	3.02×10^{-2}	2.10×10^{-2}	1.51×10^{-2}
2.96×10^{-1}	2.56×10^{-1}	1.82×10^{-1}	1.33×10^{-1}	1.01×10^{-1}	7.67×10^{-2}	4.76×10^{-2}	3.13×10^{-2}	2.14×10^{-2}	1.52×10^{-2}
3.60×10^{-1}	3.00×10^{-1}	1.99×10^{-1}	1.40×10^{-1}	1.03×10^{-1}	7.79×10^{-2}	4.78×10^{-2}		2.15×10^{-2}	
3.91×10^{-1}	3.17×10^{-1}	2.03×10^{-1}	1.41×10^{-1}						
3.94×10^{-1}									
3.94×10^{-1}	3.17×10^{-1}	2.03×10^{-1}	1.41×10^{-1}	1.03×10^{-1}	7.79×10^{-2}	4.78×10^{-2}	3.13×10^{-2}	2.15×10^{-2}	1.52×10^{-2}

（据 S. P. Neuman, 1972）

曲线 ***B*** 的 s_d 数值表

$\beta=0.8$	$\beta=1.0$	$\beta=1.5$	$\beta=2.0$	$\beta=2.5$	$\beta=3.0$	$\beta=4.0$	$\beta=5.0$	$\beta=6.0$	$\beta=7.0$
3.95×10^{-1}	3.18×10^{-1}	2.04×10^{-1}	1.42×10^{-1}	1.03×10^{-1}	7.80×10^{-2}	4.79×10^{-2}	1.14×10^{-2}	2.15×10^{-2}	1.53×10^{-2}
					7.81×10^{-2}	4.80×10^{-2}	3.15×10^{-2}	2.16×10^{-2}	1.53×10^{-2}
				1.03×10^{-1}	7.83×10^{-2}	4.81×10^{-2}	3.16×10^{-2}	2.17×10^{-2}	1.54×10^{-2}
				1.04×10^{-1}	7.85×10^{-2}	4.84×10^{-2}	3.18×10^{-2}	2.19×10^{-2}	1.56×10^{-2}
3.95×10^{-1}	3.18×10^{-1}	2.04×10^{-1}	1.42×10^{-1}	1.04×10^{-1}	7.89×10^{-2}	4.88×10^{-2}	3.21×10^{-2}	2.21×10^{-2}	1.58×10^{-2}
3.96×10^{-1}	3.19×10^{-1}	2.05×10^{-1}	1.43×10^{-1}	1.05×10^{-1}	7.99×10^{-2}	4.96×10^{-2}	3.29×10^{-2}	2.28×10^{-2}	1.64×10^{-2}
3.97×10^{-1}	3.21×10^{-1}	2.07×10^{-1}	1.45×10^{-1}	1.07×10^{-1}	8.14×10^{-2}	5.09×10^{-2}	3.41×10^{-2}	2.39×10^{-2}	1.73×10^{-2}
3.99×10^{-1}	3.23×10^{-1}	2.09×10^{-1}	1.47×10^{-1}	1.09×10^{-1}	8.38×10^{-2}	5.32×10^{-2}	3.61×10^{-2}	2.57×10^{-2}	1.89×10^{-2}
4.03×10^{-1}	3.27×10^{-1}	2.13×10^{-1}	1.52×10^{-1}	1.13×10^{-1}	8.79×10^{-2}	5.68×10^{-2}	3.93×10^{-2}	2.86×10^{-2}	2.15×10^{-2}
4.12×10^{-1}	3.37×10^{-1}	2.24×10^{-1}	1.62×10^{-1}	1.24×10^{-1}	9.80×10^{-2}	6.61×10^{-2}	4.78×10^{-2}	3.62×10^{-2}	2.84×10^{-2}
4.25×10^{-1}	3.50×10^{-1}	2.39×10^{-1}	1.78×10^{-1}	1.39×10^{-1}	1.13×10^{-1}	8.06×10^{-2}	6.12×10^{-2}	4.86×10^{-2}	3.98×10^{-2}
4.47×10^{-1}	3.74×10^{-1}	2.65×10^{-1}	2.05×10^{-1}	1.66×10^{-1}	1.40×10^{-1}	1.06×10^{-1}	8.53×10^{-2}	7.14×10^{-2}	6.14×10^{-2}
4.83×10^{-1}	4.12×10^{-1}	3.07×10^{-1}	2.48×10^{-1}	2.10×10^{-1}	1.84×10^{-1}	1.49×10^{-1}	1.28×10^{-1}	1.13×10^{-1}	1.02×10^{-1}
5.71×10^{-1}	5.06×10^{-1}	4.10×10^{-1}	3.57×10^{-1}	3.23×10^{-1}	2.98×10^{-1}	2.66×10^{-1}	2.45×10^{-1}	2.31×10^{-1}	2.20×10^{-1}
6.97×10^{-1}	6.42×10^{-1}	5.62×10^{-1}	5.17×10^{-1}	4.89×10^{-1}	4.70×10^{-1}	4.45×10^{-1}	4.30×10^{-1}	4.19×10^{-1}	4.11×10^{-1}
8.89×10^{-1}	8.50×10^{-1}	7.92×10^{-1}	7.63×10^{-1}	7.45×10^{-1}	7.33×10^{-1}	7.18×10^{-1}	7.09×10^{-1}	7.03×10^{-1}	6.99×10^{-1}
1.16×10^{0}	1.13×10^{0}	1.10×10^{0}	1.08×10^{0}	1.07×10^{0}	1.07×10^{0}	1.06×10^{0}	1.06×10^{0}	1.05×10^{0}	1.05×10^{0}
1.66×10^{0}	1.65×10^{0}	1.64×10^{0}	1.63×10^{0}	1.63×10^{0}	1.63×10^{0}	1.63×10^{0}	1.63×10^{0}	1.63×10^{0}	1.63×10^{0}
2.15×10^{0}	2.14×10^{0}	2.14×10^{0}	2.14×10^{0}	2.14×10^{0}	2.14×10^{0}	2.14×10^{0}	2.14×10^{0}	2.14×10^{0}	2.14×10^{0}
2.65×10^{0}	2.65×10^{0}	2.65×10^{0}	2.64×10^{0}	2.64×10^{0}	2.64×10^{0}	2.64×10^{0}	2.64×10^{0}	2.64×10^{0}	2.64×10^{0}
3.14×10^{0}	3.14×10^{0}	3.14×10^{0}	3.14×10^{0}	3.14×10^{0}	3.14×10^{0}	3.14×10^{0}	3.14×10^{0}	3.14×10^{0}	3.14×10^{0}
3.82×10^{0}	3.82×10^{0}	3.82×10^{0}	3.82×10^{0}	3.82×10^{0}	3.82×10^{0}	3.82×10^{0}	3.82×10^{0}	3.82×10^{0}	3.82×10^{0}
4.37×10^{0}	4.37×10^{0}	4.37×10^{0}	4.37×10^{0}	4.37×10^{0}	4.37×10^{0}	4.37×10^{0}	4.37×10^{0}	4.37×10^{0}	4.37×10^{0}
4.91×10^{0}	4.91×10^{0}	4.91×10^{0}	4.91×10^{0}	4.91×10^{0}	4.91×10^{0}	4.91×10^{0}	4.91×10^{0}	4.91×10^{0}	4.91×10^{0}
5.42×10^{0}	5.42×10^{0}	5.42×10^{0}	5.42×10^{0}	5.42×10^{0}	5.42×10^{0}	5.42×10^{0}	5.42×10^{0}	5.42×10^{0}	5.42×10^{0}

（据 S. P. Neuman, 1972）

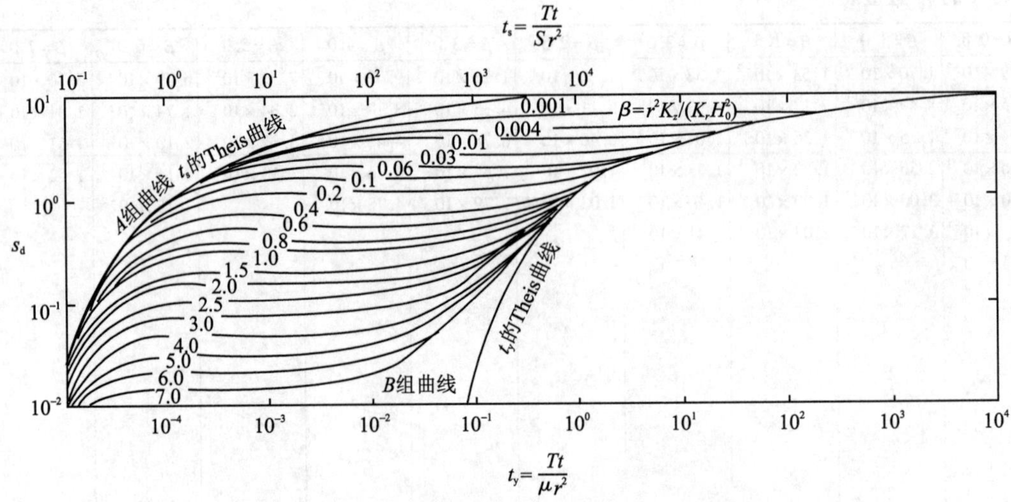

图 4.29　潜水含水层完整井定流量抽水时的标准曲线

（据 S. P. Neuman，1972）

$$T = \frac{1}{4}\frac{Q[s_d]}{\pi[s]} = 0.08\frac{Q[s_d]}{[s]},\quad \mu = \frac{T[t]}{r^2[t_y]} \tag{4.93}$$

3）类似第2）步，使早期 $s-t$ 曲线和 A 组曲线中某一曲线最优地重合。此曲线的 β 值应和第2）步所得 β 值相同；否则，这两步要重做。在重叠部位任选一匹配点，读出相应坐标 s，t，s_d 和 t_s。代入式（4.93）和下式计算有关参数。两次求得的 T 值应大致相近。

$$S = \frac{T[t]}{r^2[t_s]} \tag{4.94}$$

4）确定了导水系数后，由下式计算径向渗透系数：

$$K_r = \frac{T}{H_0} \tag{4.95}$$

并由下式计算 K_d：

$$K_d = \beta\frac{H_0^2}{r^2} \tag{4.96}$$

根据 β 值确定各向异性的主渗透系数的比值（K_d）。已知 K_r 和 K_d 后，还可由下式确定垂向渗透系数（K_z）：

$$K_z = K_rK_d \tag{4.97}$$

σ 值则由下式确定：

$$\sigma = \frac{S}{\mu} \tag{4.98}$$

上法只适用于完整观测孔。对于非完整观测孔，首先需要为此观测孔计算出两组（A 组和 B 组）特定的标准曲线的数据，并据此绘成曲线，其他步骤则和完整观测孔相似。

（2）直线图解法

把表4.10中的数据点绘在一张单对数坐标纸上（图4.30），则抽水后期的数据落在直线

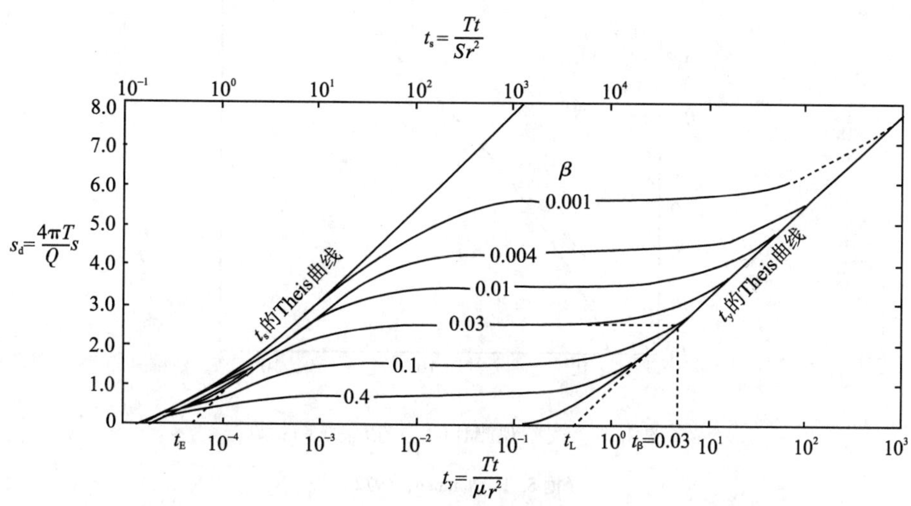

图4.30　完整观测孔无量纲降深-无量纲时间的半对数曲线

（据S. P. Neuman，1972）

$$s_d = 2.3\lg(2.25t_y) \tag{4.99}$$

上，中期的数据则位于一条水平直线上，某些早期的数据则落在直线

$$s_d = 2.3\lg(2.25t_s) \tag{4.100}$$

的附近。利用上述性质确定有关参数的步骤如下：

1）将实测 $s-t$ 数据点在单对数坐标纸上；

2）后期的 $s-t$ 数据应位于一条直线上，量得此直线段的斜率为 i_L，延长此直线段，读得它在 $s_d=0$ 的横坐标上的截距为 t_L。于是可按下式计算导水系数和给水度：

$$T = \frac{2.3Q}{4\pi i_L} = 0.183\frac{Q}{i_L},\quad \mu = \frac{2.25Tt_L}{r^2} \tag{4.101}$$

3）将实测曲线中间的水平直线段向右延长，和后期直线（或其延长线）交于一点。读得此点的横坐标为 t_β。然后根据上一步求得的 T 和 μ，由下式计算相应的 $t_{y\beta}$ 值：

$$t_{y\beta} = \frac{Tt_\beta}{\mu r^2} \tag{4.102}$$

于是从图4.31可直接读出 β 值。如 β 在4.0～100.0之间，则可由下式计算 β 值：

$$\beta = \frac{0.195}{t_{y\beta}^{1.1053}} \tag{4.103}$$

4）如果实测 $s-t$ 曲线的早期部分也出现直线段，而且和后期部分的直线段彼此平行，则可用下述方法确定 T 和 S；否则，不能用这一步，仍需通过配线法确定参数。

量出早期直线段的斜率（i_L），延长此直线段，读得它在 $s_d=0$ 的横轴上的截距（t_E）。然后按下式计算有关参数：

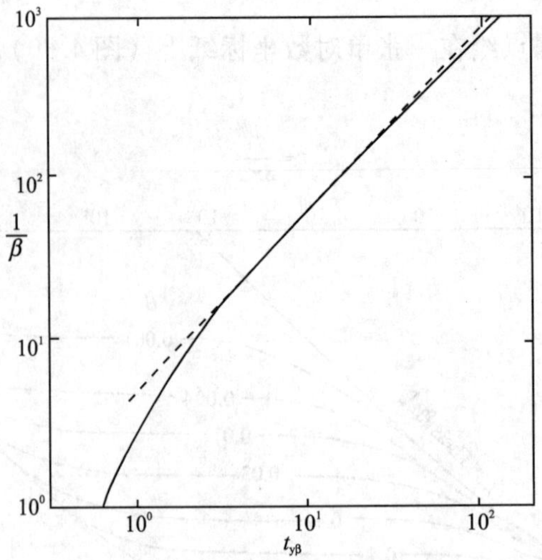

图 4.31　完整观测孔的$\frac{1}{\beta}$与 $t_{y\beta}$ 关系曲线

（据 S. P. Neuman，1972）

$$T = 0.183\frac{Q}{i_E},\ S = \frac{2.25Tt_E}{r^2} \tag{4.104}$$

这一步和第 2）步确定的两个 T 值应大致相等。

5）根据式（4.95）~式（4.98）计算 K_r，K_d，K_z 和 σ。σ 值也可由下式确定：

$$\sigma = \frac{t_E}{t_L} \tag{4.105}$$

（3）恢复水位法

Neuman 模型不述及非饱和带水运动理论，仅仅把自由面视为可移动边界，故不论潜水面上升还是下降，式（4.86）都可应用。因此，可以根据抽水井或观测孔的水位恢复资料确定含水层的导水系数。设 t_p 为抽水持续时间，t'为从停泵开始算起的水位恢复时间。绘制 $s' - \lg\left(1 + \frac{t_p}{t'}\right)$曲线（$s'$为剩余降深），在 $1 + \frac{t_p}{t'}$较小，即恢复时间较长的情况下，会出现直线段。根据此直线段的斜率，可由式（4.101）计算导水系数。

最后应指出，式（4.86）是在潜水面下降远小于含水层厚度（H_0）的情况下导出的。如不满足上述条件，应该用式（4.66）对降深修正。式（4.66）是在 Dupuit 假设前提下导出的。但由于潜水面迟后反应，含水层中的水流不能始终保持 Dupuit 假设。因此，只能对后期抽水数据用式（4.66）修正。

思考题

1. Theis 公式的假设条件是什么？它的应用有没有局限性？
2. 有人说降深和时间关系为一对数曲线 $s = a + b\lg t$，您认为有根据吗？
3. 单对数纸上的水位恢复直线 $s' = f\left(1 + \frac{t_p}{t}\right)$是否应该通过坐标原点？为什么？

4. 式（4. 33）的假设条件是什么？有何局限性？

5. 如果抽水含水层位于隔水层之上，它上面被一本身贮存有水、且释放问题不能忽略不计的弱透水层覆盖时，如何计算？请写出有关公式。

6. Boulton 模型的基本假设是什么？理论解释上有何困难？试评述。

7. 如何理解 Neuman 的迟后排水概念？

8. 为了求得潜水含水层的给水度（μ），对抽水试验的延续时间有什么要求？

第5章　地下水向边界附近井的运动

在自然界中，任何含水层的分布都是有限的。当边界距抽水井较远，且抽水时间较短，在抽水过程中边界对抽水井不发生明显影响时，就可当作无限含水层来处理。但当井打在边界附近，或在长期抽水情况下，边界对水流有明显影响时，就必须考虑边界的存在。

边界基本上分为补给边界（供水边界）和隔水边界（不透水边界）两类。属于哪一类边界，要根据具体水文地质条件来确定。

实际的边界常常是弯曲的、不规则的。为便于计算，常把它简化成直线，并把含水层的分布范围简化成规则的几何形状。

5.1　镜像法原理及直线边界附近的井流

5.1.1　镜像法原理

如在平面镜前放一物体，镜中就有一虚像存在。物体和虚像的位置对镜子是对称的，形状是相同的。为此，把直线边界想象成一面镜子，若边界附近存在着工作的真实的井（称为实井），相应地在边界的另一侧会映出一口虚构的井（称为虚井）。为了将有界井流问题化为无界井流问题，且变化后保持原问题的边界性质不变，虚井应有下列特征：

1）虚井和实井的位置对边界是对称的。

2）虚井和实井的流量相等。

3）虚井性质取决于边界性质，对于定水头补给边界，虚井性质和实井相反，如实井为抽水井，则虚井为注水井；对于隔水边界，虚井和实井性质相同，都是抽水井。

4）虚井的工作时间和实井相同。

边界的影响可用虚井的影响来代替，把实际上有界的渗流区化为虚构的无限渗流区，把求解边界附近的单井抽水问题，化为求解无限含水层中实井和虚井同时抽（注）水问题。但要求仍保持原有的其他边界条件和水流状态。利用叠加原理，可求得原问题的解。数学上可以证明这是合理的。这样，利用虚井把有界含水层的解和无界含水层的解联系起来，后者有现成的解析解，因此有界含水层的求解就比较容易了，这种方法称为镜像法或映射法。

5.1.2 直线边界附近的井流

5.1.2.1 稳定流

（1）直线补给边界附近的稳定井流

先考虑承压水井。设抽水井的流量为 Q，井中心至边界的垂直距离为 a，则在边界的另一侧 $-a$ 的位置上映出一口流量为 $-Q$ 的注水井（图5.1）。因为承压水的降深（s）为

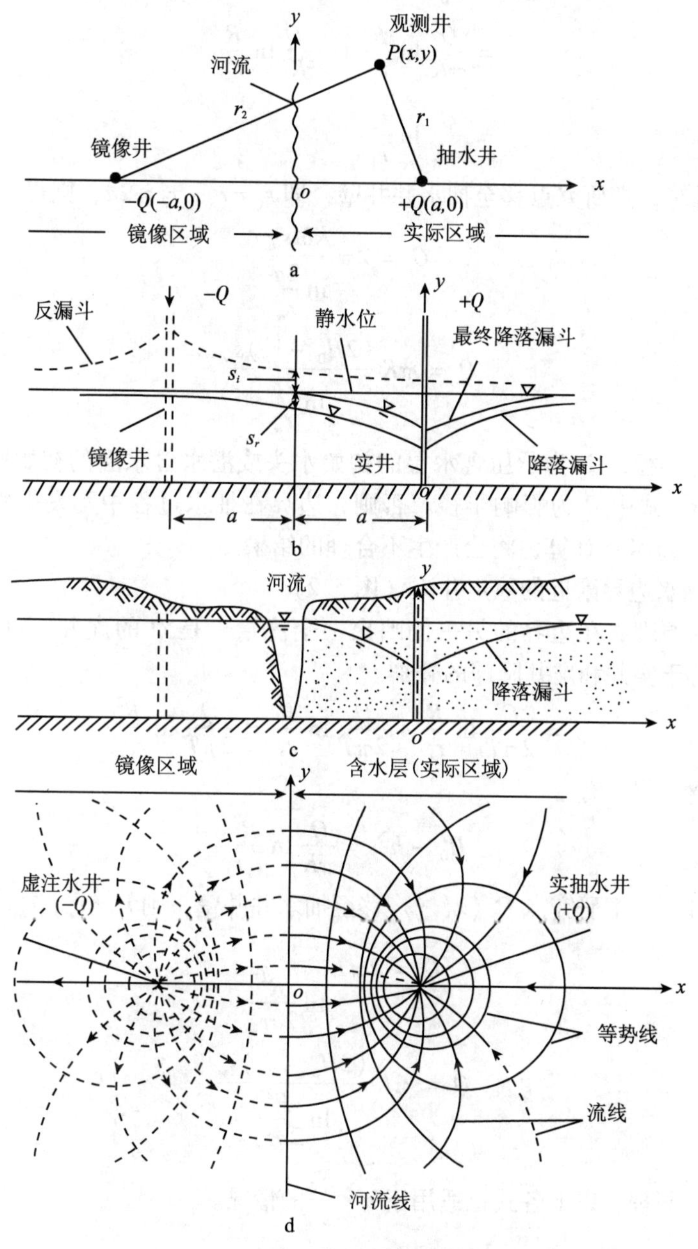

图5.1 直线补给边界附近的稳定井流

（据J. Bear，1979）

线性函数，故可进行叠加。

$$s = s_1 + (-s_2) = \frac{Q}{2\pi T}\ln\frac{R}{r_1} + \frac{-Q}{2\pi T}\ln\frac{R}{r_2} = \frac{Q}{2\pi T}\ln\frac{r_2}{r_1} \tag{5.1}$$

式中：s 为边界附近任一点 P（x，y）的降深值；s_1 为由实井引起的降深；s_2 为由虚井引起的降深；$r_1 = \sqrt{(x-a)^2 + y^2}$为研究点至实井的距离；$r_2 = \sqrt{(x+a)^2 + y^2}$为研究点至虚井的距离。相应的流网表示在图 5.1d 中。

对于潜水含水层，s 不是线性函数，不能进行叠加。但 $h^2/2$ 是线性函数，故有

$$\begin{aligned}\Delta h^2 = H_0^2 - h^2 &= \Delta h_1^2 + (-\Delta h_2^2) \\ &= \frac{Q}{\pi K}\ln\frac{R}{r_1} + \frac{-Q}{\pi K}\ln\frac{R}{r_2} \\ &= \frac{Q}{\pi K}\ln\frac{r_2}{r_1}\end{aligned} \tag{5.2}$$

为了便于计算，把研究点移至抽水井井壁，即 $r_1 = r_w$，$r_2 \simeq 2a$，则得

承压水：

$$Q = 2\pi\frac{KMs_w}{\ln\frac{2a}{r_w}} \tag{5.3}$$

潜水：

$$Q = \pi K\frac{(2H_0 - s_w)s_w}{\ln\frac{2a}{r_w}} \tag{5.4}$$

式中：r_w 为水井半径；H_0 为承压含水层的初始水头或潜水含水层的初始厚度。上述推导的前提是 $2a < R$，式中 R 为影响半径。否则，边界在抽水过程中不发生影响，如果仍用式（5.3）和式（5.4）计算，将会产生不合理的结果。

（2）直线隔水边界附近的稳定井流（图 5.2）

根据镜像法原理，在边界的另一侧映出一个流量也是 Q 的虚井。对于承压含水层，该情况下降深等于实井和虚井降深的叠加。

$$s = \frac{Q}{2\pi T}\ln\frac{R}{r_1} + \frac{Q}{2\pi T}\ln\frac{R}{r_2} = \frac{Q}{2\pi T}\ln\frac{R^2}{r_1 r_2} \tag{5.5}$$

对于潜水含水层，有

$$H_0^2 - h^2 = \frac{Q}{\pi K}\ln\frac{R^2}{r_1 r_2} \tag{5.6}$$

为了便于计算，把研究点 P（x，y）移至抽水井井壁，则 $r_1 = r_w$，$r_2 \simeq 2a$，得

承压水：

$$Q = 2\pi T\frac{s_w}{\ln\frac{R^2}{2ar_w}} \tag{5.7}$$

潜水：

$$Q = \pi K\frac{(2H_0 - s_w)s_w}{\ln\frac{R^2}{2ar_w}} \tag{5.8}$$

式中符号同前。同理，以上各式也适用于 $a < \frac{R_0}{2}$的情况。

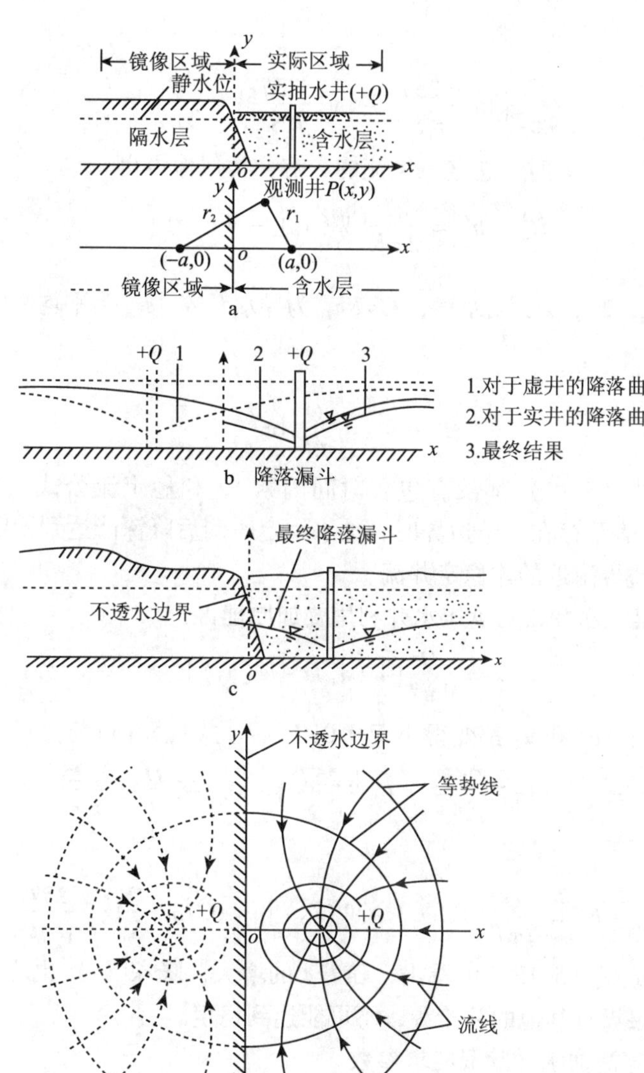

图 5.2 直线隔水边界附近的稳定井流

（据 J. Bear，1979）

5.1.2.2 非稳定流

（1）直线补给边界附近的非稳定井流

和稳定流的情况相似，虚井是流量为 $-Q$ 的注水井，利用叠加原理，对承压水井可得

$$s = \frac{Q}{4\pi T}[W(u_1) - W(u_2)] \tag{5.9}$$

其中，

$$u_i = \frac{r_i^2 S}{4Tt} \quad (i = 1,2)$$

当抽水时间（t）延长到一定程度，使 u_1 和 u_2 均小于 0.01 时，则可利用 Jacob 近似公式，

于是式（5.9）变为

$$s = \frac{Q}{4\pi T}\left(\ln\frac{2.25Tt}{r_1^2 S} - \ln\frac{2.25Tt}{r_2^2 S}\right) = \frac{Q}{2\pi T}\ln\frac{r_2}{r_1} \tag{5.10}$$

对于潜水，当降深不大时，忽略三维流的影响，类似地可得

$$H_0^2 - h^2 = \frac{Q}{2\pi K}[W(u_1) - W(u_2)] \tag{5.11}$$

式中：$u_i = \frac{r_i^2\mu}{4Tt}$（$i=1$，2），$\mu$ 为给水度，$T = Kh_m$ 为导水系数（h_m 为平均厚度）。当 $u \leqslant 0.01$ 时有

$$H_0^2 - h^2 = \frac{Q}{\pi K}\ln\frac{r_2}{r_1} \tag{5.12}$$

式（5.11）和式（5.12）都没有包含时间因素 t，和稳定流公式（式（5.1）和式（5.2））完全相同，表示存在补给边界时，抽水一定时间后降深能达到稳定。

（2）直线隔水边界附近的非稳定井流

该情况下虚井是抽水井，对承压水井利用叠加原理得

$$s = \frac{Q}{4\pi T}[W(u_1) + W(u_2)] \tag{5.13}$$

随着抽水时间的延长，u_1 和 u_2 都变得小于 0.01 以后，式（5.13）变为

$$s = \frac{Q}{4\pi T}\left(\ln\frac{2.25Tt}{r_1^2 S} + \ln\frac{2.25Tt}{r_2^2 S}\right) = 0.366\frac{Q}{T}\lg\frac{2.25Tt}{r_1 r_2 S} \tag{5.14}$$

对于潜水则有

$$H_0^2 - h^2 = \frac{Q}{2\pi K}[W(u_1) + W(u_2)] = 0.732\frac{Q}{K}\lg\frac{2.25Tt}{r_1 r_2 \mu} \tag{5.15}$$

由式（5.14）或式（5.15）可看出，随着 t 的增大，降深（s）也增大。因此，隔水边界附近的井流如果没有其他的补给源，不可能达到稳定。

（3）根据非稳定流抽水试验资料求参数

求参数的方法，一般仍用直线图解法和配线法。应用配线法时，要根据抽水井和观测孔的位置绘制特定的标准曲线。

下面举一个特定标准曲线的例子，即当观测孔位于抽水井到边界的垂直线上。若抽水井至边界的距离为 a，至观测孔的距离为 r，即 $r_1 = r$，$r_2 = 2a \pm r$（取负号表示观测孔位于抽水井和边界之间，取正号表示观测孔和边界分别位于抽水井两侧），则

$$\frac{u_2}{u_1} = \frac{r_2^2}{r_1^2} = \left(\frac{2a}{r} \pm 1\right)^2$$

故有

$$u_2 = \left(\frac{2a}{r} \pm 1\right)^2 u_1 \tag{5.16}$$

这样，只要已知 u_1 和 r/a 值，即可算出 u_2。查井函数表 4.1 可得 W（u_2）。因此可求得 $W(u_1) \pm W(u_2)$ 值。如果引进两个新的井函数：

$$\Phi\left(u_1, \frac{r}{a}\right) = W(u_1) + W(u_2)$$

$$\Phi'\left(u_1,\frac{r}{a}\right) = W(u_1) - W(u_2)$$

则计算隔水边界附近井流的式（5.13）变为

$$s = \frac{Q}{4\pi T}\Phi\left(u_1,\frac{r}{a}\right) = \frac{0.08}{T}Q\Phi\left(u_1,\frac{r}{a}\right) \tag{5.17}$$

计算补给边界附近井流的式（5.9）变为

$$s = \frac{Q}{4\pi T}\Phi'\left(u_1,\frac{r}{a}\right) = \frac{0.08}{T}Q\Phi'\left(u_1,\frac{r}{a}\right) \tag{5.18}$$

可以作$\frac{1}{u_1}$和 $\Phi\left(u_1,\frac{r}{a}\right)$及 $\Phi'\left(u_1,\frac{r}{a}\right)$的关系曲线（图 5.3）。$\Phi\left(u_1,\frac{r}{a}\right)-\frac{1}{u_1}$曲线位于 Theis 曲线的上方，$\Phi'\left(u_1,\frac{r}{a}\right)-\frac{1}{u_1}$曲线位于 Theis 曲线的下方，曲线的右部出现水平段，表示抽水已达到稳定状态。有了标准曲线，即可应用配线法求参数。必须注意，图 5.3 的标准曲线是特定的，当抽水井和观测孔的连线不垂直于边界时不能应用。

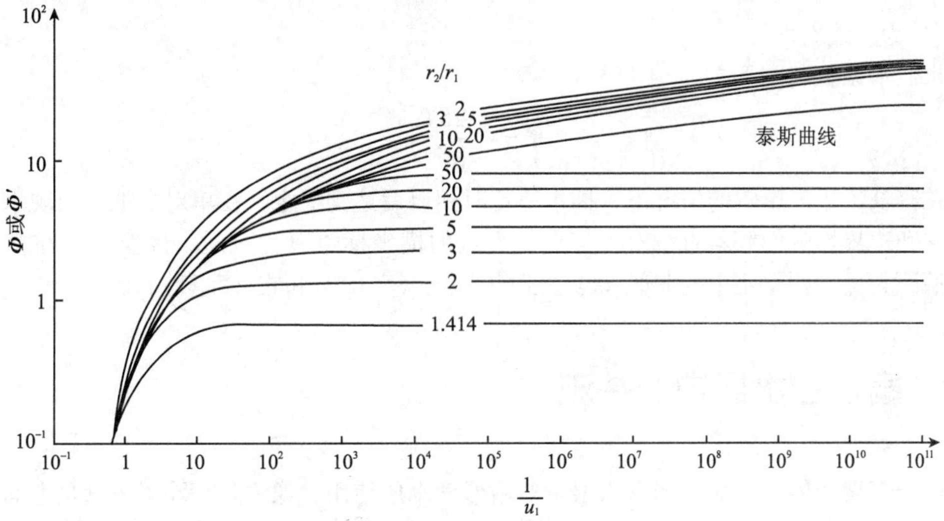

图 5.3　直线边界附近水井非稳定流抽水的标准曲线

不管观测孔的位置如何，只要抽水的时间足够长，都可用直线图解法求参数。

由第 4 章可知，当边界尚未发生影响时，其情况和无限含水层相同，有公式：

$$s = \frac{0.183Q}{T}\lg\frac{2.25Tt}{r^2S}$$

单对数坐标纸上的 $s-t$ 曲线为直线，斜率为 $0.183Q/T$。而在隔水边界影响的情况下，由式（5.14）可知，$s-t$ 直线的斜率为 $0.366Q/T$，增加了 1 倍，单对数坐标纸上的 $s-t$ 曲线出现两个斜率相差 1 倍的直线段。早期直线在横轴上的截距为 t_0，早期直线和晚期直线交点的横坐标为 t_i（图 5.4 的曲线 b）。如果利用早期直线段求导水系数，则公式为

$$T = 0.183\frac{Q}{i} \tag{5.19}$$

如果利用晚期直线段求导水系数，则有

$$T = 0.366\frac{Q}{i} \tag{5.20}$$

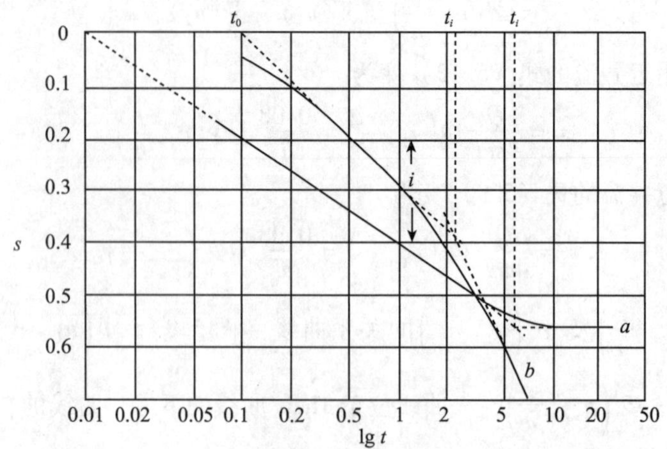

图 5.4　直线隔水边界附近的 $s-\lg t$ 曲线

a—直线补给边界；b—直线隔水边界

式中：i 为直线斜率。

求贮水系数利用下式：

$$S = \frac{2.25Tt_0}{r^2} \tag{5.21}$$

在有补给边界影响的情况下，抽水一定时间以后达到稳定，在单对数纸上出现水平线段。它和边界影响的倾斜直线有个交点，交点的横坐标也以 t_i 表示，倾斜直线在横坐标上的截距为 t_0（图 5.4 中的曲线 a）。此时仍用式（5.19）和式（5.21）计算参数。

5.2　扇形含水层中的井流

两个汇聚边界可组成扇形含水层。对扇形含水层使用镜像法时，除了要满足上面提到的一般规则以外，还要满足下列条件：

1）扇形含水层有两条边界，对于某一边界而言，不仅映出井的像，而且也映出另一条边界的像。这样就要连续映像，直到虚井和虚边界布满整个平面为止。

2）水井必须是整数，所以在扇形含水层应用镜像法时，对其夹角有一定要求，即 360°必须能被扇形的夹角（θ）所整除。当含水层中只有一口实井时，平面上的总井数为

$$n = \frac{360°}{\theta} \tag{5.22}$$

虚井数为

$$n_{\mathrm{im}} = \frac{360°}{\theta} - 1 \tag{5.23}$$

3）实井和虚井在平面上位置的轨迹为一个圆，圆心在扇形的顶点，半径等于从水井至扇形顶点的距离。

4）根据 J. G. Ferris 等人的研究，对于扇形含水层应用镜像法时，其夹角和边界性质的组合还必须满足一定的条件。如两边界都是补给边界或都是隔水边界时，θ 角必须能整

除 180°；如两边界一个是补给边界，另一个是隔水边界，则 θ 角必须能整除 90°。如不满足这个条件，应用镜像法的结果将出现矛盾。θ 角为 120°是一个特殊情况，只有当两条边界都是隔水边界，而且抽水井位于 θ 角的平分线上时，才能应用镜像法。

当然，自然界中的扇形含水层不可能正好具有上述夹角。只要夹角相近，应用镜像法不至于引起很大的误差，则可以用来进行近似的计算。

下面列举几种常见的扇形含水层。

5.2.1 象限含水层（θ 角为 90°）

象限含水层的几种情况如图 5.5 所示。下面分别讨论其稳定流和非稳定流计算。

5.2.1.1 稳定流计算

当两边界都是隔水边界时，三口虚井都是抽水井（图 5.5a），边界的影响相当于含水层中有四口井同时抽水。假设影响半径（R）相当大，利用叠加原理，可得承压含水层中任一点的降深为

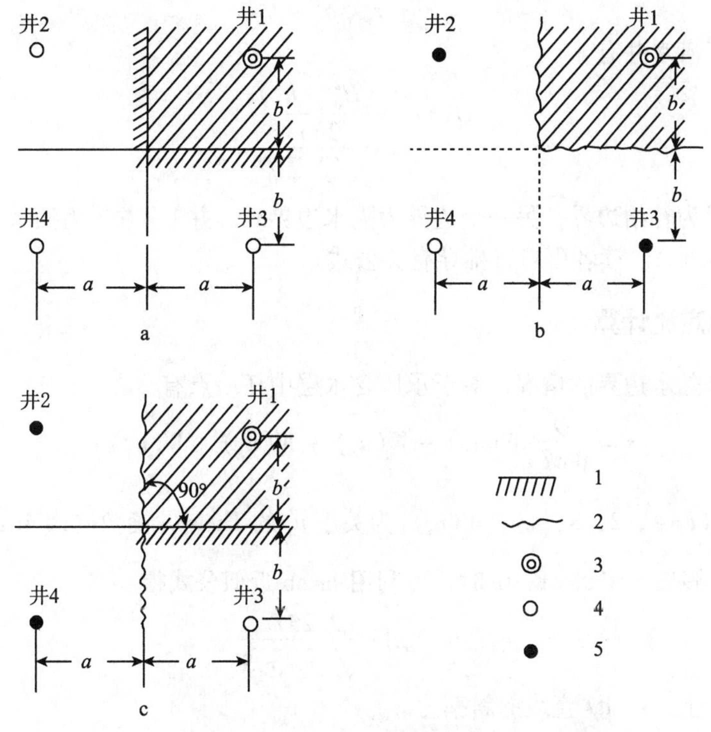

图 5.5　象限含水层的镜像法

a. 两条隔水边界；b. 两条补给边界；c. 一条补给和一条隔水边界

1—隔水边界；2—补给边界；3—实抽水井；4—虚抽水井；5—虚注水井

$$s = s_1 + s_2 + s_3 + s_4 = \frac{Q}{2\pi T} \ln \frac{R^4}{r_1 r_2 r_3 r_4}$$

式中：r_1，r_2，r_3，r_4 分别为任意点至各井的距离。如果考虑抽水井的降深，则有

$$r_1 = r_w, r_2 = 2a, r_3 = 2b, r_4 = 2\sqrt{a^2 + b^2}$$

$$s_w = \frac{Q}{2\pi T}\ln\frac{R^4}{8r_w ab\sqrt{a^2 + b^2}} \tag{5.24}$$

或

$$Q = \frac{2\pi KMs_w}{\ln\dfrac{R^4}{8r_w ab\sqrt{a^2 + b^2}}} \tag{5.25}$$

类似地，对于潜水井有

$$Q = \frac{\pi K(H_0^2 - h_w^2)}{\ln\dfrac{R^4}{8r_w ab\sqrt{a^2 + b^2}}} \tag{5.26}$$

当两边界都是补给边界时（图 5.5b），井 2、井 3 为注水井，井 1、井 4 为抽水井。根据叠加原理有

$$Q = \frac{2\pi KMs_w}{\ln\dfrac{2ab}{r_w\sqrt{a^2 + b^2}}} \tag{5.27}$$

同理，对于潜水井有

$$Q = \frac{\pi K(H_0^2 - h_w^2)}{\ln\dfrac{2ab}{r_w\sqrt{a^2 + b^2}}} \tag{5.28}$$

当一个边界为补给边界，另一个边界为隔水边界时，井1、井3 为抽水井，井2、井4 为注水井（图 5.5c）。读者可自行推导有关公式。

5.2.1.2 非稳定流计算

先考虑两条隔水边界的情况，对于承压含水层中任一点有

$$s = \frac{Q}{4\pi T}[W(u_1) + W(u_2) + W(u_3) + W(u_4)]$$

式中：$u_i = \frac{r_i^2 S}{4Tt}$（$i$=1，2，3，4）；$W(u_i)$ 为关于 u_i 的 Theis 井函数（表4.1）。

当时间 t 足够长，使 $u_i < 0.01$ 时，可利用 Jacob 近似公式得

$$s = \frac{Q}{\pi T}\ln\frac{2.25Tt}{\sqrt{r_1 r_2 r_3 r_4}S} \tag{5.29}$$

在单对数纸上，$s-\lg t$ 直线的斜率为

$$i = \frac{2.3Q}{\pi T} = 4 \times \frac{2.3Q}{4\pi T} \tag{5.30}$$

表明在象限含水层的情况下，在抽水时间足够长，两隔水边界充分影响以后，单对数纸上 $s-\lg t$ 直线的斜率为无限含水层的 4 倍。两边都是补给边界或一边为补给边界，一边为隔水边界时，处理类似，请读者自行推导。

5.2.2 其他角度的扇形含水层

下面仅以夹角为60°的扇形含水层为例，加以说明。当抽水井位于分角线上时，虚、实井的分布如图5.6所示。

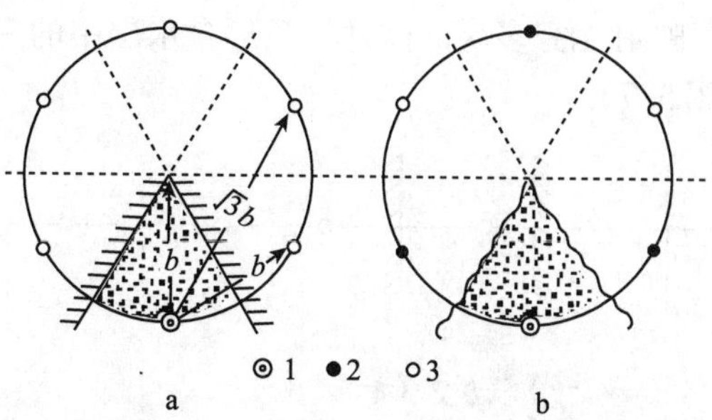

图5.6 夹角为60°的扇形含水层中的镜像法

a. 两条隔水边界；b. 两条补给边界

1—实抽水井；2—虚注水井；3—虚抽水井

5.2.2.1 稳定流计算

当两边界都是补给边界时，应有3口抽水井、3口注水井（图5.5b）。对于承压含水层中任一点有

$$s = \frac{Q}{2\pi T}\ln\frac{r_2 r_4 r_6}{r_1 r_3 r_5} \tag{5.31}$$

对抽水井：

$$Q = \frac{2\pi KMs_w}{\ln\dfrac{2b}{3r_w}} \tag{5.32}$$

对于潜水井：

$$Q = \frac{\pi K(H_0^2 - h_w^2)}{\ln\dfrac{2b}{3r_w}} \tag{5.33}$$

5.2.2.2 非稳定流计算

当两边界都是补给边界时，有

$$s = \frac{Q}{4\pi T}[W(u_1) - W(u_2) + W(u_3) - W(u_4) + W(u_5) - W(u_6)] \tag{5.34}$$

当抽水相当长时间以后，代入Jacob近似公式得

$$s = \frac{Q}{4\pi T}\ln\left(\frac{r_2 r_4 r_6}{r_1 r_3 r_5}\right)^2 = \frac{Q}{2\pi T}\ln\frac{r_2 r_4 r_6}{r_1 r_3 r_5}$$

上式就是式（5.31）。表明该情况下抽水已经达到稳定。推广到一般情况，当存在补给边界时，在抽水相当长时间以后是能够达到稳定的。

5.3 条形含水层中的井流

两条平行边界中间的含水层为条形含水层，应用镜像法时，因为同时要映出另一边界的像，如此重复，一共要映射无穷多次。这样，条形含水层中的一口井就变成了无限含水层中的一个无限井排（图5.7）。

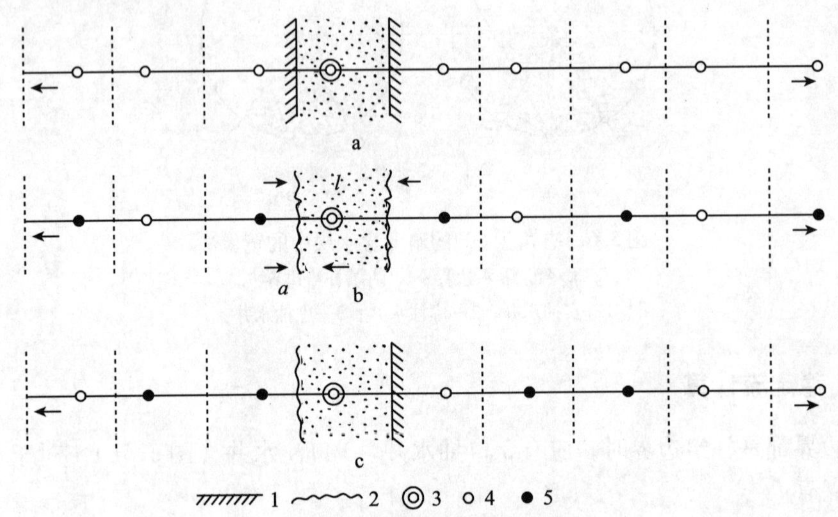

图5.7 条形含水层的镜像法

a. 两边界都为隔水边界；b. 两边界都为补给边界；c. 一条边界为补给边界，一条边界为隔水边界

1—隔水边界；2—补给边界；3—实抽水井；4—虚抽水井；5—虚注水井

为实用目的，一般只要映射3~5次就够了，然后用非稳定流或稳定流的单井计算公式，进行叠加即可。也可用下面推导的公式进行计算。

(1) 稳定流

为一般化起见，设水井不位于含水层的中部，映出的水井分布如图5.8所示。应用叠加原理，可得任一点 $A(x, y)$ 的降深为

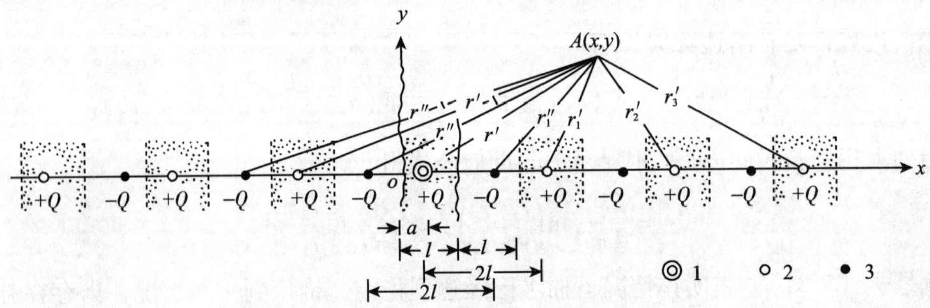

图5.8 两平行补给边界附近的抽水井镜像法

1—实抽水井；2—虚抽水井；3—虚注水井

$$s = \frac{Q}{4\pi T}\ln\left[\frac{\cosh\frac{\pi y}{l} - \cos\frac{\pi(x+a)}{l}}{\cosh\frac{\pi y}{l} - \cos\frac{\pi(x-a)}{l}}\right] \tag{5.35}$$

式中：l 为条形含水层的宽度，即两平行边界之间的垂直距离；a 为实井至纵轴的距离（纵轴沿边界取）。

把 A 点移到抽水井的井壁上（$x=a-r_w$，$y=0$），经化简得

$$Q = \frac{2\pi KMs_w}{\ln\left(\frac{2l}{\pi r_w}\sin\frac{\pi a}{l}\right)} \tag{5.36}$$

对于潜水含水层有

$$Q = \frac{\pi K(H_0^2 - h_w^2)}{\ln\left(\frac{2l}{\pi r_w}\sin\frac{\pi a}{l}\right)} \tag{5.37}$$

类似地，可以导出两隔水边界情况下和一个边界为补给边界，另一个边界为隔水边界时的计算公式。

当抽水井位于条形含水层的中央，即 $a=l/2$ 时，式（5.36）和式（5.37）可以简化。当两边界均为补给边界时，对于承压水有

$$Q = \frac{2\pi KMs_w}{\ln\frac{2l}{\pi r_w}} \tag{5.38}$$

（2）非稳定流

条形含水层具有两个或一个补给边界时，抽水能达到稳定，可用相应的稳定流公式进行计算。当两边都是隔水边界时，可用积分变换法求得任一点的解。当抽水时间足够长时，可采用下列近似表达式：

$$s = \frac{Q}{4\pi T}\left\{\frac{4\pi}{l}\sqrt{\frac{Tt}{S}}f(\lambda) + \frac{e^{\frac{2\pi y}{l}}}{4\left[\cosh\frac{\pi y}{l} - \cos\frac{\pi(x+a)}{l}\right]\left[\cosh\frac{\pi y}{l} - \cos\frac{\pi(x-a)}{l}\right]}\right\} \tag{5.39}$$

对于抽水井井壁的降深，上式可化简为

$$s_w = \frac{Q}{4\pi T}\left[\frac{4\pi}{l}\sqrt{\frac{Tt}{S}}f(\lambda) + 2\ln\left(\frac{l}{2\pi r_w}\cdot\frac{1}{\sin\frac{\pi a}{l}}\right)\right] \tag{5.40}$$

式中：$f(\lambda) = i\mathrm{erfc}(\lambda) = \frac{e^{-\lambda^2}}{\sqrt{\pi}} - \lambda\mathrm{erfc}(\lambda)$，其数值列于图 5.9 的曲线图中；$\mathrm{erfc}(\lambda)$ 为 λ 的余误差函数；$\lambda = \sqrt{\frac{y^2 S}{4Tt}}$。

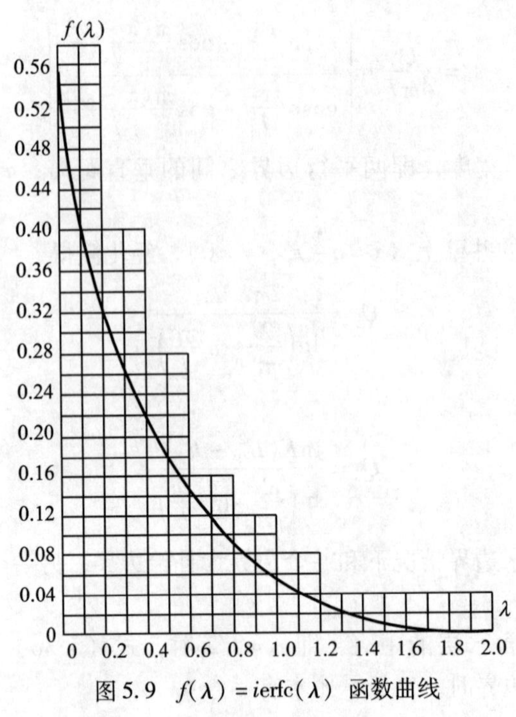

图 5.9 $f(\lambda)=i\mathrm{erfc}(\lambda)$ 函数曲线

思 考 题

1. 用镜像法求得的流网中，补给边界是流线还是等势线？隔水边界呢？

2. 设补给边界附近有两口抽水井和一口注水井同时工作，试用镜像法映出它们的像，并写出相应的计算公式。

3. 扇形含水层的夹角为 60°，一边为隔水边界，另一边为补给边界时，能否用镜像法？试画图说明。

4. 扇形含水层的夹角为 120°，抽水井不位于分角线上，为什么无论何种边界，都不能应用镜像法？

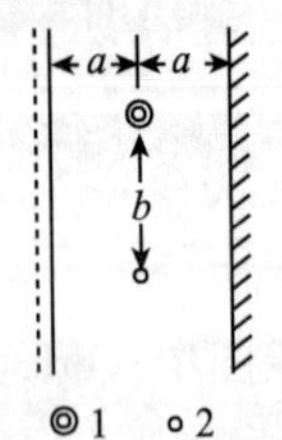

图 5.10 条形含水层中布置的井

1—抽水井；2—注水井

5. 设有一条形含水层，一边为补给边界，一边为隔水边界，在中线上有一抽水井和观测井，如图 5.10 所示，试问在抽水相当长时间以后，观测孔测得的水位降深是否和无限含水层的情况相同？

6. 试自行推导由两隔水边界组成的条形含水层的稳定流计算公式。

第 6 章　地下水向不完整井的运动

6.1　地下水向不完整井运动的特点

在含水层很厚或埋藏较深的地区，由于受经济技术条件限制或因含水层部分厚度能满足需水量要求，常采用不完整井开采地下水。不完整井在供水或人工降低水位时都有应用。

按过滤器在含水层中的进水部位不同，不完整井分为井底进水，井壁进水和井底、井壁同时进水三类（图 6.1）。本章主要研究前两类不完整井，并以井壁进水不完整井为重点。

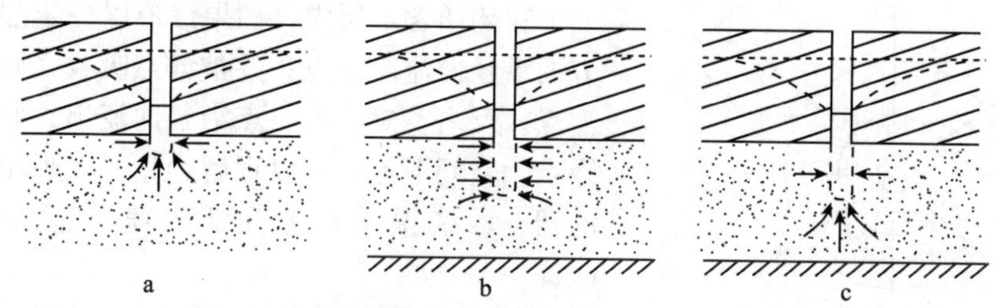

图 6.1　不完整井的类型

a. 井底进水；b. 井壁进水；c. 井壁和井底同时进水

地下水流向不完整井的水流形式与完整井的水流形式有所不同。以承压水为例，地下水流向完整井的水流为平面径向流，流线是对称井轴的径向直线；而流向不完整井的水流，由于受井的不完整性影响，流线在井附近有很大弯曲，垂向分速度不可忽略，因而流向不完整井的地下水流为三维流。

通过实验发现，在含水层厚度和径向距离的比值 $r/M<1.5\sim2.0$ 的区段内，流线有明显弯曲，而且离不完整井愈近，弯曲得愈厉害，形成三维流区。但在 $r/M>1.5\sim2.0$ 的地方，流线接近于与层面平行，垂向分速度很小，由三维流逐渐过渡为平面径向流。因此，研究的地下水向不完整井运动规律的重点应是井附近的三维流区，并往往采用分为两段的研究法。

地下水流向不完整井的另一特点是，在其他条件相同时，不完整井的流量小于完整井的流量。这是由于流线弯曲、阻力增大的缘故。

设 l 为不完整井过滤器的长度，M 为含水层的厚度。试验结果表明，不完整井的流量随比值 l/M 的增大而增大，随 l/M 值的减小而减小。当 $l/M=1$ 时，变成完整井，流量达到该情况下的最大值。

不完整井流的第三个特点是，必须考虑过滤器在含水层中的位置和顶、底板对水流状态的影响。如果含水层很厚，则可近似地忽略隔水底板对水流的影响，按半无限厚含水层来研究；否则，应当同时考虑顶、底板的影响，作有限含水层来处理。

6.2 地下水向不完整井的稳定运动

6.2.1 半无限厚含水层中的不完整井

6.2.1.1 井底进水的承压水不完整井

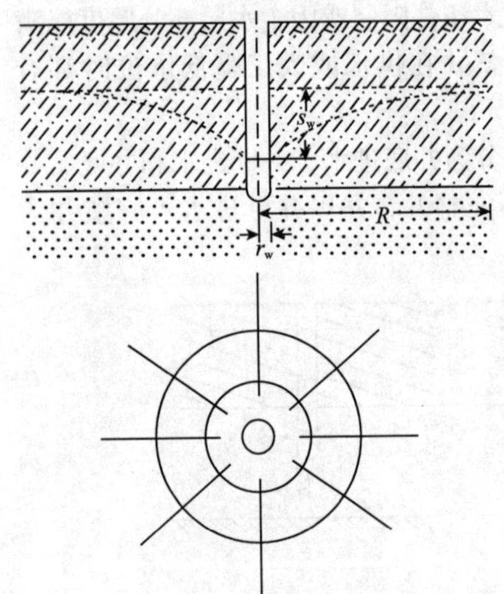

图6.2 井底进水的承压水不完整井

如井底刚好揭穿承压含水层的顶板，就构成井底进水的不完整井（图6.2）。如含水层厚度很大，则其底板对井流的影响可以忽略不计。这时，如井底形状为半球形，则流线为径向直线，等水头面是半个同心球面。在球坐标系中则为一维流。这种不完整井流可以作为空间汇点来求解。

在均质含水层中，如果渗流以一定强度从各个方面沿径向流向一点，并被该点吸收，则称该点为汇点。反之，渗流由一点沿径向流出，则称该点为源点。空间汇点，可以理解为直径无限小的球形过滤器，渗流沿半径方向流入球形过滤器而被吸收掉。

设离汇点距离为 ρ 的任意点 A 的降深为 s，球形过水断面面积为 $4\pi\rho^2$。按 Darcy 定律，流向汇点的流量（Q'）为

$$Q' = -K\frac{\mathrm{d}s}{\mathrm{d}\rho}\cdot 4\pi\rho^2$$

分离变量后，在 ρ 和影响半径（R）的区间内积分上式，得

$$s = \frac{Q'}{4\pi K}\left(\frac{1}{\rho} - \frac{1}{R}\right)$$

通常，$R \gg \rho$，$1/R$ 很小，可以忽略不计，故有

$$s = \frac{Q'}{4\pi K\rho} \tag{6.1}$$

上式为空间汇点的降深表达式，即在空间汇点作用下任意点的降深。

现在再研究半球形井底进水的不完整井。设想在井轴和含水层顶板交界处放一空间汇点来代替井的作用，则空间汇点流量的一半相当于井的流量，即 $Q' = 2Q$，半径为 r_w 的半球形等水头面可视为进水的井底，即令 $\rho = r_w$，$s = s_w$。将这些条件代入式（6.1），即得井底进水的承压水不完整井公式：

$$Q = 2\pi K r_w s_w \tag{6.2}$$

式中：$s_w = H_0 - h_w$ 为井中水位降深；H_0 为抽水前的初始水头；h_w 为抽水井中的动水位。

6.2.1.2　井壁进水的承压水不完整井

井壁进水的圆柱状过滤器不是一个点，不能直接用空间汇点代替。但是，可用无数个空间汇点组成的空间汇线来近似代替过滤器的作用，如图 6.3 所示。

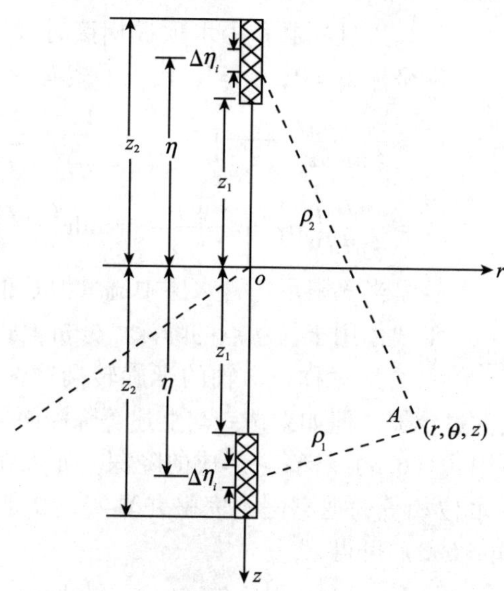

图 6.3　空间汇线

假设流量（Q）沿长度为 l 的汇线均匀分布。在汇线上取一微小的汇线段 $\Delta\eta_i$ 视为空间的汇点，流向该点的流量（ΔQ_i）可用下式来表示：

$$\Delta Q_i = \frac{Q}{z_2 - z_1}\Delta\eta_i$$

在此汇点作用下，相距 ρ_1 的 A 点所产生的降深为 Δs_i，按式（6.1）有

$$\Delta s_i = \frac{\Delta Q_i}{4\pi K\rho_1} = \frac{Q}{4\pi K\rho_1(z_2 - z_1)}\Delta\eta_i$$

对于隔水顶板附近的汇点，为了考虑隔水顶板对汇点的影响，可用镜像法在顶板上方的对称位置上映出一个等强度的虚汇点（图 6.3）。这时，A 点的降深（Δs_i）应等于实汇点和虚汇点分别产生的降深的叠加，即

$$\Delta s_i = \frac{Q}{4\pi K(z_2 - z_1)}\left(\frac{1}{\rho_1} + \frac{1}{\rho_2}\right)\Delta\eta_i$$

将 ρ_1 和 ρ_2 换成柱坐标表示：

$$\rho_1 = \sqrt{(z-\eta)^2 + r^2},\quad \rho_2 = \sqrt{(z+\eta)^2 + r^2}$$

代入上式，即得距隔水边界为 η 的汇点在 A 点产生的降深

$$\Delta s_i = \frac{Q}{4\pi K(z_2 - z_1)}\left[\frac{1}{\sqrt{(z-\eta)^2 + r^2}} + \frac{1}{\sqrt{(z+\eta)^2 + r^2}}\right]\Delta\eta_i$$

汇线是由无数个汇点组成的。所以汇线对 A 点产生的总降深（s）显然等于上式无限次叠加的结果。由于汇点沿汇线是均匀连续分布的，故无限叠加可用沿汇线长度的积分来代替，得

$$s=\frac{Q}{4\pi K(z_2-z_1)}\lim_{\substack{n\to\infty\\ \Delta\eta_i\to 0}}\sum_{i=1}^{n}\left[\frac{1}{\sqrt{(z-\eta)^2+r^2}}+\frac{1}{\sqrt{(z+\eta)^2+r^2}}\right]\Delta\eta_i$$

$$=\frac{Q}{4\pi K(z_2-z_1)}\int_{z_1}^{z_2}\left[\frac{1}{\sqrt{(z-\eta)^2+r^2}}+\frac{1}{\sqrt{(z+\eta)^2+r^2}}\right]\mathrm{d}\eta$$

当过滤器和隔水顶板相接时（图6.4），相当于汇线两端坐标 $z_1=0$，$z_2=l$，代入上式有

$$s=\frac{Q}{4\pi K(z_2-z_1)}\int_0^l\left[\frac{1}{\sqrt{(z-\eta)^2+r^2}}+\frac{1}{\sqrt{(z+\eta)^2+r^2}}\right]\mathrm{d}\eta$$

$$=\frac{Q}{4\pi Kl}\left(\mathrm{arsinh}\frac{z+l}{r}+\mathrm{arsinh}\frac{l-z}{r}\right)\tag{6.3}$$

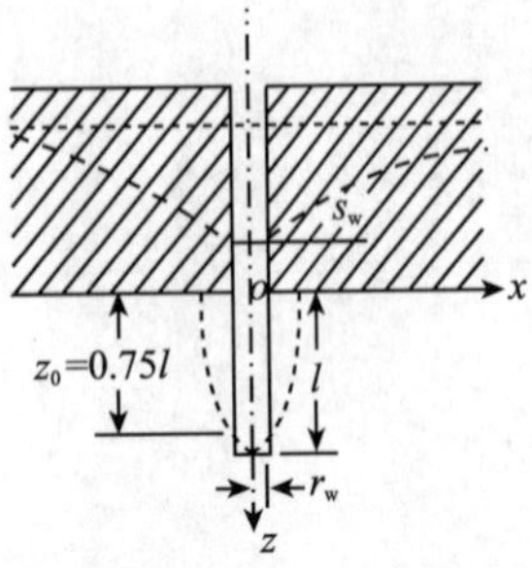

图6.4　井壁进水的不完整井

这是半无限承压含水层中流量为 Q 的与隔水顶板相接的空间汇线作用于任意点的降深。分析上式可知，它所反映的等降深面是对称于 z 轴的半旋转椭球面。汇线不是真实的过滤器，不能用它来代表真实的过滤器。但如果选一与上述等降深面形状相同的半旋转椭球面作为假想过滤器，显然可用式（6.3）计算它形成的降深。如果在选择假想过滤器时，使它的水头与真实井壁的动水位相等，把它同不完整井真实过滤器套在一起时，将在坐标（r_w，z_0）处相交，则由式（6.3）可得

$$s_w=\frac{Q}{4\pi Kl}\left(\mathrm{arsinh}\frac{l+z_0}{r_w}+\mathrm{arsinh}\frac{l-z_0}{r_w}\right)\tag{6.4}$$

式中：s_w 为真实井壁的降深；r_w 为真实过滤器的半径；z_0 为待定坐标。

为了能用式（6.4）计算，还要确定 z_0 值，使计算出的流量和通过真实过滤器的流量相等。显然，z_0 值应在 $0\to l$ 区间变化。经过 Бабушкин（巴布什金）的大量实验证实，当 $z_0=0.75l$ 时，按式（6.4）计算出的流量才与真实不完整井的流量相等。将这个条件代入式（6.4），最后得井壁进水不完整井的流量为

$$Q=\frac{4\pi Kls_w}{\mathrm{arsinh}\dfrac{0.25l}{r_w}+\mathrm{arsinh}\dfrac{1.75l}{r_w}}=\frac{2\pi Kls_w}{\ln\dfrac{1.32l}{r_w}}\tag{6.5}$$

导出上述结果时，利用了下列关系式，即 $x\gg 1$ 时，$\mathrm{arsinh}x=\ln\left[\sqrt{x^2+1}+x\right]\simeq\ln 2x$。因此，应用式（6.5）时，应满足上述假设。通常要求是 $l/r_w>5$。

式（6.5）也称 Бабушкин 公式。理论上导出公式的条件是半无限厚含水层。但在实际上，在 $l<0.3M$ 的有限厚含水层中，当 $R\leqslant(5\sim8)M$ 时，仍可应用，误差只有10%（Абрамов，Бабушкин，1955）。1950年，Н. К. Гиринский（吉林斯基）根据假想过滤器与真实过滤器表面积相等的原则，将半椭球面换算成圆柱面后，也得到类似的公式：

$$Q=\frac{2\pi Kls_w}{\ln\dfrac{1.6l}{r_w}}\tag{6.6}$$

其差别是系数不同。但将1.32和1.6取对数后，数值相近，实际上不影响计算精度。

6.2.1.3　井壁进水的潜水不完整井

Бабушкин 在砂槽中研究过潜水向不完整井的运动。他发现，流线有明显的对称弯

曲。在过滤器上下两端流线的弯曲程度较大，当从两端移向过滤器中线时，流线弯曲逐渐变缓，流线与过滤器中线 $N-N$ 近似重合，流面几乎是水平面，如图 6.5 所示。

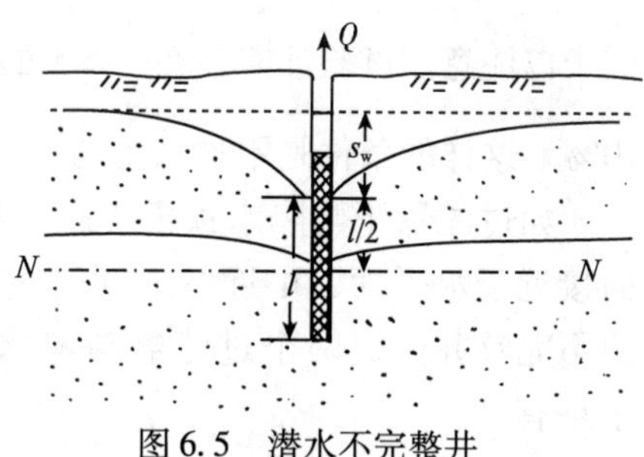

图 6.5 潜水不完整井

根据流面上水头的法向导数为零的特点，$N-N$ 流面可视为不透水面。它把过滤器未淹没的潜水不完整井分成上下两段。上段可视为潜水完整井，下段看成是半无限厚含水层中承压水不完整井。而潜水不完整井的流量，应等于上下两段流量之和。这样计算所得的上段流量偏大些，下段流量偏小些，但两段流量之和可以抵消部分误差。

上段按潜水完整井计算，根据 Dupuit 公式有

$$Q_1 = \frac{\pi K[(s_w + 0.5l)^2 - (0.5l)^2]}{\ln \frac{R}{r_w}} = \frac{\pi K(s_w + l)s_w}{\ln \frac{R}{r_w}}$$

下段，当 $l/2 < 0.3m_0$ 时（m_0 为 $N-N$ 中线到隔水底板的距离），可以认为含水层厚度是无限的。按式（6.5）有

$$Q_2 = \frac{2\pi K(0.5l)s_w}{\ln \frac{1.32(0.5l)}{r_w}} = \frac{\pi K l s_w}{\ln \frac{0.66l}{r_w}}$$

于是，当过滤器埋藏相对较浅，$l/2 < 0.3m_0$ 时，潜水不完整井流量有

$$Q = Q_1 + Q_2 = \pi K s_w \left(\frac{l + s_w}{\ln \frac{R}{r_w}} + \frac{l}{\ln \frac{0.66l}{r_w}} \right) \tag{6.7}$$

6.2.2 有限厚含水层中的不完整井

当含水层厚度有限时，不仅要考虑隔水顶板对水流的影响，还要考虑隔水底板的影响。Muskat 研究了有限厚含水层中井过滤器和隔水顶板相接时稳定流的水头分布，采用汇线无限次映像得承压水不完整井的流量为

$$Q = \frac{2\pi K M s_w}{\frac{1}{2a}\left(2\ln \frac{4M}{r_w} - 2.3A\right) - \ln \frac{4M}{R}} \tag{6.8}$$

式中：$a = \frac{l}{M}$；$A = f(a) = \lg \frac{\Gamma(0.875a)\Gamma(0.125a)}{\Gamma(1-0.875a)\Gamma(1-0.125a)}$，可由图 6.6 直接查出。其中，$\Gamma$ 为伽马函数；R 为影响半径。

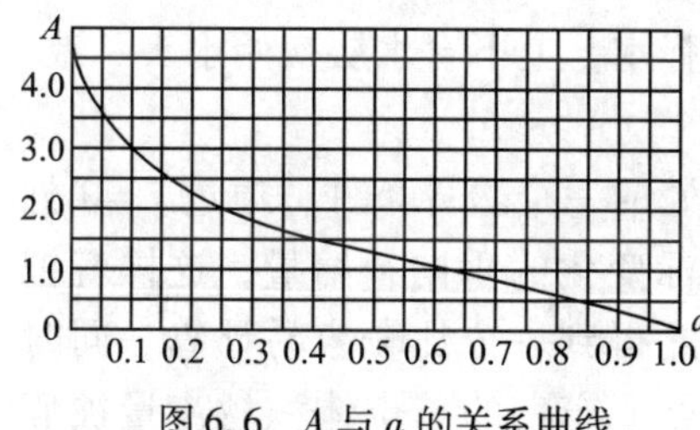

图 6.6 A 与 a 的关系曲线

当 $a=1$ 时，$A=0$，式（6.8）变为完整井公式，说明上式是合理的。但当 a 很小时，A 变得很大，就可能使式（6.8）分母中的第一项趋于零，使该式计算出的流量与半径为 $4M$ 的完整井流量相等，这显然是不合理的。这说明，当 a 很小时，该式失去意义，

应予以注意。试验证实，在$\frac{l}{r_w}>5$的条件下，式（6.8）可给出较满意结果，误差不超过10%。这样的条件是不难满足的。

如过滤器不与隔水顶板接触，且其底部位于含水层中部以下时，由于过滤器中部流面接近于水平面，可近似地通过过滤器中线把过滤器分为上下两部分，即把这种类型的不完整井分成两个过滤器与隔水顶板接触的不完整井来处理，流量等于二者之和。于是有

$$Q = 2.73Ks_w(B + D) \tag{6.9}$$

其中，

$$B = \frac{m_1}{\frac{1}{2a_1}\left(2\lg\frac{4m_1}{r_w} - A_1\right) - \lg\frac{4m_1}{R}}$$

$$D = \frac{m_2}{\frac{1}{2a_2}\left(2\lg\frac{4m_2}{r_w} - A_2\right) - \lg\frac{4m_1}{R}}$$

$A_1=f_1(a_1)$，$a_1=\frac{0.5l}{m_1}$，由图6.6确定；$A_2=f_2(a_2)$，$a_2=\frac{0.5l}{m_2}$，由图6.6确定；m_1，m_2分别为过滤器中部至隔水顶、底板的距离。

对于有限厚含水层中的潜水不完整井，如前述，当过滤器埋藏相对较浅，$l/2<0.3m_0$时，可用式（6.7）计算；当过滤器埋藏较深时，$l/2>0.3m_0$时，必须考虑隔水底板的影响。为此，采用分段法计算时，下段宜用式（6.8），上段则仍按潜水完整井计算，于是有

$$Q = \pi Ks_w\left[\frac{l + s_w}{\ln\frac{R}{r_w}} + \frac{2m_0}{\frac{1}{2a}\left(2\ln\frac{4m_0}{r_w} - 2.3A\right) - \ln\frac{4m_0}{R}}\right] \tag{6.10}$$

式中：m_0为过滤器中部至隔水底板的距离。

6.3 地下水向承压水不完整井的非稳定运动

6.3.1 基本方程

设不完整井所在的承压含水层符合推导Theis公式时用的假设条件，并有上覆潜水含水层通过弱透水层发生越流补给。忽略弱透水层的弹性释水，上下含水层初始水头一致。柱坐标系的取法如图6.7所示。

Hantush研究了这个问题。他把越流量处理为$z=0$处的一个边界条件，通过$z=0$处边界的越流量在这儿被假设是在含水层内发生的、随坐标变化的垂向补给量，这样就把含水层上覆的弱透水层视为完全不透水的隔水层。由此得到一个比较容易计算、同时对实用来说又有足够精度的解。此时，含水层中每个点上产生的单位体积越流量被假

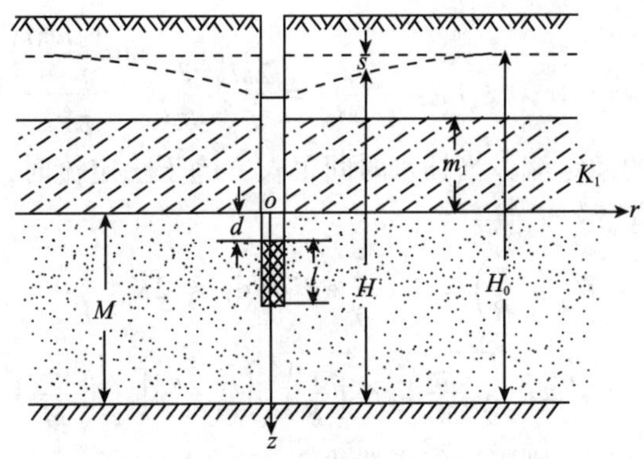

图 6.7　越流系统承压含水层中的不完整井

设为 $(K_1/m_1)s(r,\ t)/M$，即式（1.83）的 v_1 除以 M，式中降深 $s=H_0-H$。把它代入连续性方程的左端便得这种情况下地下水向不完整井运动应满足的方程：

$$\frac{\partial^2 s}{\partial r^2}+\frac{1}{r}\frac{\partial s}{\partial r}+\frac{\partial^2 s}{\partial z^2}-\frac{s}{B^2}=\frac{S_s}{K}\frac{\partial s}{\partial t} \tag{6.11}$$

相应的定解条件为

$$s(r,z,0)=0 \tag{6.12}$$

$$\frac{\partial s}{\partial z}\Big|_{z=0}=0 \tag{6.13}$$

$$\frac{\partial s}{\partial z}\Big|_{z=M}=0 \tag{6.14}$$

$$s(\infty,z,t)=0 \tag{6.15}$$

$$\lim_{r\to 0}\left(lr\frac{\partial s}{\partial r}\right)=\begin{cases}0 & 0<z<d\\ -\dfrac{Q}{2\pi K} & d\leqslant z\leqslant l+d\\ 0 & l+d<z<M\end{cases} \tag{6.16}$$

式中：B 为越流因素；l 为过滤器长度；d 为含水层顶板至过滤器顶部的距离。Hantush 导出了相应的解。对于过滤器与顶板相接 $d=0$ 的情况，Hantush 给出的几个解如下。

1）越流含水层中的非稳定流：

$$s(r,t)=\frac{Q}{4\pi T}\left[W\left(u,\frac{r}{B}\right)+\xi_a\left(u,\frac{l}{M},\frac{r}{M},\frac{r}{B}\right)\right] \tag{6.17}$$

式中：

$$\xi_a\left(u,\frac{l}{M},\frac{r}{M},\frac{r}{B}\right)=\frac{2M^2}{\pi^2 l^2}\sum_{n=1}^{\infty}\frac{\sin^2\left(\dfrac{n\pi l}{M}\right)}{n^2}W_n(u,\lambda) \tag{6.18}$$

$u=\dfrac{r^2S}{4Tt}$；$W\left(u,\dfrac{r}{B}\right)=\displaystyle\int_u^{\infty}\frac{1}{y}e^{-y-\frac{r^2}{4B^2y}}dy$；$W_n(u,\lambda)=\displaystyle\int_u^{\infty}\frac{1}{y}e^{-y-\frac{\lambda^2}{4y}}dy$；$\lambda=\sqrt{\left(\dfrac{n\pi r}{M}\right)^2+\left(\dfrac{r}{B}\right)^2}$。

2）承压含水层中的非稳定流：当 $B\to\infty$，无越流补给时，有

$$s(r,t)=\frac{Q}{4\pi T}\left[W(u)+\xi_b\left(u,\frac{1}{M},\frac{r}{M}\right)\right] \tag{6.19}$$

其中，

$$W(u) = \int_u^{\infty} \frac{e^{-y}}{y} dy; \quad \xi_b\left(u, \frac{l}{M}, \frac{r}{M}\right) = \frac{2M^2}{\pi^2 l^2} \sum_{n=1}^{\infty} \frac{\sin^2\left(\frac{n\pi l}{M}\right)}{n^2} W_n\left(u, \frac{n\pi r}{M}\right) \tag{6.20}$$

3）越流含水层中的稳定流：当抽水时间很长，趋于稳定流时，在理论上可设 $t \to \infty$，因而 $u \to 0$。这时，可有下列近似关系：

$$W\left(u, \frac{r}{B}\right) = \int_u^{\infty} \frac{1}{y} e^{-y-\frac{r^2}{4B^2 y}} dy \approx 2K_0\left(\frac{r}{B}\right)$$

$$W_n(u, \lambda) = W_n\left[u, \sqrt{\left(\frac{n\pi r}{M}\right)^2 + \left(\frac{r}{B}\right)^2}\right] \approx 2K_0\left[\sqrt{\left(\frac{n\pi r}{M}\right)^2 + \left(\frac{r}{B}\right)^2}\right]$$

把上述结果代入式（6.17），则得近似表达式：

$$s(r,t) = \frac{Q}{2\pi T}\left[K_0\left(\frac{r}{B}\right) + \xi\left(\frac{l}{M}, \frac{r}{M}, \frac{r}{B}\right)\right] \tag{6.21}$$

式中：$\xi\left(\frac{l}{M}, \frac{r}{M}, \frac{r}{B}\right) = \frac{2M^2}{\pi^2 l^2} \sum_{n=1}^{\infty} \frac{\sin^2\left(\frac{n\pi l}{M}\right)}{n^2} K_0\left[\sqrt{\left(\frac{n\pi r}{M}\right)^2 + \left(\frac{r}{B}\right)^2}\right]$ （6.22）

上述各式表明，在非稳定流情况下，降深也由两部分组成，前者代表相应的完整井降深，后者表示由抽水井不完整性引起的由抽水井附近流线弯曲所造成的附加降深，它是 z 的函数。其值除与井流量、导水系数有关外，还与过滤器长度（l）、不完整程度（l/M）和计算断面到抽水井的相对距离（r/M）有关。式（6.18）、式（6.20）和式（6.22）所代表的附加阻力称为附加阻力系数，其值随 r 的增大而减小。如 Hantush 指出的，从实用角度看，当 $r \geqslant 1.5M$ 时，这些阻力系数可以忽略不计，简化为相应的完整井公式。对于各向异性含水层，这个范围则按 $r \geqslant 1.5M\sqrt{K_z/K_r}$ 确定。

当承压含水层的厚度很大时，允许忽略隔水底板的影响。当 $M \to \infty$ 时，由式（6.19）可导出半无限含水层中不完整井非稳定流的相应表达式。它与式（6.5）和式（6.6）很相近，只是对数项的系数略有不同，为 1.47 而已。

当抽水时间很长，趋于稳定时，只要 $u = \frac{r^2 S}{4Tt} \leqslant 0.01$，就可利用第 4 章中提及的近似关系式：

$$W(u) \simeq \ln \frac{2.25Tt}{r^2 S} = 2\ln \frac{R}{r}$$

式中：$R = 1.5\sqrt{\frac{Tt}{S}}$，即影响半径。同时，在 t 很大，$u \to 0$ 时有

$$W_n\left(u, \frac{n\pi r}{M}\right) \simeq 2K_0\left(\frac{n\pi r}{M}\right)$$

把这些关系式代入式（6.19）和式（6.20），便得承压含水层中不完整井稳定流表达式：

$$s(r) = \frac{Q}{2\pi T}\left[\ln \frac{R}{r} + \xi\left(\frac{l}{M}, \frac{r}{M}\right)\right] \tag{6.23}$$

其中，

$$\xi\left(\frac{l}{M}, \frac{r}{M}\right) = \frac{2M^2}{\pi^2 l^2} \sum_{n=1}^{\infty} \frac{\sin^2\left(\frac{n\pi l}{M}\right)}{n^2} K_0\left(\frac{n\pi r}{M}\right) \quad \text{（见表 6.1）} \tag{6.24}$$

表 6.1 $\xi\left(\frac{l}{M},\ \frac{r}{M}\right)$数值表

l/M \ r/M	2	1	1/3	0.1	1/30	0.01	0.005	0.002	0.001	0.0005
0.1	0.00391	0.1220	2.0400	10.4	12.8	24.3	53.3	70.2	79.6	90.9
0.3	0.00297	0.0908	1.2900	4.79	9.23	14.5	17.7	21.8	24.9	28.2
0.5	0.00165	0.0494	0.6560	2.26	4.21	6.55	7.86	9.64	11.0	12.4
0.7	0.000596	0.0167	0.2370	0.879	1.69	2.67	3.24	4.01	4.58	5.19
0.9	0.000048	0.0015	0.0251	0.128	0.334	0.528	0.664	0.846	0.983	1.12

如取 $r=r_w$，则有 $\xi\left(\frac{l}{M},\ \frac{r}{M}\right)=\xi_w\left(\frac{l}{M},\ \frac{r_w}{M}\right)$，代入式（6.23）可得相应的有关 s_w 的表达式。把它和式（6.23）相减，便得只有一个观测孔时的承压含水层中不完整井的稳定流表达式。

6.3.2 根据抽水试验资料确定水文地质参数

在不完整井抽水试验中，如在 $r>1.5M$ 区有观测孔，可根据相应的完整井公式计算。因此，第4章中介绍的各种求参方法，在这里都有效。

在 $r<1.5M$ 区有观测孔（包括抽水井）时，必须按相应的不完整井公式计算。因为不完整井的井函数包含变量较多，目前还没能做出通用的标准曲线供求参数使用，所以下面仅以无越流补给的不完整井为例，简单介绍据抽水试验资料确定参数的方法。

在 $r<1.5M$ 区内，如有一个观测孔或多个观测孔的长时间观测资料，均可用配线法求参数。为此，把式（6.19）简化为

$$s=\frac{Q}{4\pi T}\left[W(u)+\xi_b\left(u,\frac{l}{M},\frac{r}{M}\right)\right]=\frac{Q}{4\pi T}W\left(u,\frac{r}{M},\frac{l}{M}\right) \tag{6.25}$$

由此可见，在双对数纸上的 $W\left(u,\ \frac{r}{M},\ \frac{l}{M}\right)-\frac{1}{u}$曲线和 $s-t$ 曲线或 $s-\frac{t}{r^2}$曲线的形状是相似的。表6.2给出了常用范围内井函数 $W\left(u,\ \frac{r}{M},\ \frac{l}{M}\right)$值。根据这些资料，可在双对数坐标纸上绘出三张 $W\left(u,\ \frac{r}{M},\ \frac{l}{M}\right)-\frac{1}{u}$标准曲线（图6.8）。然后，在同模数的透明双对数纸上绘出实测的 $s-\frac{t}{r^2}$曲线或 $s-t$ 曲线。把实测曲线叠置在相应的$\frac{l}{M}$和$\frac{r}{M}$的某一标准曲线上，二者应能拟合。重合后，任选一匹配点，并记下该点坐标。如用 $s-t$ 拟合，则有 $W\left(u,\ \frac{r}{M},\ \frac{l}{M}\right)$，$\frac{1}{u}$，$s$ 和 t 值，将其再代入下式，便可求出参数：

$$T=\frac{Q}{4\pi[s]}\left[W\left(u,\frac{r}{M},\frac{l}{M}\right)\right]$$

$$S=\frac{4T}{r^2\left[\frac{1}{u}\right]}[t]$$

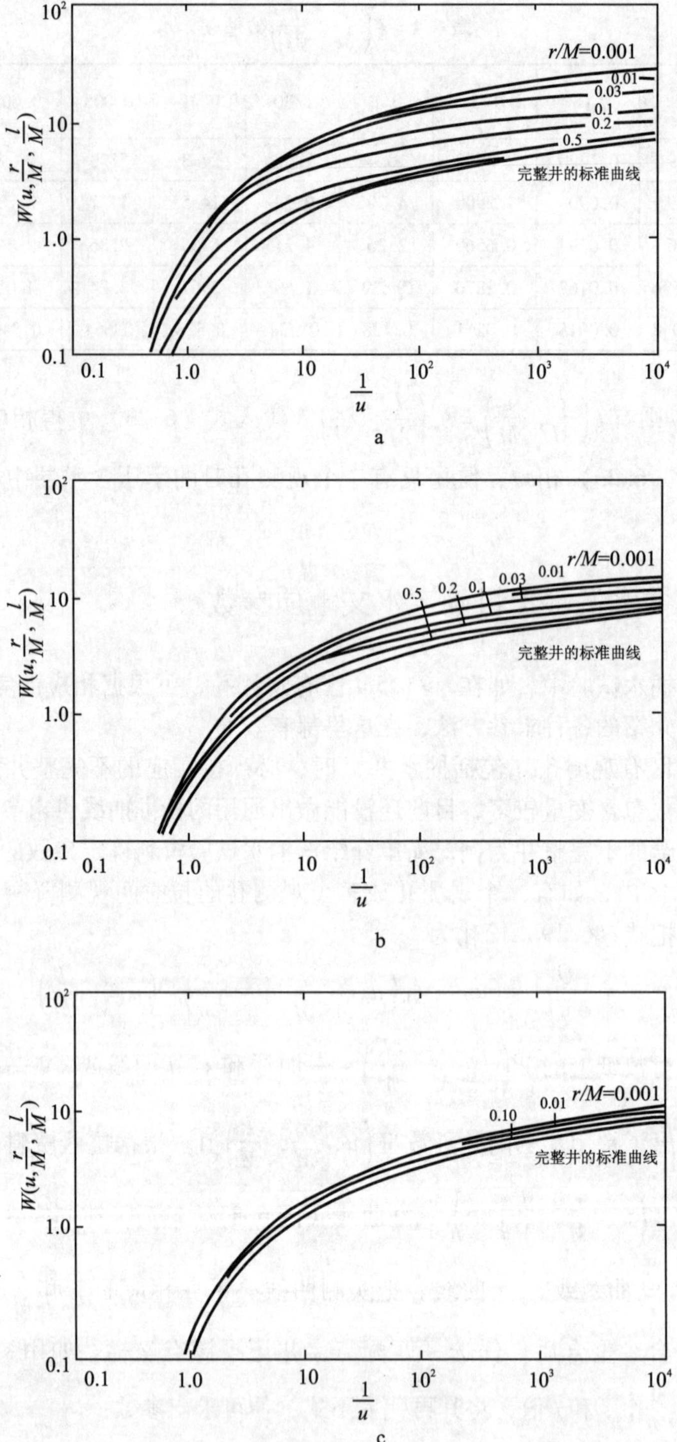

图 6.8　无越流补给承压含水层中不完整井的标准曲线

（据 W. C. Walton，1970）

a. $\frac{l}{M}=0.25$ 时的标准曲线；b. $\frac{l}{M}=0.5$ 时的标准曲线；c. $\frac{l}{M}=0.75$ 时的标准曲线

表 6.2 $W\left(u, \frac{r}{M}, \frac{l}{M}\right)$数值表

l/M	0.25						
u \ r/M	1.00	0.75	0.20	0.10	0.03	0.01	0.001
10^{-6}	13.3385	13.9367	16.2123	18.9845	25.1707	31.4176	44.9781
10^{-5}	11.0395	11.6341	13.9097	16.6837	22.8681	29.1150	40.7960
10^{-4}	8.6334	9.3361	11.6072	14.3794	20.5656	26.7666	33.5338
10^{-3}	6.4317	7.0299	9.3055	12.0777	18.2045	22.6026	24.9428
10^{-2}	4.1381	4.7363	7.0119	9.7382	13.8971	15.3684	15.9702
10^{-1}	1.9231	2.5213	4.4451	5.7545	6.8298	7.1101	7.1913
1	0.2981	0.4959	0.7160	0.7856	0.8493	0.8549	0.8531
2	0.0806	0.1271	0.1675	0.1794	0.1900	0.1875	0.1893
3	0.0245	0.0366	0.0454	0.0472	0.0501	0.0481	0.0481

l/M	0.50					
u \ r/M	0.5	0.2	0.1	0.03	0.01	0.001
10^{-6}	13.5665	14.4689	15.4989	17.6358	19.7506	24.2954
10^{-5}	11.2639	12.1663	13.1963	15.3332	17.4498	21.1506
10^{-4}	8.9641	9.8638	10.8938	13.0307	15.1224	17.0340
10^{-3}	6.6597	7.5621	8.5921	10.6994	11.9812	12.5845
10^{-2}	4.3661	5.2685	6.2757	7.4555	7.8851	8.0462
10^{-1}	2.1511	2.8822	3.2620	3.5305	3.6050	3.6304
1	0.0334	0.3986	0.4185	0.4319	0.4349	0.4353
2	0.0308	0.0910	0.0942	0.0964	0.0966	0.0968
3	0.0223	0.0247	0.0252	0.0254	0.0254	0.0255

l/M	0.75		
u \ r/M	0.1	0.01	0.001
10^{-6}	13.8767	15.2580	16.7637
10^{-5}	11.5741	12.9554	14.2530
10^{-4}	9.2716	10.6478	11.3995
10^{-3}	6.9699	8.1392	8.3991
10^{-2}	4.6712	5.2967	5.3635
10^{-1}	2.2597	2.4103	2.4193
1	0.2823	0.2898	0.2898
2	0.0634	0.0643	0.0645
3	0.0167	0.0169	0.0169

（据 W. C. Walton，1970）

思考题

1. 非完整井流和完整井流有什么不同？

2. 非稳定承压非完整井流中任一点降深总是大于或等于同样条件下完整井流的降深。这种说法是否正确？为什么？

第7章　非饱和带的地下水运动

在地下水面以上的非饱和带（即包气带）也有水的运动。许多情况下，研究非饱和带的地下水运动具有很重要的意义。例如，在地下水资源评价中，必须研究“三水”（即大气水、地表水和地下水）的相互转化，而非饱和带的地下水运动是这种转化的一个重要环节。入渗的水必须经过非饱和带才能到达潜水面。其次，各种施加在地表的化肥、农药、禽畜粪便和农村生活污水等的一部分将随入渗的水一起流动，经过非饱和带进入地下水中。因此研究地下水污染时，也必须研究非饱和带水的运动。此外，被污染的地下水最终会流向河、湖等各类地表水体。因此，在治理河、湖等地表水污染时，必须考虑这一部分污染来源。

7.1　关于非饱和带水分的基本知识

7.1.1　含水率、饱和度和田间持水量

在非饱和带中，空隙空间的一部分充填了水，其余部分充填了空气。水分和空气的相对分量是变化的。可以用两个变量来表示水分含量的多少。一个为含水率（θ），表示单位体积中水所占的体积

$$\theta = \frac{(V_w)_0}{V_0} \qquad (0 \leqslant \theta \leqslant n) \tag{7.1}$$

式中：θ 为含水率，无量纲；$(V_w)_0$ 为典型单元体中水的体积；V_0 为典型单元体的体积。另一个为饱和度（S_w），表示岩石的空隙空间中被水占据部分所占的比例。

$$S_w = \frac{(V_w)_0}{(V_v)_0} \qquad (0 \leqslant S_w \leqslant 1) \tag{7.2}$$

式中：S_w为饱和度，无量纲；$(V_v)_0$ 为典型单元体中的空隙体积。

显然，含水率（θ）不能大于空隙度（n），而饱和度（S_w）不能大于1。两者之间有下列关系：

$$\theta = nS_w \tag{7.3}$$

因为利用了典型单元体的概念，上述定义对于任一点都是适用的。

在长时间重力排水后仍然保留在土中的水量称为田间持水量。此时，水以薄膜水的形式和在土颗粒接触点附近以孤立的悬挂环形式存在。从图7.1可以看出，空隙度减去田间持水量，相当于排水空隙度，即排水时的有效空隙度。

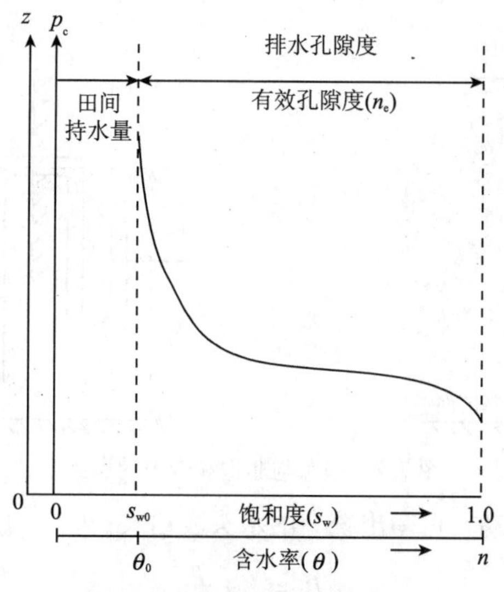

图 7.1　非饱和带的含水率曲线

7.1.2　毛管压强

当多孔介质孔隙中有两种不相混溶的流体（如水和空气）接触时，这两种液体之间的压力存在着不连续性。此压力差的大小取决于该点界面的曲率（它又取决于饱和度），这个压力差（p_c）称为毛管压强：

$$p_c = p_a - p_w \tag{7.4}$$

式中：p_a为空气的压强；p_w为水的压强。如假设孔隙中的空气是在 101325Pa（1 个大气压）下，并取大气压强作为测量流体压强的基准，则 $p_a = 0$，于是

$$p_c = -p_w \tag{7.5}$$

故非饱和带孔隙中的水处于小于大气压强的情况下。正如在毛细管现象中见到的一样，在周围水面以上的毛管内的压强是负的。

和饱和带的情况一样，可以定义非饱和带水流中任何点的水头（毛管水头）：

$$H = z + \frac{p_w}{\gamma} = z - \frac{p_c}{\gamma} = z - h_c \qquad p_c > 0,\ p_a = 0 \tag{7.6}$$

式中：γ 为水的容重；

$$h_c = \frac{p_c}{\gamma} = -\frac{p_w}{\gamma} \tag{7.7}$$

称为毛管压力水头。由于毛管压强（图 7.2）只反映毛管作用，不能反映土壤基质对水分的全部吸附作用，在土壤水力学界逐渐不用这一术语，改用基质势或基膜势（ψ_m）。在非饱和带 $\psi_m < 0$；饱和带则 $\psi_m = 0$。因此在饱和带，有总水头或总水势 $H = z + h$，式中 h 为压强水头。在非饱和带则有总水势 $\psi = z + \psi_m$，或 $H = z + h$，此处 h 称为负压水头，$h = \psi_m$。由于基质势为负值，用起来多有不便。为此，常把基质势的负值定义为吸力（s），有 $s = -\psi_m$。基质势愈小（负的愈多），则吸力高。土壤水的趋势通常是从吸力低处向吸力高处流动。

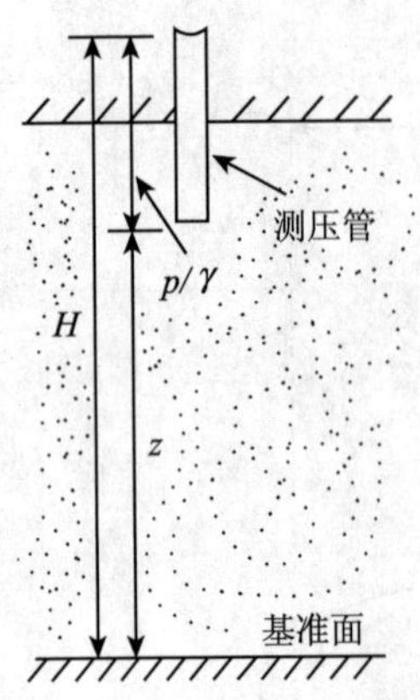

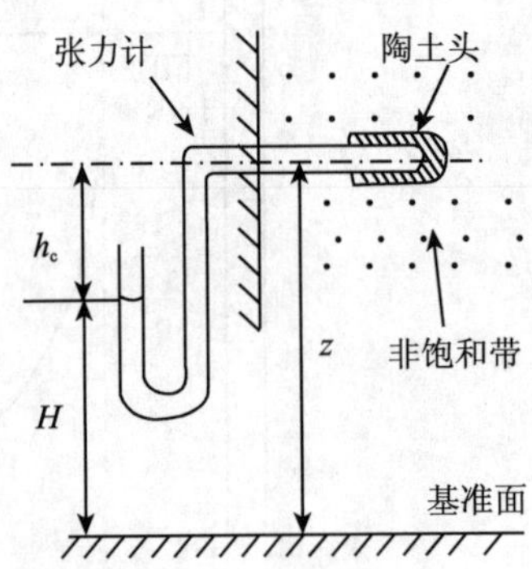

图 7.2　饱和与非饱和带中的水头

对于饱和 - 非饱和流动，可写出统一的水头表达式：

$$H = z + \frac{p}{\gamma} \tag{7.8}$$

式中压强 p 可正可负。在饱和带中，p 为水的压强，取正值；在非饱和带，为毛管压强的负数，取负值。其余符号同前。

7.1.3　土壤水分特征曲线

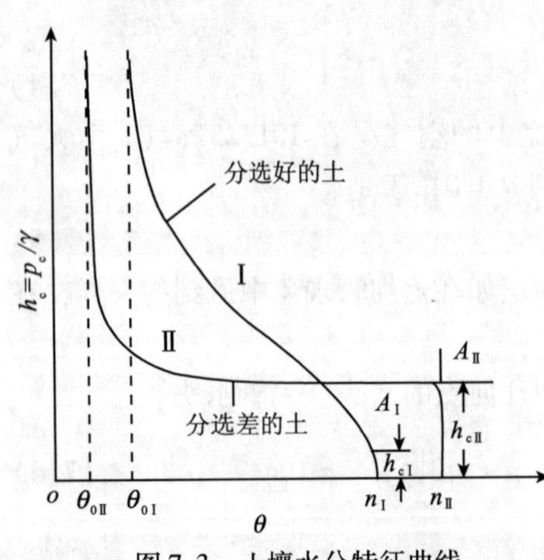

图 7.3　土壤水分特征曲线

反映毛管压强（p_c）或毛管压力水头（h_c）和土壤含水率（θ）或饱和度（S_w）关系的曲线，或土壤水基质势（或土壤水吸力）与土壤含水率的关系曲线，称为水分特征曲线（图 7.3）。它表示非饱和带中水分的能量和数量之间的关系，反映了包气带中水的基本特征。从曲线上还可以看出，即使在相当高的压强下，土样中仍保持一定的水，含水率不再进一步减小。这个含水率记作 θ_0，相应的饱和度为

$$S_{w0} = \frac{\theta_0}{n}$$

不同土的水分特征曲线是不同的。在同样条件下，粘性土要比砂保持更多的水分，具有更高的含水率。土的颗粒级配，对特征曲线的形状也有影响，如图 7.3 的曲线Ⅰ和Ⅱ。温度的变化也对它有影响。温度升高时，表面张力降低，在同样吸力下含水率要低一些。

水分特征曲线斜率的倒数（单位基质势的变化所引起的含水率的变化）称为容水度，记作 C：

$$C = \frac{d\theta}{d\psi_m} \text{ 或 } C = \frac{d\theta}{dh_c}, \quad C = -\frac{d\theta}{ds} \tag{7.9}$$

容水度不是常数，它随含水率或毛管压强而变化，记作 $C(\theta)$ 或 $C(h_c)$，量纲为 $[L^{-1}]$。

实验表明：同一土样在同样的温度下，排水过程和吸湿过程的水分特征曲线是不同的（图7.4）。在同一p_c或h_c下，排水时的含水率要大于吸湿时的含水率，这种现象称为滞后现象。土样从饱和到干燥或从干燥到饱和的水分特征曲线称为主线。土样从部分湿润到开始排水或从半干燥状态重新润湿时，水分特征曲线是顺着一些中间曲线由一条主线移至另一条主线，这些中间曲线称为扫描曲线。因此，水分特征曲线随土壤的干、湿历史的不同而变化，故容水度$C(\theta)$不是含水率（θ）的单值函数。

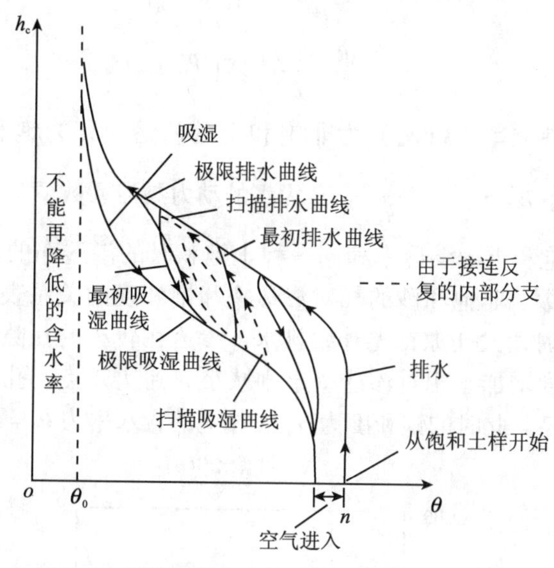

图7.4　吸湿和排水条件下的土壤水分特征曲线

（据J. Bear，1979）

7.1.4　非饱和流动中的给水度概念

已经介绍过给水度的概念。给水度是单位体积含水层中所排出的重力水的体积。但实际上，当潜水面下降时，其间的水并未全部排出，只是由饱和带的水变成非饱和带的水，水分分布曲线发生相应的改变。实际排出的水体积只相当于排水前后两条水分分布曲线间的那一部分面积。为此，需要这样来定义给水度：一个单位水平面积从地表一直延伸到含水层底板的垂直土柱，当潜水面降低一个单位时，由重力所排出的水的体积。由于重力排水的迟后，给水度（μ）也是时间（t）的函数。只有当长时间排水后才趋近于某一常数值。

7.2　非饱和带水运动的基本方程

7.2.1　运动方程

1931年，Richards提出，Darcy定律可引申应用于非饱和带水的运动。但此时的渗透率（k）和渗透系数（K）不再是常数，而与土壤的含水率有关。当含水率（或饱和度）

减小时，一部分空隙为空气充填，因而过水断面减小，渗流途径的弯曲程度增加，导致渗透率或渗透系数减小。因此，该情况下 k 和 K 可记作含水率（θ）或饱和度（S_w）的函数 $k(\theta)$，$K(\theta)$ 或 $k(S_w)$，$K(S_w)$。这样，非饱和带中的 Darcy 定律的表达式为

$$\boldsymbol{v} = K(\theta)\boldsymbol{J} \tag{7.10}$$

如用渗透率来表达时，则有

$$\begin{aligned} \boldsymbol{v} &= -\frac{k(S_w)\gamma}{\mu}\nabla\left(\frac{p}{\gamma}+z\right) \\ &= -k\frac{k_r(S_w)\gamma}{\mu}\nabla\left(\frac{p}{\gamma}+z\right) \end{aligned} \tag{7.11}$$

式中：k 为饱和土的渗透率；$k(S_w)$ 为非饱和土的渗透率，为饱和度（S_w）的函数；$k_r(S_w)$ 为相对渗透率，$k_r(S_w)=\dfrac{k(S_w)}{k}$；$\mu$ 为水的动力黏滞系数。

相对渗透率为非饱和土的渗透率和同一种土饱和时的渗透率的比值，为含水率（θ）或饱和度（S_w）的函数。非饱和砂的相对渗透率和饱和度的关系表示在图 7.5 中。当饱和度（含水率）减少时，大孔隙首先开始排水，渗透在较小的孔隙中进行，过水断面减小，渗流途径的弯曲度增加，相对渗透率急剧减小。到达 A 点，孔隙中的水变得不连续了，相对渗透率等于零。此时的饱和度为 S_{w0}，相应的含水率为 $\theta_0 = nS_{w0}$。

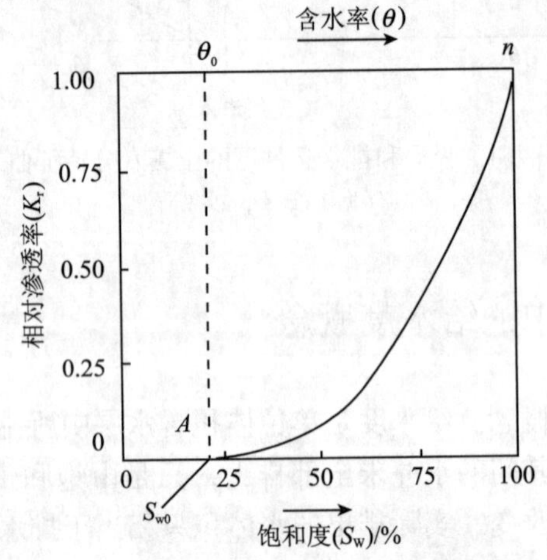

图 7.5　非饱和砂的相对渗透率与饱和度的关系

7.2.2　基本微分方程

在第 1 章中，已经得到了渗流的连续性方程式（1.67）。对于非饱和流动，把等式右端的空隙度（n）换成含水率（θ），方程仍然是适用的。在非饱和带中，一般不考虑介质的变形，即单元体体积 $\Delta x\Delta y\Delta z$ 不随时间而变化，于是可以约去等式两端的 $\Delta x\Delta y\Delta z\Delta t$；同时，在非饱和流动中，水的密度（$\rho$）变化很小，可当作常数。于是，相应的连续性方程为

$$-\left(\frac{\partial v_x}{\partial x}+\frac{\partial v_y}{\partial y}+\frac{\partial v_z}{\partial z}\right)=\frac{\partial \theta}{\partial t} \tag{7.12}$$

将运动方程（7.10）代入式（7.12）中，得

$$\frac{\partial\theta}{\partial t}=\frac{\partial}{\partial x}\left[K(\theta)\frac{\partial H}{\partial x}\right]+\frac{\partial}{\partial y}\left[K(\theta)\frac{\partial H}{\partial y}\right]+\frac{\partial}{\partial z}\left[K(\theta)\frac{\partial H}{\partial z}\right] \tag{7.13}$$

式（7.13）即为非饱和流的基本微分方程，也称为 Richards 方程。

上述方程中，既含有含水率（θ），又含有水头（H），为解决问题方便起见，可以把基本微方程化成以下几种表达形式。

1）以基质势（ψ_m）为因变量的表达式，式（7.13）的左端可以改写为

$$\frac{\partial\theta}{\partial t}=\frac{d\theta}{d\psi_m}\frac{\partial\psi_m}{\partial t}=C\frac{\partial\psi_m}{\partial t}$$

据此，就可以把式（7.13）改写为

$$C(\psi_m)\frac{\partial\psi_m}{\partial t}=\frac{\partial}{\partial x}\left[K(\psi_m)\frac{\partial\psi_m}{\partial x}\right]+\frac{\partial}{\partial y}\left[K(\psi_m)\frac{\partial\psi_m}{\partial y}\right]+\frac{\partial}{\partial z}\left[K(\psi_m)\frac{\partial\psi_m}{\partial z}\right]+\frac{\partial K(\psi_m)}{\partial z} \tag{7.14}$$

由于 $h=\psi_m$，可将基质势表示为负压水头（h），于是式（7.14）可改写为以负压水头为因变量的表达式：

$$\frac{\partial\theta}{\partial t}=C(h)\frac{\partial h}{\partial t}=\frac{\partial}{\partial x}\left[K(h)\frac{\partial h}{\partial x}\right]+\frac{\partial}{\partial y}\left[K(h)\frac{\partial h}{\partial y}\right]+\frac{\partial}{\partial z}\left[K(h)\frac{\partial h}{\partial z}\right]+\frac{\partial K(h)}{\partial z} \tag{7.15}$$

由于基质势和含水率不是单值函数，吸湿过程和排水过程它们是不同的。所以上述基本方程只适用于吸湿或排水的单一过程。此条件对其他形式的基本方程同样也适用。

2）以含水率（θ）为因变量的表达式。

定义渗透系数 $K(\theta)$ 与容水度 $C(\theta)$ 的比值为扩散系数（扩散率）$D(\theta)$，即

$$D(\theta)=\frac{K(\theta)}{C(\theta)}=K(\theta)/\frac{d\theta}{d\psi_m}=K(\theta)/\frac{d\theta}{dh} \tag{7.16}$$

引入 $D(\theta)$ 后，应用复合函数求导的原则，式（7.14）可改写为

$$\frac{\partial\theta}{\partial t}=\frac{\partial}{\partial x}\left[D(\theta)\frac{\partial\theta}{\partial x}\right]+\frac{\partial}{\partial y}\left[D(\theta)\frac{\partial\theta}{\partial y}\right]+\frac{\partial}{\partial z}\left[D(\theta)\frac{\partial\theta}{\partial z}\right]+\frac{\partial K(\theta)}{\partial z} \tag{7.17}$$

这是二阶非线性偏微分方程。对于一维垂向运动，则可简化为

$$\frac{\partial\theta}{\partial t}=\frac{\partial}{\partial z}\left[D(\theta)\frac{\partial\theta}{\partial z}\right]\pm\frac{\partial K(\theta)}{\partial z} \tag{7.18}$$

式中：z 轴向上取正值，z 轴向下则取负值。

3）饱和－非饱和流的表达式。

在饱和－非饱和流动中，常以压强（p）或水头（H）为因变量，有 $H=z+\frac{p}{\gamma}$。如果不忽略密度的变化，连续性方程（7.12）可写为

$$\frac{\partial(\rho\theta)}{\partial t}+\mathrm{div}(\rho\boldsymbol{v})=0 \tag{7.19}$$

再将 $\boldsymbol{v}$ 用运动方程式（7.11）代入上式，容重 $\gamma=\rho g$，含水率 $\theta=nS_w$，则得

$$\frac{\partial}{\partial t}(\rho nS_w)=\nabla\cdot\left[\frac{\rho k(S_w)}{\mu}(\nabla p+\rho g\boldsymbol{k})\right] \tag{7.20}$$

该方程中的某些参数的取值范围如下：

饱和带	非饱和带	
$p>0$，$S_w=1$	$p<0$，$S_w=S_w(p)$	$S_{w0}\leqslant S_w<1$
$k(S_w)=k=$常数	$k=\begin{cases}k(S_w) & \\ 0 & \end{cases}$	对于 $S_w>S_{w0}$ 对于 $0\leqslant S_w\leqslant S_{w0}$

除了上述几种表达式外，还有以位置坐标、某种参数为因变量的表达式。不同的表达式有它不同的特点和适用条件，读者必须注意。

以基质势或负压水头为因变量的方程，其优点是可用于统一的饱和-非饱和流动，也适用于层状土壤水分运动的求解。但式中含有渗透系数 $K(\psi_m)$ 或 $K(h)$，此值会随土壤基质势或含水率的变化而在很大的范围内变化，不仅给计算带来困难，参数选取不当还会造成较大误差。以含水率为因变量的方程中使用的参数——扩散系数随含水率的变化范围要比渗透系数小得多，所以人们喜欢使用，常用于求解均质土壤或全剖面为非饱和流动的问题。由于含水率在层状土的界面处通常是不连续的，以含水率为因变量的方程就不再适用，对于饱和-非饱和流动该方程也不适用。

以上考虑的模型都是单相流模型，只研究水的运动，即凡是水流到的地方，空气自然被排走。实际上，岩石空隙是既存在空气也存在水的两相系统，也必然是更复杂的模型，这里就不介绍了，请读者参考有关的专著。

7.3 入渗条件下的水分运动

7.3.1 入渗过程

实际入渗过程中单位时间内通过地表单位面积的水量称为入渗率，常用 cm/s 或 m/d 为单位。降水或灌溉时，单位时间通过地表单位面积供给的水量称为供水强度，单位和入渗率相同。水渗入土壤的强度主要和降水或灌溉的方式、强度以及土壤的透水性有关。有两种类型的入渗过程：如果土壤的透水性强，大于外界的供水强度，则入渗强度主要取决于外界的供水强度；如果降水或灌溉强度大，超过了土壤的透水能力，入渗强度就取决于土壤的入渗性能，多余的水在地表形成积水或径流。这两种情况可能出现在入渗过程的不同阶段，如在稳定灌溉强度下，开始时灌溉强度小于土壤入渗能力，入渗率等于灌溉强度。经过一定时间后，土壤入渗能力减小，灌溉强度大于土壤入渗能力，产生积水。通常开始阶段，土壤入渗能力比较高，特别是入渗初期，土壤处于比较干燥时，然后随着入渗速率的逐步减小，最后趋近于一个常量，进入稳定入渗阶段。

7.3.2 垂直入渗的数学模型

垂直入渗可以简化为垂向一维运动，z 轴向下，取负值，有方程（7.18）。

7.3.2.1 初始条件

为简化起见，一般假设剖面上初始含水率（θ_0）或负压（h_0）是均一的，有

$$\theta(z,0) = \theta_0; \quad t = 0, \quad z > 0$$

或

$$h(z,0) = h_0(z); \quad t = 0, \quad z > 0 \tag{7.21}$$

7.3.2.2 边界条件

（1）地表边界条件

1）通过降雨或灌溉使地表湿润，但不形成积水，此时表土达到某一接近饱和的含水率（θ_b），即

$$\theta(0,t) = \theta_b; \quad t > 0, \quad z = 0 \tag{7.22}$$

2）降雨或喷灌的强度 $R(t)$ 已知，且不超过土壤的入渗强度，地表不形成积水，即

$$-D(\theta)\frac{\partial\theta}{\partial z} - K(\theta) = R(t); \quad t > 0, \quad z = 0$$

或

$$-K(\theta)\left(\frac{\partial h}{\partial z} + 1\right) = R(t); \quad t > 0, \quad z = 0 \tag{7.23}$$

3）降雨或灌溉强度超过土壤入渗强度，地表形成积水或产生径流。即

$$h(0,t) = H_a(t); \quad t > 0, \quad z = 0 \tag{7.24}$$

式中：$H_a(t)$ 为地表积水深度。

（2）下边界条件（z 轴向下为正）

1）地下水（潜水）埋藏很浅，以潜水面作为边界。

当潜水位变化很小，可以忽略它的变动，则取潜水面（距地面距离为 L）处土壤含水率为饱和含水率（θ_s），有

$$\theta(L,t) = \theta_s; \quad z = L, \quad t > 0$$

或

$$h(L,t) = 0; \quad z = L, \quad t > 0 \tag{7.25}$$

当潜水位变动较大时，潜水位埋深为时间 t 的函数，则有

$$h[L(t),t] = 0; \quad z = L(t), \quad t > 0 \tag{7.26}$$

2）地下水埋藏较大，在计算范围内，下边界土壤含水率始终保持初始含水率，即

$$\theta(L,t) = \theta_0(L); \quad z = L, \ t > 0 \tag{7.27}$$

3）不透水边界，即下边界为流量等于零的边界，有

$$q = -K(h)\left(\frac{\partial h}{\partial z} - 1\right) = 0$$

即

$$\frac{\partial h}{\partial z} = 1; \quad z = L, \quad t > 0 \tag{7.28}$$

7.3.3 Green - Ampt 模型及其解

从前面讨论可以看出，研究入渗时的边界条件较为复杂，计算也复杂。早在 1911 年 Green - Ampt 就提出了简化的入渗模型。它建立在毛管理论的基础上，认为水在入渗过程

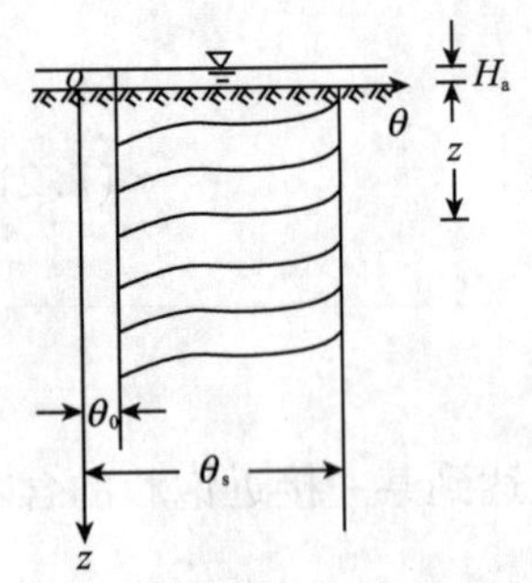

图 7.6　Green－Ampt 入渗模型

中，湿润锋面几乎是水平锋面，锋面上各点的吸力都是 s_m。锋面后面的土壤含水率是均一的，均为饱和含水率（θ_s），锋面前面即为初始含水率（θ_0）。这种模型又称活塞模型。

坐标原点选在地表，z 轴向下为正（图 7.6）。单位时间单位面积入渗的水量为

$$q_i = K\frac{H_a + s_m + z}{z}$$

式中：H_a 为地表积水厚度；z 为锋面推进距离。而该时间内土体增加的水量应为

$$q_i = \frac{dz}{dt}\Delta\theta = \frac{dz}{dt}(\theta_s - \theta_0)$$

根据水均衡原理，两者应相等，有

$$K\frac{H_a + s_m + z}{z} = \frac{dz}{dt}(\theta_s - \theta_0)$$

分离变量积分

$$\int_0^z \frac{z}{H_a + s_m + z}dz = \int_0^t \frac{K}{\theta_s - \theta_0}dt$$

得

$$t = \frac{\theta_s - \theta_0}{K}\left[z - (H_a + s_m)\ln\frac{H_a + s_m + z}{H_a + s_m}\right] \tag{7.29}$$

式中：$K=K(\theta_s)$ 为饱和时的渗透系数；θ_0 为入渗前的初始含水率。上式表明时间（t）和入渗到达深度（z）为隐函数关系，可用试算法求解。

在 t 时间内入渗的总水量为

$$V_i = (\theta_s - \theta_0)z \tag{7.30}$$

当上覆积水层很薄时，$H_a \to 0$，式（7.29）变为

$$t = \frac{\theta_s - \theta_0}{K}\left[(z - s_m)\ln\frac{s_m + z}{s_m}\right] \tag{7.31}$$

入渗之初，$z \ll s_m + H_a$，因而 $H_a + s_m + z \approx H_a + s_m$，故有

$$\frac{dz}{dt} = \frac{K}{\theta_s - \theta_0}\frac{H_a + s_m}{z}$$

分离变量，积分得

$$z = \sqrt{\frac{2K}{\theta_s - \theta_0}(H_a + s_m)t} \tag{7.32}$$

t 时刻的入渗总量为

$$V_i = \sqrt{2K(\theta_s - \theta_0)(H_a + s_m)t} \tag{7.33}$$

入渗率

$$q_i = \sqrt{\frac{K(\theta_s - \theta_0)(H_a + s_m)}{2t}} \tag{7.34}$$

以上三式表明，入渗初期，入渗深度（z）和入渗量（V_i）与 $\sqrt{t}$ 成正比。入渗速率（q）与 $\sqrt{t}$ 成反比。

Green－Ampt 模型是一个古老模型，经 J. R. Philip 于 1969 年证实，把扩散系数 $D(\theta)$ 作为含水率（θ）的 δ 函数求出的解析解，和该模型的解是一致的，表明该模型至今仍有一定价值。

7.3.4 垂直入渗条件下的 Philip 解法

一维垂直入渗问题的方程为式（7.18）。若以 $z=z(\theta,\ t)$ 为因变量则要方便许多。为此有

$$\frac{\partial\theta}{\partial t}=\frac{\partial z}{\partial t}\Big/\frac{\partial z}{\partial\theta},\quad \frac{\partial\theta}{\partial z}=1\Big/\frac{\partial z}{\partial\theta}$$

将上述结果代入式（7.18），并取 z 轴向下，可得以 z 为因变量的垂直入渗方程如下：

$$-\frac{\partial z}{\partial t}=\frac{\partial}{\partial\theta}\left[\frac{D(\theta)}{\dfrac{\partial z}{\partial\theta}}\right]-\frac{\partial K(\theta)}{\partial z} \tag{7.35}$$

相应的定解条件为

$$\theta(z,0)=\theta_0(z) \tag{7.36}$$

$$\theta(0,t)=\theta_b,\quad t\geqslant 0 \tag{7.37}$$

$$\lim_{z\to\infty}\theta(z,t)=\theta_0,\quad t\geqslant 0 \tag{7.38}$$

Philip 级数解有下列形式

$$z(\theta,t)=\eta_1(\theta)t^{\frac{1}{2}}+\eta_2(\theta)t+\eta_3(\theta)t^{\frac{3}{2}}+\eta_4(\theta)t^2+\cdots=\sum_{i=1}^{\infty}\eta_i(\theta)t^{\frac{i}{2}} \tag{7.39}$$

由初始条件和边界条件可得

$$\eta_i(\theta_b)=0,\quad i=1,2,\cdots,\infty \tag{7.40}$$

$$\eta_i(\theta_0)\to\infty \tag{7.41}$$

当求得式（7.39）中的系数 $\eta_i(\theta)$ 的值后，就可求得任一时刻（t）不同含水率（θ）在土壤剖面上的位置（z）。下面以待定系数法来确定 $\eta_i(\theta)$ 值。为此把式（7.35）改写为

$$-\frac{\partial z}{\partial t}=\frac{\dfrac{\mathrm{d}D}{\mathrm{d}\theta}\dfrac{\partial z}{\partial\theta}-D\dfrac{\partial^2 z}{\partial\theta^2}}{\left(\dfrac{\partial z}{\partial\theta}\right)^2}-\frac{\mathrm{d}K}{\mathrm{d}\theta}$$

$$D\frac{\partial^2 z}{\partial\theta^2}+\frac{\mathrm{d}K}{\mathrm{d}\theta}\left(\frac{\partial z}{\partial\theta}\right)^2-\frac{\partial z}{\partial t}\left(\frac{\partial z}{\partial\theta}\right)^2-\frac{\mathrm{d}D}{\mathrm{d}\theta}\frac{\partial z}{\partial\theta}=0 \tag{7.42}$$

对式（7.39）分别对 θ 和 t 求导数，有

$$\frac{\partial z}{\partial\theta}=\sum_{i=1}^{\infty}\eta_i'(\theta)t^{\frac{1}{2}},\quad \frac{\partial^2 z}{\partial\theta^2}=\sum_{i=1}^{\infty}\eta_i''(\theta)t^{\frac{1}{2}},\quad \frac{\partial z}{\partial t}=\sum_{i=1}^{\infty}\frac{i}{2}\eta_i(\theta)t^{\frac{i}{2}-1}$$

$$\left(\frac{\partial z}{\partial\theta}\right)^2=[\eta_1'(\theta)]^2t+2\eta_1'(\theta)\eta_2'(\theta)t^{\frac{3}{2}}+\{2\eta_1'(\theta)\eta_3'(\theta)+[\eta_2'(\theta)]^2\}t^2$$
$$+2[\eta_1'(\theta)\eta_4'(\theta)+\eta_2'(\theta)\eta_3'(\theta)]t^{\frac{5}{2}}+\cdots$$

式中：$\eta_1'(\theta)$ 即$\dfrac{d\eta_1(\theta)}{d\theta}$，余类推。将上述各式代入式（7.42），并按 t 的方次合并同类项，得

$$Y_1 t^{\frac{1}{2}} + Y_2 t + Y_3 t^{\frac{3}{2}} + Y_4 t^2 + \cdots = \sum_{i=1}^{\infty} Y_i t^{\frac{i}{2}} = 0 \tag{7.43}$$

式中前四项系数分别为

$$Y_1 = D\eta_1''(\theta) - \frac{1}{2}\eta_1(\theta)[\eta_1'(\theta)]^2 - D'\eta_1'(\theta)$$

$$Y_2 = D\eta_2''(\theta) + K'[\eta_1'(\theta)]^2 - [\eta_1'(\theta)]^2\eta_2(\theta) - \eta_1(\theta)\eta_1'(\theta)\eta_2'(\theta) - D'\eta_2'(\theta)$$

$$\begin{aligned} Y_3 = {} & D\eta_3''(\theta) + 2K'\eta_1'(\theta)\eta_2'(\theta) - \frac{3}{2}\eta_3(\theta)[\eta_1'(\theta)]^2 - 2\eta_2(\theta)\eta_1'(\theta)\eta_2'(\theta) \\ & - \eta_1(\theta)\eta_1'(\theta)\eta_3'(\theta) - \frac{1}{2}\eta_1(\theta)[\eta_2'(\theta)]^2 - D'\eta_3'(\theta) \end{aligned}$$

$$\begin{aligned} Y_4 = {} & D\eta_4''(\theta) + K'\{2\eta_1'(\theta)\eta_3'(\theta) + [\eta_2'(\theta)]^2\} - 2[\eta_1'(\theta)]^2\eta_4(\theta) \\ & - 3\eta_1'(\theta)\eta_2'(\theta)\eta_3(\theta) - 2\eta_1'(\theta)\eta_3'(\theta)\eta_2(\theta) - [\eta_2'(\theta)]^2\eta_2(\theta) \\ & - \eta_1'(\theta)\eta_4'(\theta)\eta_1(\theta) - \eta_2'(\theta)\eta_3'(\theta)\eta_1(\theta) - D'\eta_4'(\theta) \end{aligned}$$

式（7.43）右端恒为零，而 t 则可以取任意数，显然要使式（7.45）成立，则系数 Y_1，Y_2，Y_3，Y_4，…，Y_i 必须都等于 0。由 $Y_1=0$，得

$$D(\theta)\eta_1''(\theta) - \frac{1}{2}\eta_1(\theta)[\eta_1'(\theta)]^2 - D'(\theta)\eta_1'(\theta) = 0$$

全式除以 $[\eta_1'(\theta)]^2$，整理可得 $\eta_1(\theta)$ 的解

$$\frac{d}{d\theta}\left[\frac{D(\theta)}{\dfrac{d\eta_1(\theta)}{d\theta}}\right] = -\frac{1}{2}\eta_1(\theta) \tag{7.44}$$

同理，由 $Y_2=0$ 可得

$$\begin{aligned} D(\theta)\eta_2''(\theta) + K'(\theta)[\eta_1'(\theta)]^2 - \eta_2(\theta)[\eta_1'(\theta)]^2 - \eta_1(\theta)\eta_1'(\theta)\eta_2'(\theta) \\ - D'(\theta)\eta_2'(\theta) = 0 \end{aligned}$$

式中 $D(\theta)$，$K(\theta)$ 是参数，$\eta_1(\theta)$，$\eta_1'(\theta)$ 前面已经求出，所以上式是一个关于 $\eta_2(\theta)$ 的二阶线性常微分方程，与式（7.44）联立，可得

$$\int_{\theta_0}^{\theta}\eta_2(\theta)d\theta = D(\theta)\left[\frac{d\theta}{d\eta_1(\theta)}\right]^2\frac{d\eta_2(\theta)}{d\theta} + K(\theta) - K(\theta_0) \tag{7.45}$$

由于 $\eta_1(\theta)$ 已知，且 $\eta_2(\theta_b)=0$，因此不难求出级数解的第二项系数 $\eta_2(\theta)$。具体求解时需要用到递推法。

同理，由 $Y_3=0$ 可解出 $\eta_3(\theta)$，由 $Y_4=0$ 可解出 $\eta_4(\theta)$。依此类推，可求得 $\eta_5(\theta)$，$\eta_6(\theta)$ ……当 t 较小时，这种级数收敛较快，一般只要取前四项就足够了。需要注意的是当 t 值很大，特别是 $t\to\infty$ 时，Philip 垂直入渗解所得结果与实际不符。

前面介绍了入渗的理论公式，由于公式比较复杂，用起来比较困难，在生产实践中常用数值法求解，有时还采用一些经验公式。需要注意的是后者各有其适用条件，必须根据具体情况选用。

7.4 蒸发条件下的土壤水分运动

7.4.1 基本概念

水由裸露的土壤表面散失到大气中称为土面蒸发。水被植物根系吸收后，由植物叶面散失到空气中称为蒸腾。自然界这两部分水分蒸发过程很难截然分开，作统一研究时合称腾发或蒸散发。腾发所消耗的水分一部分来自非饱和带土层中的水分，另一部分来自潜水面以下的地下水，通过非饱和带向上运移，由腾发消失在空气中。后者称为潜水蒸发。

单位时间从单位面积土壤表面蒸发损失的水量称为土面蒸发强度（E），常用 mm/d 为单位。土面蒸发强度的大小取决于两方面的因素：一是外部条件的影响，即由辐射、气温、湿度和风速等气象因素决定的大气蒸发能力。二是非饱和带向上输水能力。它由非饱和带剖面上的负压水头和含水率的大小与分布所决定，同时也与土壤性质有关。

蒸发分为稳定蒸发和不稳定蒸发两类。当外部条件不变，土壤水分蒸发量和地下水补给非饱和带的水量相平衡时，称为稳定蒸发状态；当没有补给或蒸发大于补给的情况下，非饱和带中水分不断消耗，处于不稳定蒸发状态。所以在稳定蒸发阶段，土壤水分蒸发强度等于潜水蒸发强度，在不稳定蒸发阶段，两者是不同的。

7.4.2 潜水的稳定蒸发

这种稳定蒸发一般只发生在气象条件恒定，潜水位埋藏浅，且有侧向补给维持潜水位不变的情况下。这个地区如果地下水矿化度较高，潜水随着土壤水分蒸发不断向上补给，盐分将在表层积累，导致向土壤盐碱化发展。

7.4.2.1 均质土的稳定蒸发

地表处的蒸发强度应与任一断面处的水通量相等，此通量也就是潜水蒸发强度。坐标原点选在潜水面处，z 轴向上为正。有

$$E = -K(\theta)\frac{\mathrm{d}H}{\mathrm{d}z} = -K\frac{\mathrm{d}(-h+z)}{\mathrm{d}z} = K\left(\frac{\mathrm{d}h}{\mathrm{d}z}-1\right) \tag{7.46}$$

上式积分，可得

$$z = \int \frac{\mathrm{d}h}{1+\dfrac{E}{K}} \tag{7.47}$$

式（7.47）可根据 K 和 h 的某种关系式进行积分，求得 z 和 h 的关系式。W. R. Gardner 将渗透系数与土壤负压之间关系写成下列形式

$$K = \frac{a_1}{h^n + a_2} \tag{7.48}$$

式中：a_1，a_2 和 n 为常数，n 值一般为 1 ~ 4，砂性土的值较大，粘性土的值较小。

W. R. Gardner根据 $n=1$，3/2，2，3，4 等几种情况分别求得潜水位埋深固定时，高程与负压的关系式。

如 $n=2$ 时，

$$z=\int \frac{\mathrm{d}h}{1+\frac{E}{a_1}(h^2+a_2)}$$

令 $\alpha=\frac{E}{a_1}$代入上式，得

$$z=\int \frac{\mathrm{d}h}{\alpha h^2+\alpha a_2+1}=\int \frac{\mathrm{d}h}{\alpha h^2+\beta}$$

式中：$\beta=\alpha a_2+1$。上式积分后得

$$z=\frac{1}{\sqrt{\alpha\beta}}\tan^{-1}\left(\sqrt{\frac{\alpha}{\beta}}h\right)+c$$

式中：c 为积分常数，由边界条件确定。如潜水面处有 $z=0$，$h=0$，代入上式，得 $c=0$，故上式可写成

$$z=\frac{1}{\sqrt{\alpha\beta}}\tan^{-1}\left(\sqrt{\frac{\alpha}{\beta}}h\right) \tag{7.49}$$

如已知表土蒸发强度（E），则可求得 α 和 β，由式（7.49）算出任一点 z 的负压值 h。

同理，可得 $n=1$，3/2，3，4 时，非饱和带的 z 和 h 的关系式：

$n=1$ 时，

$$z=\frac{1}{\alpha}\ln(\alpha h+\beta)+c \tag{7.50}$$

积分常数 c 可由边界条件 $z=0$，$h=0$ 确定，$c=-\frac{1}{\alpha}\ln\beta$。

$n=\frac{3}{2}$ 时，

$$z=\frac{2}{\alpha}\left\{\frac{1}{6\gamma}\ln\left[\frac{\gamma^2-\gamma\sqrt{h}+h}{(\gamma+\sqrt{h})^2}\right]+\frac{1}{\gamma\sqrt{3}}\tan^{-1}\left(\frac{2\sqrt{h}-\gamma}{\gamma\sqrt{3}}\right)\right\}+c \tag{7.51}$$

式中：$\gamma^2=\beta/\alpha$，积分常数 $c=\frac{\pi}{3\sqrt{3}}\frac{1}{\alpha\gamma}$。

$n=3$ 时，

$$z=\frac{1}{\alpha}\left\{\frac{1}{6\eta^2}\ln\left[\frac{(\eta+h)^2}{\eta^2+\eta h+h^2}\right]+\frac{1}{\eta^2\sqrt{3}}\tan^{-1}\left(\frac{2h-\eta}{\eta\sqrt{3}}\right)\right\}+c \tag{7.52}$$

式中：$\eta^2=\alpha$，积分常数 $c=\frac{\pi}{6\sqrt{3}}\frac{1}{\alpha\eta^2}$

$n=4$ 时，

$$z=\frac{1}{\alpha}\left[\frac{1}{4\rho^3\sqrt{2}}\ln\left(\frac{h^2+\rho h\sqrt{2}+\rho^2}{h^2-\rho h\sqrt{2}+\rho^2}\right)+\frac{1}{2\rho^3\sqrt{2}}\tan^{-1}\left(\frac{\rho h\sqrt{2}}{\rho-h^2}\right)\right]+c \tag{7.53}$$

式中：$\rho^2=\beta/\alpha$，积分常数 $c=0$。

当有关参数 a_1，a_2，n 已知时，由以上各式可求出给出稳定蒸发强度时，潜水位以上

负压或吸力的分布。

7.4.2.2 层状土的稳定蒸发

层状土条件下，同样可以根据均质土的公式分析各层土剖面上负压和含水率的分布。在稳定蒸发条件下，层状土水分运动有下列特点：

1）大气蒸发能力足够大，蒸发主要取决于土壤的输水能力，潜水面以上各层土水分运动的流量相等，并等于地表蒸发强度，即

$$E = q_1 = q_2 = \cdots = q_n \tag{7.54}$$

2）两层土分界面上的负压是连续的，即第 i 层土下界面处的负压 h_i 与相邻第 $i+1$ 层土上界面处的负压 $h_{0(i+1)}$ 相等，有

$$h_1 = h_{02}, \quad h_2 = h_{03}, \quad \cdots, \quad h_i = h_{0(i+1)} \tag{7.55}$$

但要注意含水率和渗透系数等在界面处是不连续的（图 7.7）。

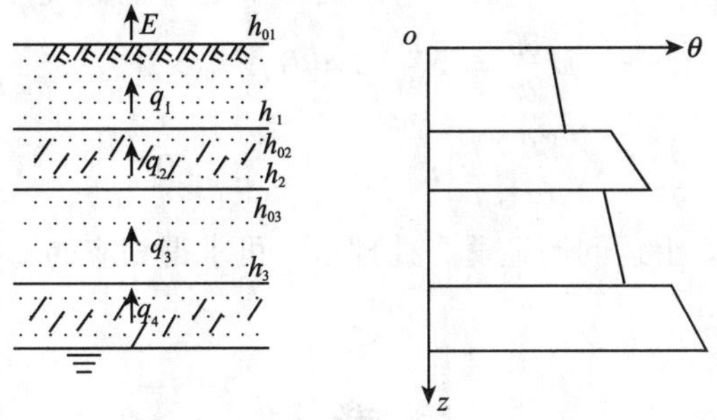

图 7.7　层状土稳定蒸发示意图

设各层土的渗透系数用同一经验公式表示，如式（7.48）所示。现任取一层土分析，设其上界面高程为 z_0，下界面高程为 z，层厚为 d，若设 $h^n \gg a_2$，忽略 a_2，取 $\beta=1$，代入式（7.49）可计算相应的 z_0 和 z，由此得

$$d = \frac{1}{\sqrt{E/a_1}}\left[\tan^{-1}\left(h_0\sqrt{\frac{E}{a_1}}\right) - \tan^{-1}\left(h\sqrt{\frac{E}{a_1}}\right)\right] \tag{7.56}$$

7.4.2.3 经验公式

稳定蒸发时，土面蒸发强度、土壤水分通量和潜水蒸发强度是相等的。后者经国内外学者的大量研究，提出不少经验公式。如 Аверьянов（阿别列也诺夫）公式：

$$E = E_0\left(1 - \frac{\Delta}{\Delta_0}\right)^n \tag{7.57}$$

式中：E 为潜水蒸发强度；E_0 为计算时段内水面蒸发强度；Δ 为地下水埋深；Δ_0 为潜水停止蒸发（$E\approx0$）时的地下水埋深；n 为与土质有关的经验系数，通常取 1～3。

Δ_0 的确定有些麻烦，为此叶水庭等提出一个较为简单的公式：

$$E = E_0 e^{-a\Delta} \tag{7.58}$$

式中：a 为经验指数；其余符号同前。

类似的经验公式还有一些，但应指出所有经验公式都有它的适用条件。

7.4.3 土壤水的非稳定蒸发

稳定蒸发只能在潜水埋藏较浅，侧向有充分补给维持水位不变的情况下才有可能。很多情况下，潜水埋藏深不能或不能充分补充上部土壤因蒸发而失去的水分，出现土壤不断变干的土壤水非稳定运动。此时常见的水流方程为

$$\frac{\partial \theta}{\partial t} = \frac{\partial}{\partial z}\left[D(\theta)\frac{\partial \theta}{\partial z}\right] + \frac{\partial K(\theta)}{\partial z} \tag{7.59}$$

为简便起见，重力项常被忽略，方程简化为

$$\frac{\partial \theta}{\partial t} = \frac{\partial}{\partial z}\left[D(\theta)\frac{\partial \theta}{\partial z}\right] \tag{7.60}$$

相应的初始条件和边界条件有

$$\theta = \theta_0;\quad 0 \leqslant z \leqslant L,\quad t = 0 \tag{7.61}$$

$$D\frac{\partial \theta}{\partial z} = E;\quad z = 0,\quad t > 0 \tag{7.62}$$

$$\frac{\partial \theta}{\partial z} = 0;\quad z = L,\quad t \geqslant 0 \tag{7.63}$$

式中：L 为潜水面埋深。上述问题经适当处理后，可求得相应的解析解。

思 考 题

1. 为什么对于饱和流动，不透水边界的边界条件为$\frac{\partial H}{\partial n}=0$，而对于垂直入渗的非饱和流动，不透水边界的边界条件为$\frac{\partial h_c}{\partial z}=1$。

2. 图 7.8 为一个垂直入渗情况下的饱和－非饱和流动模型。地面入渗率为 $R(t)$，潜水面的埋深 $s(t)$ 随时间而变化，初始埋深为 $s(0)=L$，潜水含水层底板隔水。试写出该情况下的饱和－非饱和流动的数学模型。

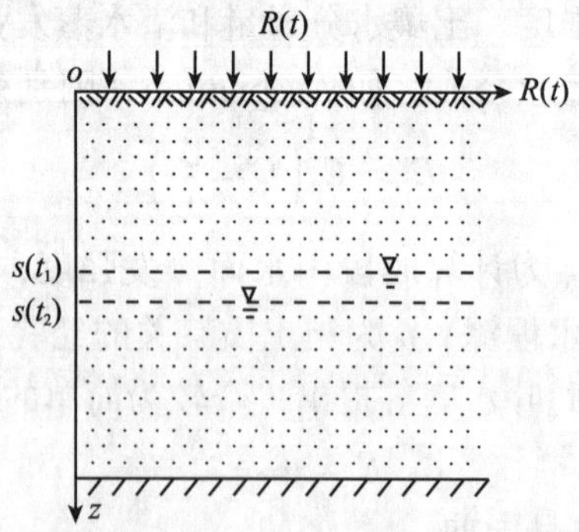

图 7.8 垂直入渗情况下的饱和－非饱和流动模型

第 8 章　地下水中的溶质（污染物）运移和热量运移

不论溶解在地下水中，还是以单独液相出现的组分，当它们危及地下水作为一种资源来应用（饮用、工业用、农业用、市政用）时，这些组分就称为污染物。这些污染物有的是天然成因的，如山西北部地下水中的砷，胶东半岛的海水入侵和咸水入侵；有的则和人类活动有关，如生活污水、工业污水和工业垃圾的不当排放以及农业肥料、农药的广泛使用。随着石油制品的广泛使用，贮油罐渗漏也成了一个污染源。从贮油罐中流出的液体仅仅只有少量可溶，它们与水接触时形成一个单独的液面。这类污染物称为非水相液体，简写为 NAPLs（nonaqueous phase liquids）。石油组分是最常见的 NAPLs。如果土体只是部分饱和，这样空气就和水及非水相液体一起三相共存于土壤中。一旦 NAPLs 到达地下水面，就在地下水面上形成一个类似薄饼状的层。因为它比水轻，所以浮着，这类 NAPLs 称为轻非水相液体或 LNAPLs（lighter - than water nonaqueous phase liquids）。一旦 LNAPLs 到达地下水面，会在重力作用下沿着地下水表面运动（图 8.1）。

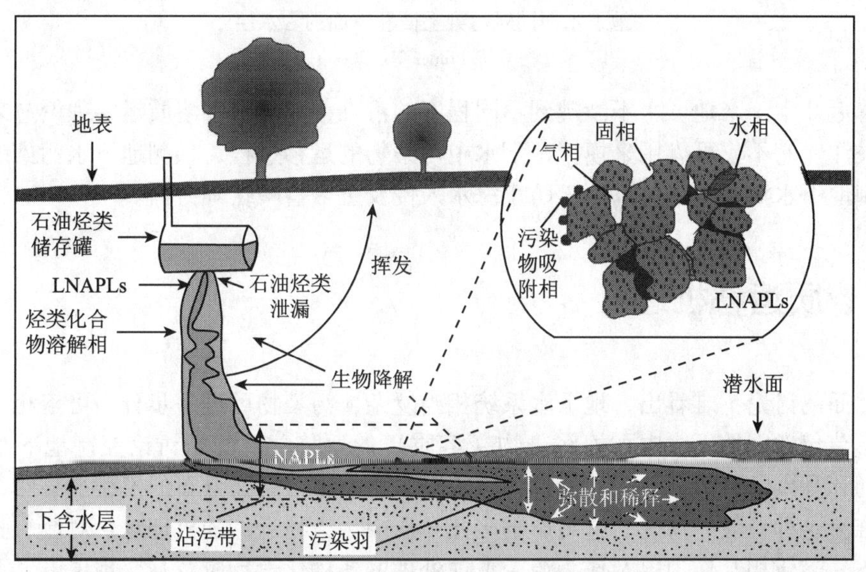

图 8.1　石油渗漏造成的地下水污染。石油流向地下水面，在那里开始扩散并沿地下水面倾斜方向流动。由于少量可溶性石油的某些组分溶解在地下水中，沿地下水流方向运动（据 G. F. Pinder 等，2006）

当进入地下的 NAPLs 比水重时，称为重非水相液体或 DNAPLs（dense nonaqueous phase liquids）。和 LNAPLs 不一样，DNAPLs 不可能聚集在地下水面上，因为它的密度比水大，它会继续垂直向下运动直至碰到一个会阻止其流动的地层（图 8.2）。DNAPLs 在运移过程中形成黏稠状不易流动。即使不易流动，它仍可挥发形成气态或溶解生成一个污染羽。这种污染羽可以移动很远的距离。

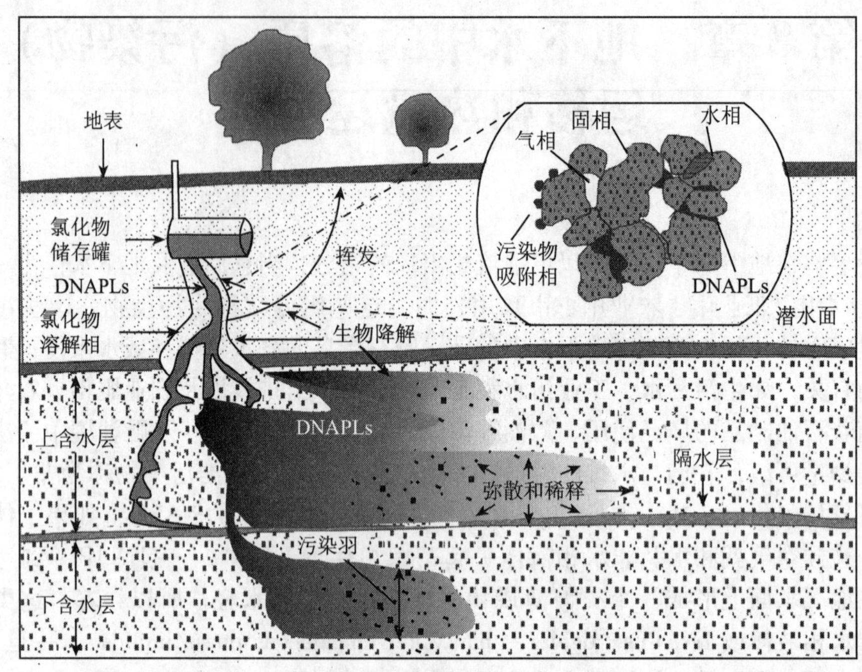

图 8.2　一种密度大于水的微溶液体进入地下并垂直向下运动，通过地下水面同时污染上面和下面的含水层

（据 G. F. Pinder 等，2006）

随着近几十年来地下水不断遭到不同程度的污染，地下水中溶质运移理论愈来愈引起人们的关注。它不仅可以用来模拟地下水中污染物的运移过程，预测地下水污染的发展趋势，控制地下水污染，还可以用于防止海水入侵及土壤盐碱化等方面。

8.1　溶质运移机理

从上面的讨论不难看出，地下水系统相当复杂，污染物可进一步分为可溶相和分散相两类。本节仅考虑地下水中可溶污染物（溶质）的运移。目的是讨论控制地下水流中污染物运动和积聚的规律，并构建能够预报未来含水层中污染物分布的模型。显然，我们应考虑三维流这种一般的情况。这时影响多孔介质中污染物运移的机理是：对流、弥散和扩散，固体－溶质相互作用以及作为源－汇项处理的各种化学反应及衰变现象。

（1）对流

这是一种溶质随水流一起运移的运动。需要注意的是，一部分被分子引力束缚在固体上的结合水以及死端孔隙中的水是不参与这种流动的，只有在水力坡度作用下参与循环的水才参与这种流动。因此，多孔介质中只有相当于有效孔隙度的这部分孔隙是有效的。

（2）水动力弥散

先考察两个实例。通过它们可以大致了解水动力弥散现象是怎么回事。

【例 8.1】若在一口井中注入某种浓度的一种示踪剂，则在附近观测孔中可以观察到示踪剂不仅随地下水流一起运移，而且逐渐扩散开来，超出了仅按平均实际流速所能预期到达的范围，并有垂直于水流方向的扩散（如图 8.3 所示），不存在突变界面。

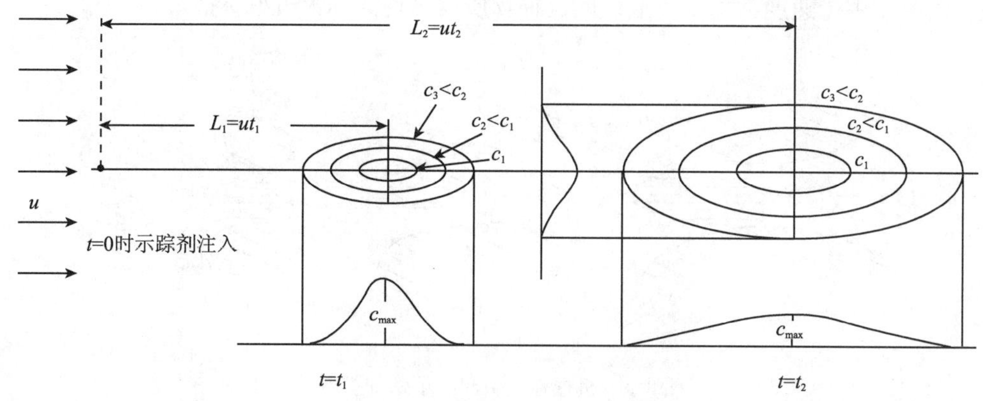

图 8.3　示踪剂的纵向、横向扩展

（据 J. Bear，1979）

【例 8.2】将装满均质砂的圆柱形管用水饱和，并让水流不断地稳定均匀通过，在某一时刻（$t=0$），开始注入含有示踪剂浓度为 c_0 的水去替代原来不含示踪剂的水，在砂柱末端测量示踪剂浓度的变化 $c(t)$。绘制示踪剂相对浓度对时间的曲线（图 8.4，图中 Q 为流量；V_0 为砂柱的孔隙体积）。曲线呈 S 形，而不是图中虚线所示的形状。

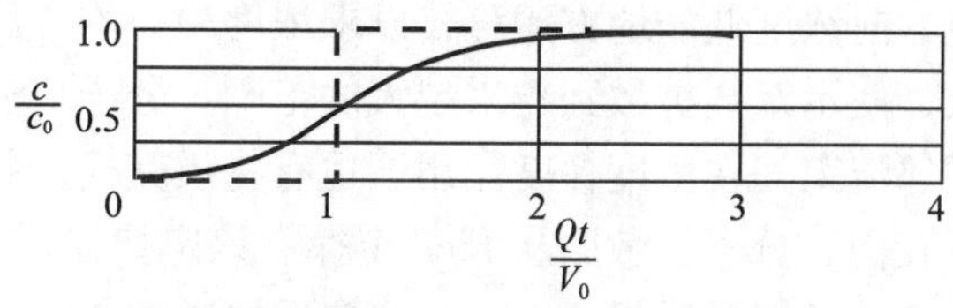

图 8.4　砂柱中一维流动的穿透曲线

上述事实说明，存在一种特殊的现象。因为如果不存在这种现象，示踪剂应按水流的平均流速移动；含示踪剂和不含示踪剂的水的接触界面应该是突变的；示踪剂也不应在横向扩展开来。图 8.4 中，曲线应出现虚线所示形式，即有一个以实际平均流速移动的直立锋面。以上事实说明，在两种成分不同的可以混溶的液体之间存在着一个不断加宽的过渡带。经验显示随着水流继续，过渡带的宽度会增加。也就是说，这种示踪剂标记水的扩散，超出了水按 Darcy 定律运动所描述的带，无法用水的平均流动来解释。这种现象称为水动力弥散。因此，所谓水动力弥散就是多孔介质中所观察到的两种成分不同的可混溶液体之间过渡带的形成和演化过程。这是一个不稳定的不可逆转的过程。

水动力弥散是由溶质在多孔介质中的机械弥散和分子扩散所引起的，现分述如下：

1）机械弥散。在多孔介质中，无论液体运动速度的大小还是方向，都是很不均一的。这主要和下列情况有关：由于液体有黏滞性以及结合水对重力水的摩擦阻力，使得最靠近隙壁部分的（重力）水流速度趋近于零，向轴部流速逐渐增大，至轴部最大（图 8.5a）；孔隙的大小不一，造成不同孔隙间轴部最大流速有差异（图 8.5b）；孔隙本身弯弯曲曲，水流方向也随之不断改变，因此对水流平均方向而言，具体流线的位置在空间是摆动的（图 8.5c）。这几种现象是同时发生的，由此造成开始时彼此靠近的示踪剂质点群在流动过程中不是一律按平均流速运动，而是不断向周围扩散，超出按平均流速所预期的扩散范围。沿平均速度方向和垂直它的方向上，都可以看到这种扩散现象。液体通过多孔介质流动时，由于速度不均一所造成的这种物质运移现象称为机械弥散。

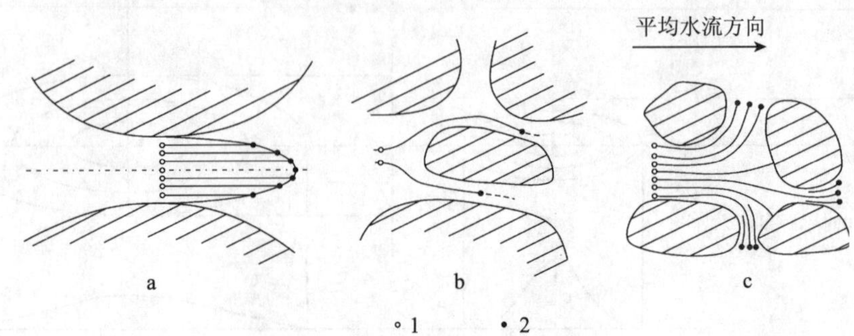

图 8.5　机械弥散引起的示踪剂扩展

1，2—t 时刻和 $t+\Delta t$ 时刻液体质点的位置

2）分子扩散。虽然上面提到的扩散在纵向，即平均水流方向和垂直平均水流方向都有（最初在前者方向）。但仅靠这种速度变化只能导致垂直平均水流方向上很少量的扩散，无法解释垂直水流方向上示踪剂质点占据宽度的不断扩大。为了解释这种现象，必须归因于分子扩散。

分子扩散是由于液体中所含溶质的浓度不均一而引起的一种物质运移现象。浓度梯度使得物质从浓度高的地方向浓度低的地方运移，以求浓度趋向均一。因此，即使在静止液体中也会发生分子扩散，使示踪剂扩散到越来越大的范围。分子扩散使同一流束内物质的浓度趋于均一，而且相邻流束间在浓度梯度作用下也有物质交换，导致横向浓度差减小。

物理学的知识告诉我们，分子扩散服从 Fick 定律。该定律揭示了溶液中溶质的扩散，在单位时间内通过单位面积的溶质质量（I_0）与该溶质的浓度梯度成正比，即

$$I_0 = -D_d \frac{\partial c}{\partial s} \tag{8.1}$$

式中：$\frac{\partial c}{\partial s}$为该溶质在溶液中的浓度（$c$）沿方向（$s$）变化的浓度梯度；比例系数（$D_d$）称为扩散系数，量纲为［$L^2T^{-1}$］。不同溶质的扩散系数各不相同，同一物质在不同温度下的扩散系数也不同。在浓度低的情况下，可以认为它是一个与浓度无关的常数。由于扩散是沿着浓度减小的方向进行的，而扩散系数总是正的，所以式中要加一负号。

液体在多孔介质中流动时，机械弥散和分子扩散是同时出现的，事实上也不可分。这种划分带有某种人为的性质。事实上，“纯”机械弥散不可能存在。因为当示踪剂质点沿着微小的流管运移时，分子扩散不仅使流管中的浓度趋于拉平，而且还使示踪剂质点从一条流管移向相邻的另一条流管，导致横向浓度差的减小。但分子扩散，即使在没有水流运动的情况下也能单独存在。显然，机械弥散和分子扩散都会使溶质既沿平均流动方向扩散又沿垂直于它的方向扩散。前者称为纵向弥散，后者称为横向弥散。

对流、弥散和分子扩散是传统上认为导致溶质在地下水中运移的主要因素。除了它们，某些其他现象也会影响多孔介质中溶质的浓度分布，如多孔介质中固体颗粒表面对溶

质的吸附，水对固体骨架的溶解及离子交换、沉淀等。此外，液体内部的化学反应也可导致溶质浓度的变化。

一般来说，溶质浓度的变化会导致液体密度和黏度的变化。这些变化反过来又会影响水流状态，即速度的变化，但在通常情况下，这类影响不大，可以忽略。

8.2 弥散通量、扩散通量和水动力弥散系数

如在第1章中所述，由于多孔介质几何结构的复杂性，从微观水平上研究一个点的运动规律实际上是不可能的；同样，从微观水平来研究弥散也是困难的。因此，和定义渗流速度一样，也从宏观上来描述弥散现象。下面所涉及的物理量和渗流速度一样，都是定义在典型单元体（REV）上的平均值。

8.2.1 弥散通量和扩散通量

如前述，分子扩散服从Fick定律，通过实验和理想模型研究，证实机械弥散也能用这个定律来描述。根据Fick定律，多孔介质中的分子扩散可用下式描述：

$$\boldsymbol{I}'' = -\boldsymbol{D}'' \cdot \nabla c \tag{8.2}$$

式中：$\boldsymbol{I}''$为由于分子扩散在单位时间内通过单位面积的溶质质量，即扩散通量；$\boldsymbol{D}''$为多孔介质中的分子扩散系数，量纲为［L^2T^{-1}］，是二秩张量；c为该溶质在溶液中的浓度；∇为梯度算子，定义为$\nabla(\cdot) = \frac{\partial(\cdot)}{\partial x}\boldsymbol{i} + \frac{\partial(\cdot)}{\partial y}\boldsymbol{j} + \frac{\partial(\cdot)}{\partial z}\boldsymbol{k}$，其中$\boldsymbol{i}$，$\boldsymbol{j}$，$\boldsymbol{k}$为三个坐标轴方向的单位矢量。对于机械弥散则有

$$\boldsymbol{I}' = -\boldsymbol{D}' \cdot \nabla c \tag{8.3}$$

式中：$\boldsymbol{I}'$为由于机械扩散造成的在单位时间内通过单位面积的溶质质量，即弥散通量；$\boldsymbol{D}'$为机械弥散系数，量纲为［L^2T^{-1}］，也是二秩张量；c的含义同前。$\boldsymbol{D}'$和$\boldsymbol{D}''$的量纲相同，由此定义水动力弥散系数（$\boldsymbol{D}$）：

$$\boldsymbol{D} = \boldsymbol{D}' + \boldsymbol{D}'' \tag{8.4}$$

$\boldsymbol{D}$也是二秩张量。由水动力弥散在单位时间内通过单位面积的溶质质量（水动力弥散通量）$\boldsymbol{I}$为

$$\boldsymbol{I} = \boldsymbol{I}' + \boldsymbol{I}'' = -\boldsymbol{D} \cdot \nabla c \tag{8.5}$$

它和渗流速度一样应用于介质的整个断面。

8.2.2 水动力弥散系数

水动力弥散系数（$\boldsymbol{D}$）有下列特点：

1）是二秩张量，通常认为是对称的；

2）它有主方向：一个与水流速度矢量的方向（即与流体有关，和介质无关）一致，另外两个方向一般是任意的，但要与第一个方向垂直。

3）该系数大小取决于水流速度的模量。

所以 $\boldsymbol{D}$ 具有各向异性的特点，即使介质的渗透性各向同性，弥散系数仍然可能具有各向异性的特点，因弥散张量的各向异性源于浓度的传播在速度方向要快于其横向传播。如果选择 x 轴与该点处的平均流速方向一致，y 轴和 z 轴则与平均流速方向垂直，则上式也可以写成更容易被理解的形式：

$$I_x = -D_{xx}\frac{\partial c}{\partial x},\quad I_y = -D_{yy}\frac{\partial c}{\partial y},\quad I_z = -D_{zz}\frac{\partial c}{\partial z} \tag{8.6}$$

或

$$\begin{bmatrix} I_x \\ I_y \\ I_z \end{bmatrix} = -\begin{bmatrix} D_{xx} & 0 & 0 \\ 0 & D_{yy} & 0 \\ 0 & 0 & D_{zz} \end{bmatrix}\begin{bmatrix} \dfrac{\partial c}{\partial x} \\ \dfrac{\partial c}{\partial y} \\ \dfrac{\partial c}{\partial z} \end{bmatrix} \tag{8.7}$$

此时水动力弥散系数张量：

$$\boldsymbol{D} = \begin{bmatrix} D_{xx} & 0 & 0 \\ 0 & D_{yy} & 0 \\ 0 & 0 & D_{zz} \end{bmatrix} = \begin{bmatrix} D_{\mathrm{L}} & 0 & 0 \\ 0 & D_{\mathrm{T}} & 0 \\ 0 & 0 & D_{\mathrm{T}} \end{bmatrix} \tag{8.8}$$

坐标轴方向称为弥散主轴。D_{xx} 或 D_{L} 称为纵向弥散系数（沿水流方向）；D_{yy}，D_{zz} 或 D_{T} 称为横向弥散系数（与速度呈正交的两个方向）。由于弥散主轴的方向依赖于流速方向，即使在均质各向同性介质中，各点弥散主轴的方向也会随着水流方向的改变而各不相同。

水动力弥散系数在研究地下水溶质运移问题中的意义可以和渗透系数在研究地下水运动问题中的意义相类比，是一个很重要的参数。通过大量在未固结的多孔介质中的实验，得到了如图 8.6 所示的曲线。图中，纵坐标是从实验室得到的纵向弥散系数（D_{L}）与溶

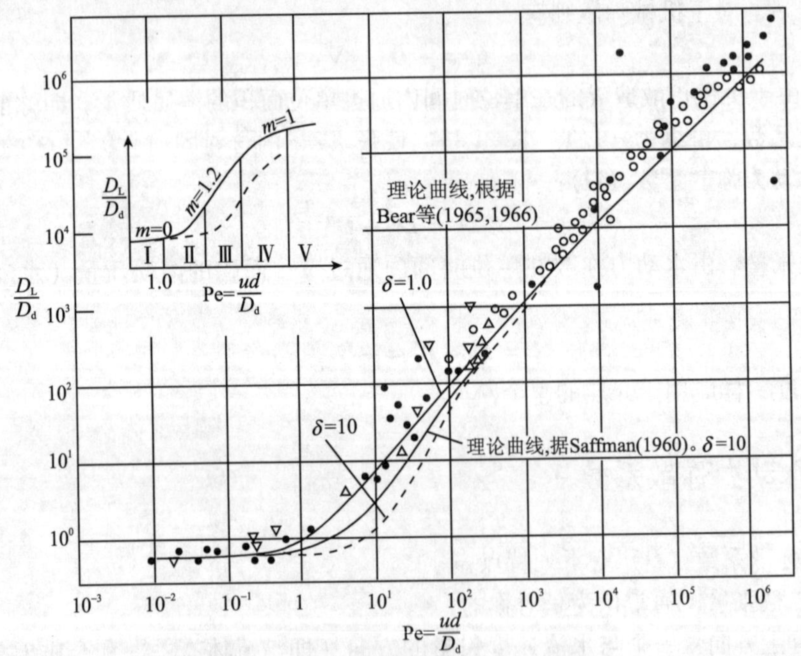

图 8.6 分子扩散和水动力弥散间的关系

（据 J. Bear，1979）

质在所研究的液相中的分子扩散系数（D_d）的比值，横坐标是一个无量纲的量：

$$Pe = \frac{ud}{D_d} \tag{8.9}$$

称为 Peclet 数。其中，u 为实际平均流速；d 为多孔介质的某种特征长度，如多孔介质的平均粒径等。该无量纲数表示实际流速和分子扩散系数相比的相对大小，Pe 数愈大，表示流速相对愈大。根据这条曲线的变化情况，大致可以分为五个区。

第Ⅰ区：实际流速很小，以分子扩散为主，相当于曲线上 D_L/D_d 接近于常数的一段。

第Ⅱ区：对应的 Peclet 数 Pe 约在 0.4～5 之间，曲线开始向上弯曲，机械弥散已达到和分子扩散相同的数量级。因此，应当研究两者的和，而不应忽略其中的任何一个。

第Ⅲ区：物质运移主要由机械弥散和分子扩散相结合而产生。横向分子扩散往往会削弱纵向物质运移，试验结果得出 $D_L/D_d = \alpha(Pe)^m$，$\alpha \approx 0.5$，$1 < m < 1.2$。

第Ⅳ区：以机械弥散为主，分子扩散的作用已经可以忽略不计，但流速尚未达到偏离 Darcy 定律的程度。本区相当于图中的直线部分。实验给出 $D_L/D_d = \beta Pe$，$\beta \approx 1.8$。

第Ⅴ区：仍属于机械弥散为主的区域，与第Ⅳ区的区别在于水流速度已达到超出 Darcy定律适用的范围。惯性力和紊流的影响造成纵向物质运移减少，曲线斜率减缓。

上述曲线说明，弥散系数和孔隙空间几何形状、水流速度、分子扩散有关。它们之间的关系如下式所示：

$$D'_{ij} = \sum_{k=1}^{3} \sum_{m=1}^{3} \alpha_{ij\,km} \frac{u_k u_m}{u} f(Pe, \delta) \tag{8.10}$$

式中：D'_{ij}为机械弥散系数，为二秩对称张量，这是它的一个分量（此处下标 i，j 代表 x，y，z 或 x，y 方向）；$\alpha_{ij\,km}$为多孔介质的弥散度，为四秩张量。在饱和流动中它反映多孔介质固体骨架的几何性质，量纲为［L］；u 为地下水实际平均流速，u_k，u_m 分别为它在坐标轴 x_k，x_m 上的分量；δ 为表示水流通道形状特征的系数，无量纲；$f(Pe, \delta) = \frac{Pe}{2 + Pe + 4\delta^2}$为在微观水平上考虑相邻流线之间由分子扩散所引起的对物质运移影响的函数，这个影响和机械弥散是不可分的。

Pe 较大时，由 $f(Pe, \delta)$ 的表达式可以看出，$f(Pe, \delta) \approx 1$。也就是说，分子扩散对机械弥散系数的影响就变得微不足道了。由式（8.10）不难看出，这时机械弥散系数和实际平均流速之间呈线性关系。对于大多数实际问题来说，都属于这种情形，总是假定 $f(Pe, \delta) = 1$。

对于各向同性多孔介质，$\alpha_{ij\,km}$的分量只和两个参数有关：α_L（量纲为［L］）称为各向同性介质的纵向弥散度 和 α_T（量纲为［L］）称为横向弥散度。各向同性多孔介质的弥散度通过 α_L 和 α_T 可表示为

$$\alpha_{ij\,km} = \alpha_T \delta_{ij} \delta_{km} + \frac{\alpha_L - \alpha_T}{2} (\delta_{ik} \delta_{jm} + \delta_{im} \delta_{jk}) \tag{8.11}$$

式中：δ_{ij} 为 Kronecker Delta（$i \neq j$ 时，$\delta_{ij} = 0$；$i = j$ 时，$\delta_{ij} = 1$）。联合式（8.11）和式（8.10），并取 $f(Pe, \delta) = 1$，可得

$$D'_{ij} = \alpha_T u \delta_{ij} + (\alpha_L - \alpha_T) u_i u_j / u \tag{8.12}$$

机械弥散系数（D'_{ij}）虽然也是二秩对称张量，但和同为二秩对称张量的多孔介质的

渗透率（k_{ij}）有一个基本差别。对 k_{ij} 而言，各向同性介质中空间任何三个相互正交的方向都可成为主方向。可是，由于速度类型的影响，一个点弥散系数（D_{ij}）的主轴常位于通过该点流线的切线方向及两个和它正交的方向上。图 8.7 给出了这些方向。单位矢量 $\boldsymbol{N}$，$\boldsymbol{T}$ 和 $\boldsymbol{B}$ 分别称为曲线的主法线方向、切线方向和副法线方向。因此，虽然多孔介质是各向同性的，在一个水流区域的任何点上都会有不同的一组主方向。随着速度从一个点到另一个点不断变化着，弥散的主轴也跟着变化。而且，在每个点上，这些方向随着水流类型的改变而连续地变化着。弥散系数对速度的这种依赖关系在求解污染问题时会导致严重的困难，特别是在不稳定流和速度随密度（以及浓度）改变时。

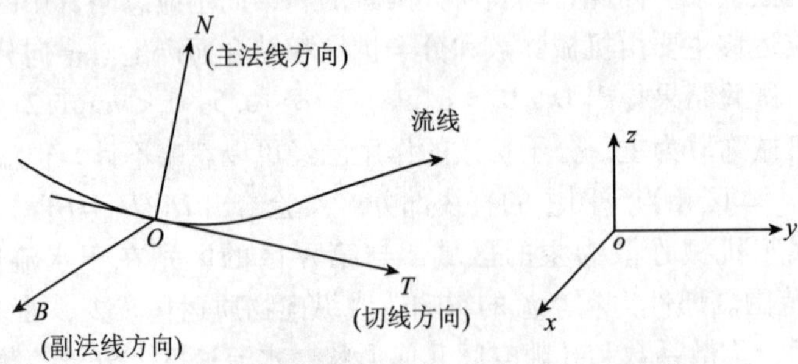

图 8.7　弥散系数主轴

在笛卡儿坐标系中，根据速度分量 u_x，u_y，u_z，由式（8.12）可得

$$\left.\begin{aligned}
D'_{xx} &= \alpha_T u + (\alpha_L - \alpha_T)u_x^2/u = [\alpha_T(u_y^2 + u_z^2) + \alpha_L u_x^2]/u \\
D'_{xy} &= (\alpha_L - \alpha_T)u_x u_y/u = D'_{yx} \\
D'_{xz} &= (\alpha_L - \alpha_T)u_x u_z/u = D'_{zx} \\
D'_{yy} &= \alpha_T u + (\alpha_L - \alpha_T)u_y^2/u = [\alpha_T(u_x^2 + u_z^2) + \alpha_L u_y^2]/u \\
D'_{yz} &= (\alpha_L - \alpha_T)u_y u_z/u = D'_{zy} \\
D'_{zz} &= \alpha_T u + (\alpha_L - \alpha_T)u_z^2/u = [\alpha_T(u_x^2 + u_y^2) + \alpha_L u_z^2]/u
\end{aligned}\right\} \tag{8.13}$$

如果在某一点上选择笛卡儿坐标系，使得其中一个轴如 x 和该点处的平均流速 $\boldsymbol{u}$ 方向一致，则该点上，式（8.12）简化为

$$D'_{xx} = \alpha_L u,\quad D'_{yy} = \alpha_T u,\quad D'_{zz} = \alpha_T u,\quad D'_{xy} = D'_{xz} = D'_{yx} = \cdots = 0 \tag{8.14}$$

它们可写成矩阵形式

$$[D'_{ij}] = \begin{bmatrix} \alpha_L u & 0 & 0 \\ 0 & \alpha_T u & 0 \\ 0 & 0 & \alpha_T u \end{bmatrix} \tag{8.15}$$

读者注意，在这样的均匀流中仍然有 x_2 和 x_3 方向的侧向弥散。并称该 D'_{ij} 中的坐标系统（即一个点的水流方向和垂直它的两个方向）为弥散主轴。系数 D'_{11}，D'_{22} 和 D'_{33} 称为机械弥散系数的主值。在这种情况下，称 D'_{11} 为纵向机械弥散系数，D'_{22} 和 D'_{33} 为横向机械弥散系数。

前面用很多篇幅介绍了机械弥散系数，下面简要地介绍扩散通量表达式中的分子扩散系数（$\boldsymbol{D}''$），在多孔介质中它是一个二秩张量，并可进一步表示为

$$\boldsymbol{D}'' = \boldsymbol{T}^* \boldsymbol{D}_\mathrm{d} \tag{8.16}$$

式中：$\boldsymbol{T}^*$ 为弯曲率，也是一个二秩对称张量，用来表示水占据部分多孔介质结构的影响。

8.3 对流-弥散方程（污染物的运移方程）及其定解条件

考虑到有某种溶质和溶剂组成的二元体系。以充满液体的渗流区内任一点 P 为中心，取一无限小的六面体单元，各边长为 Δx，Δy 和 Δz，选择 x 轴和 P 点处的平均流速方向一致，来研究该单元中的溶质质量守恒。

先研究由水动力弥散所引起的物质运移。Δt 时间内沿 x 轴方向水动力弥散流入的溶质质量为 $I_x n\Delta y\Delta z\Delta t$。其中，$n$ 为空隙度。而 Δt 时间内从单元体流出的溶质的质量为 $\left(I_x+\frac{\partial I_x}{\partial x}\Delta x\right)n\Delta y\Delta z\Delta t$。因此，沿 x 轴方向流入与流出单元体的溶质质量差即单元体内溶质质量的变化为 $-\frac{\partial I_x}{\partial x}n\Delta x\Delta y\Delta z\Delta t$。同理，沿 y 轴方向和 z 轴方向单元体内溶质质量的变化分别为 $-\frac{\partial I_y}{\partial y}n\Delta x\Delta y\Delta z\Delta t$ 和 $-\frac{\partial I_z}{\partial z}n\Delta x\Delta y\Delta z\Delta t$。

如前述，溶质还要随水流一起运移，现在来研究由于这种运动所引起的单元体内溶质质量的变化。Δt 时间内沿 x 轴方向随水流一起流入的溶质的质量为 $cv_x\Delta y\Delta z\Delta t$，流出单元体的溶质的质量为 $\left(cv_x+\frac{\partial(v_xc)}{\partial x}\Delta x\right)\Delta y\Delta z\Delta t$。因此，沿 x 轴方向流入与流出的溶质质量差，即由水流运动（习惯地把它比喻为对流）所引起的单元体内溶质质量的变化为 $-\frac{\partial(v_xc)}{\partial x}\Delta x\Delta y\Delta z\Delta t$。同理，沿 y 轴方向和 z 轴方向由水流运动所引起的单元体内溶质质量的变化分别为 $-\frac{\partial(v_yc)}{\partial y}\Delta x\Delta y\Delta z\Delta t$ 和 $-\frac{\partial(v_zc)}{\partial z}\Delta x\Delta y\Delta z\Delta t$。在 Δt 时间内由于弥散和水流运动所引起的单元体内总的溶质质量变化为

$$-\left[n\left(\frac{\partial I_x}{\partial x}+\frac{\partial I_y}{\partial y}+\frac{\partial I_z}{\partial z}\right)+\frac{\partial(v_xc)}{\partial x}+\frac{\partial(v_yc)}{\partial y}+\frac{\partial(v_zc)}{\partial z}\right]\Delta x\Delta y\Delta z\Delta t$$

若 Δt 时间内，单元体内溶质的浓度发生了 $\frac{\partial c}{\partial t}\Delta t$ 的变化，单元体内的液体体积为 $n\Delta x\Delta y\Delta z$，则由它所引起的该单元体内溶质质量的变化为

$$n\frac{\partial c}{\partial t}\Delta x\Delta y\Delta z\Delta t$$

如果没有由于化学反应及其他原因（如抽水、吸附等）所引起的溶质质量变化，则根据质量守恒定律，两者应相等，即

$$n\frac{\partial c}{\partial t}\Delta x\Delta y\Delta z\Delta t=-\left[n\left(\frac{\partial I_x}{\partial x}+\frac{\partial I_y}{\partial y}+\frac{\partial I_z}{\partial z}\right)+\frac{\partial(v_xc)}{\partial x}+\frac{\partial(v_yc)}{\partial y}+\frac{\partial(v_zc)}{\partial z}\right]\Delta x\Delta y\Delta z\Delta t$$

当坐标轴与水流平均流速方向一致时，有式（8.6）

$$I_x=-D_{xx}\frac{\partial c}{\partial x},\quad I_y=-D_{yy}\frac{\partial c}{\partial y},\quad I_z=-D_{zz}\frac{\partial c}{\partial z}$$

把它们代入上式，并化简得

$$\frac{\partial c}{\partial t}=\frac{\partial}{\partial x}\left(D_{xx}\frac{\partial c}{\partial x}\right)+\frac{\partial}{\partial y}\left(D_{yy}\frac{\partial c}{\partial y}\right)+\frac{\partial}{\partial z}\left(D_{zz}\frac{\partial c}{\partial z}\right)-\frac{\partial(u_x c)}{\partial x}-\frac{\partial(u_y c)}{\partial y}-\frac{\partial(u_z c)}{\partial z} \tag{8.17}$$

式（8.17）称为对流－弥散方程（水动力弥散方程）。它右端后三项表示水流运动（对流）所造成的溶质运移，前三项表示水动力弥散所造成的溶质运移。

如果还有化学反应或其他原因所引起的溶质质量变化，且单位时间单位体积含水层内由此引起的溶质质量的变化为f，则应把它加到方程式（8.17）的右端，有

$$\frac{\partial c}{\partial t}=\frac{\partial}{\partial x}\left(D_{xx}\frac{\partial c}{\partial x}\right)+\frac{\partial}{\partial y}\left(D_{yy}\frac{\partial c}{\partial y}\right)+\frac{\partial}{\partial z}\left(D_{zz}\frac{\partial c}{\partial z}\right)-\frac{\partial(u_x c)}{\partial x}-\frac{\partial(u_y c)}{\partial y}-\frac{\partial(u_z c)}{\partial z}+f \tag{8.18}$$

对于一般情形，考虑到弥散系数是三秩张量，与式（8.18）对应的表达式为

$$\begin{aligned}\frac{\partial c}{\partial t}=&\frac{\partial}{\partial x}\left(D_{xx}\frac{\partial c}{\partial x}+D_{xy}\frac{\partial c}{\partial y}+D_{xz}\frac{\partial c}{\partial z}\right)+\frac{\partial}{\partial y}\left(D_{yx}\frac{\partial c}{\partial x}+D_{yy}\frac{\partial c}{\partial y}+D_{yz}\frac{\partial c}{\partial z}\right)\\&+\frac{\partial}{\partial z}\left(D_{zx}\frac{\partial c}{\partial x}+D_{zy}\frac{\partial c}{\partial y}+D_{zz}\frac{\partial c}{\partial z}\right)-\frac{\partial(u_x c)}{\partial x}-\frac{\partial(u_y c)}{\partial y}-\frac{\partial(u_z c)}{\partial z}+f\end{aligned} \tag{8.19}$$

上式中的f通常称为源汇项，它可以有多种形式。如所研究组分（溶质）有放射性衰变时，此时f为单位时间单位体积多孔介质中由于放射性衰变而减少的该组分的质量。若放射性衰变系数为K_f，则

$$f=-K_f c \tag{8.20}$$

如有水井注水，则有

$$f=\frac{W_R}{n}c^* \tag{8.21}$$

式中：W_R 为单位时间单位体积（三维问题时。若为二维问题，则为单位时间单位面积）含水层的注水量；c^* 为注入水的溶质浓度。如有水井抽水，则

$$f=-\frac{W}{n}c \tag{8.22}$$

式中：W 为单位时间单位体积（三维问题时。若为二维问题，则为单位时间单位面积）含水层中的抽水量。对于固相和液相界面处的吸附和解吸等，也可用源汇项来处理。

如固相和液相界面处，有吸附存在，则液相中的溶质被固相表面吸引，会转移到固相表面，从而降低液相中溶质的浓度；反之，则为解吸。这种情况下，以式（8.17）为例需修改为下列形式

$$R_d\frac{\partial c}{\partial t}=\frac{\partial}{\partial x}\left(D_{xx}\frac{\partial c}{\partial x}\right)+\frac{\partial}{\partial y}\left(D_{yy}\frac{\partial c}{\partial y}\right)+\frac{\partial}{\partial z}\left(D_{zz}\frac{\partial c}{\partial z}\right)-\frac{\partial(u_x c)}{\partial x}-\frac{\partial(u_y c)}{\partial y}-\frac{\partial(u_z c)}{\partial z} \tag{8.23}$$

或

$$\frac{\partial c}{\partial t}=\frac{\partial}{\partial x}\left(\frac{D_{xx}}{R_d}\frac{\partial c}{\partial x}\right)+\frac{\partial}{\partial y}\left(\frac{D_{yy}}{R_d}\frac{\partial c}{\partial y}\right)+\frac{\partial}{\partial z}\left(\frac{D_{zz}}{R_d}\frac{\partial c}{\partial z}\right)-\frac{\partial}{\partial x}\left(\frac{u_x}{R_d}c\right)-\frac{\partial}{\partial y}\left(\frac{u_y}{R_d}c\right)-\frac{\partial}{\partial z}\left(\frac{u_z}{R_d}c\right) \tag{8.24}$$

比较式（8.17）和（8.24），不难发现，除了式（8.24）中的弥散系数和孔隙平均流速缩小了 R_d 倍外，两者是相似的。由于 $R_d>1$，所以吸附的效果就是减缓所考虑组分的前进，R_d 也因此称为阻滞（延迟）因子。

以上介绍的是在饱和带中的对流－弥散方程，有关理论也可延伸到非饱和流，如与式（8.17）对应的方程为

$$\frac{\partial(\theta c)}{\partial t}=\frac{\partial}{\partial x}\left(\theta D_{xx}\frac{\partial c}{\partial x}\right)+\frac{\partial}{\partial y}\left(\theta D_{yy}\frac{\partial c}{\partial y}\right)+\frac{\partial}{\partial z}\left(\theta D_{zz}\frac{\partial c}{\partial z}\right)-\frac{\partial(\theta u_x c)}{\partial x}-\frac{\partial(\theta u_y c)}{\partial y}-\frac{\partial(\theta u_z c)}{\partial z} \quad (8.25)$$

式中：θ 为土的含水率。

要确定一个地下水污染问题的解，即求得浓度分布，除上述对流－弥散方程外还必须给出下列信息：

1）研究区域 Ω 的范围、形状以及时间区间 $[0, t]$ 的说明。

2）所研究污染物组分浓度 $c(\boldsymbol{x}, t)$ 的说明，如各组分间相互作用，则需要提供彼此如何作用的信息。由于对流－弥散方程以及水动力弥散系数（$\boldsymbol{D}$）的组成部分中都含有速度 $\boldsymbol{u}(\boldsymbol{x}, t)$，为此必须有 $\boldsymbol{u}(\boldsymbol{x}, t)$ 的信息。它或作为模型输入的一部分提供，或可以通过单独构建一个求解速度的模型来获得，此时需要给出研究区域水头场分布的信息。如果污染物的浓度比较大，浓度的变化会影响水的密度 $\rho(\boldsymbol{x}, t)$，密度就成为一个变量，需要提供 $\rho=\rho(c)$ 的信息。当污染物浓度很低时，浓度变化对 ρ 的影响很小，此时可把 ρ 看成常数，流体则近似地看成均质的。

3）有关参数，如弥散度 α_L 和 α_T、分子扩系数等和源汇项的数值。

4）边界条件和初始条件。

初始条件给出初始时刻（$t=0$）研究区域 Ω 上所研究污染组分的浓度分布，即

$$c(x,y,z,0)=c_0(x,y,z) \quad (8.26)$$

式中：c_0 为一已知函数。

一般的边界条件通常有两种类型。一类是给定浓度的边界条件（第一类边界条件），即浓度 $c(x, y, z, t)$ 在给定边界段 Γ_1 上所有点的值都能被一个已知函数 $\varphi(x, y, z, t)$ 说明时，即

$$c(x,y,z,t)\big|_{\Gamma_1}=\varphi(x,y,z,t), \quad (x,y,z)\in\Gamma_1 \quad (8.27)$$

另一类是给定通量即给定单位时间通过边界单位面积的溶质质量的边界条件，形式比较复杂，不易理解，先以一维问题为例说明。如一维情况下，多孔介质 a 的边界外为另一多孔介质 b，根据边界两侧通量保持连续的原则，有

$$\left(uc-D_L\frac{\partial c}{\partial x}\right)\bigg|_a=\left(uc-D_L\frac{\partial c}{\partial x}\right)\bigg|_b \quad (8.28)$$

此即通常所说的第三类边界条件。在三维问题中应有

$$(c\boldsymbol{u}-\boldsymbol{D}\cdot\nabla c)\cdot\boldsymbol{n}=\varphi_2(\boldsymbol{x},t), \quad 在\ \Gamma_2\ 上 \quad (8.29)$$

式中：$\boldsymbol{n}$ 为与边界正交的外法线方向单位矢量；φ_2 为一已知函数；此处矢量 $\boldsymbol{x}$ 表示点（x, y, z）。如边界为隔水边界，则通过边界的流量和溶质通量均为零，由前面两个式子不难发现当速度为零，$\left(uc-D_L\frac{\partial c}{\partial x}\right)=0$ 或 $\varphi_2=0$ 时，有边界条件

$$\boldsymbol{D}\cdot\nabla c\big|_{\Gamma_2}=0 \quad (8.30)$$

这就是第二类边界条件。

下面以两个简单问题的解析解来说明模型的应用。

【问题 8.1】 考虑流速方向与 x 轴方向一致的半无限一维均匀流的情况。示踪剂连续注入，纵向弥散系数 $D_{xx}=D_L$ 在均匀流情况下不随坐标 x 而变化，$u_x=u$ 为常数，一维情况下式（8.17）化为

$$\frac{\partial c}{\partial t}=D_{\mathrm{L}}\frac{\partial^2 c}{\partial x^2}-u\frac{\partial c}{\partial x} \tag{8.31}$$

同时有定解条件

$$\begin{cases}c(x,0)=0 & 0\leqslant x<\infty\\ c(0,t)=c_0 & t>0\\ c(\infty,t)=0 & t>0\end{cases} \tag{8.32}$$

该问题的解为

$$c(x,t)=\frac{c_0}{2}\mathrm{erfc}\left(\frac{x-ut}{2\sqrt{D_{\mathrm{L}}t}}\right)+\exp\left(\frac{ux}{D_{\mathrm{L}}}\right)\mathrm{erfc}\left(\frac{x+ut}{2\sqrt{D_{\mathrm{L}}t}}\right) \tag{8.33}$$

当 x/α_{L} 足够大时，式（8.33）的第二项可以忽略不计，这个条件在实际中一般是能够满足的（当 $x/\alpha_{\mathrm{L}}>500$ 时，误差小于3%），于是有近似式：

$$c(x,t)\approx\frac{c_0}{2}\mathrm{erfc}\left(\frac{x-ut}{2\sqrt{D_{\mathrm{L}}t}}\right)=\frac{c_0}{\sqrt{\pi}}\int_{\frac{x-ut}{2\sqrt{D_{\mathrm{L}}t}}}^{+\infty}\mathrm{e}^{-y^2}\mathrm{d}y \tag{8.34}$$

利用式（8.33）和式（8.34）可以求得任意时刻（t）、任意距离（x）处的浓度 $c(x,t)$。反之，也可以利用野外或实验室的一维弥散的实际观测资料，求出纵向弥散系数（D_{L}）。因为流速（u）已知，也可以由它算出纵向弥散度（α_{L}）。

【问题 8.2】 在坐标原点向无限平面的均匀稳定流中注入示踪剂，瞬时注入的质量为 $\mathrm{d}M=c_0Q\mathrm{d}t$（$Q$ 为流量，c_0 为浓度），x 为水流方向，则此时的对流 - 弥散方程为

$$\frac{\partial c}{\partial t}=D_{\mathrm{L}}\frac{\partial^2 c}{\partial x^2}+D_{\mathrm{T}}\frac{\partial^2 c}{\partial y^2}-u\frac{\partial c}{\partial x} \tag{8.35}$$

该问题的解为

$$\mathrm{d}c(x,y,t)=\frac{\mathrm{d}M}{4\pi t\sqrt{D_{\mathrm{L}}D_{\mathrm{T}}}}\exp\left[-\frac{(x-ut)^2}{4D_{\mathrm{L}}t}-\frac{y^2}{4D_{\mathrm{T}}t}\right] \tag{8.36}$$

当原点注入连续时（浓度为 c_0，假设流量 Q 很小，不足以干扰原来的水流），也可以方便地求得它的解。如时间 $t\to\infty$，则可得稳态浓度分布

$$c(x,y,\infty)=\frac{c_0Q}{2\pi\sqrt{D_{\mathrm{L}}D_{\mathrm{T}}}}\exp\left(\frac{xu}{2D_{\mathrm{L}}}\right)K_0\left[\sqrt{\frac{u^2}{4D_{\mathrm{L}}}\left(\frac{x^2}{D_{\mathrm{L}}}+\frac{y^2}{D_{\mathrm{T}}}\right)}\right] \tag{8.37}$$

式中：K_0 为第二类零阶修正 Bessel 函数。

以上只是两个简单问题的解析解，实际问题要复杂得多。因此，一般很难求得它们的解析解，只好采用数值法求解，有关这方面的知识请参阅有关文献（薛禹群等，2007）。

根据对流 - 弥散方程，在适当的初始条件、边界条件下求得的解，可以用来预报地下水中污染物的时、空分布。其结果和实验室的试验结果，一般也拟合得很好。但应用于同一多孔介质的野外试验时，却发现根据野外试验资料，利用对流 - 弥散方程反求得的弥散度值要比同一介质实验室实验所得的值大几个数量级，而且弥散度值看来和污染物分布的范围有关，随着它的增大而增大（这种现象称为尺度效应）。据 G. de Marsily（1986）的资料，在实验室以砂柱测定，α_{L} 的量级仅几个厘米。在野外，量级则为 1 米到 100 米，取决于岩层的非均质性。可是 α_{T} 则特别小，介于 α_{L} 的 1/100 ~ 1/5。何以产生这种现象的较普遍的看法是受岩层非均质性影响的结果。非均质性引起复杂的速度分布，由此导致类似于机械弥散的污染物分布。因此，实验室测定的参数很少用到野外实际问题中。野外

非均质性的尺度多种多样，所以必须用野外示踪试验，根据试验结果通过解析法或数值法来获得有关参数。

8.4 海岸带含水层中的咸淡水界面

在天然条件下，海岸带含水层中的淡水和咸水维持着一种平衡，它们之间有一个界面。界面以上的淡水流向海洋（图 8.8）。抽取淡水后，会引起潜水位（或测压水头）的下降。如果淡水抽水量超过了它的补给量，使得海岸附近的潜水位（或测压水头）下降到淡水体水头低于附近海水楔形体的水头时，界面就要向陆地推进，直至形成新的平衡。这种现象称为海水入侵。因此，海岸带含水层中咸淡水界面的研究对沿海地区人民生活和工农业生产有很重要的意义。

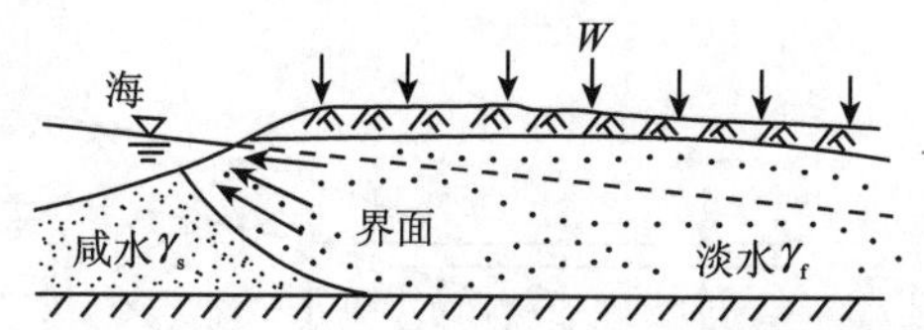

图 8.8　海岸带无压含水层中咸淡水界面示意图

淡水和咸水很容易混合，它们之间的接触带由于水动力弥散常形成一个由淡水、低矿化水逐渐变为高矿化水、咸水的过渡带。如这个过渡带较宽，就需要作为水动力弥散问题加以研究。然而，在不少情况下，这个带的宽度相对来说（和含水层厚度相比）较窄，可以近似地把它看成是不相混溶的两种液体之间的突变界面来研究，本节第一小节就是这样处理的。

8.4.1 作突变界面处理——静止界面的近似解

19 世纪末 20 世纪初，Ghyben 和 Herzberg 曾假设淡水和海水处于一种静平衡状态，对相对静止的海水来说，淡水区的压强可认为是按静水压强分布（图 8.9）的。故在深度（h_s）的界面上，有

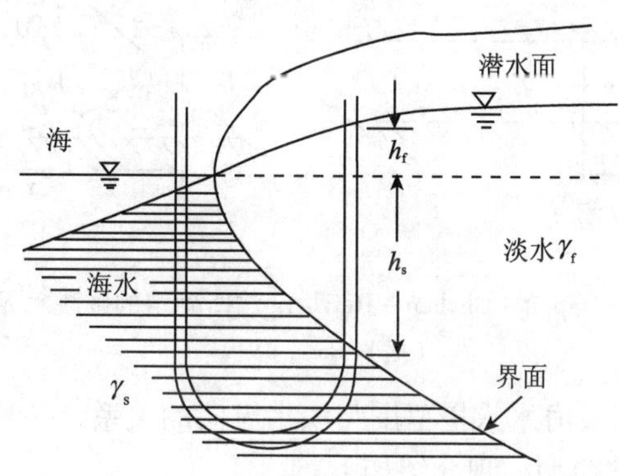

图 8.9　Ghyben – Herzberg 的咸淡水界面模型

$$\gamma_f(h_s + h_f) = \gamma_s h_s$$

式中：γ_f，γ_s分别为淡水和海水的容重；h_f，h_s为离海岸某一距离处，淡水高出海面的高度和界面位于海面以下的深度。故

$$h_s = \frac{\gamma_f}{\gamma_s - \gamma_f} h_f = \delta h_f, \quad \delta = \frac{\gamma_f}{\gamma_s - \gamma_f} \tag{8.38}$$

如海水的密度为 1.025g/cm^3，淡水的密度为 1.000g/cm^3，则 $\gamma_s = 10045\text{N/m}^3$，$\gamma_f = 9800\text{N/m}^3$，$\delta = 40$，$h_s = 40h_f$，即在离海岸任一距离上，稳定界面在海面以下的深度为该处淡水高出海面的40倍。

这种假设有缺陷。因为靠近海，水流垂直方向的分速度较大，不应加以忽略。其次，图8.8中左边没有淡水流向海洋的出口。事实上，不仅有出口（图8.10），而且潜水流在海面上还有渗出面。界面的实际深度（图8.10中A点）大于按式（8.38）算出的值。但这种方法对于确定厚度固定的承压含水层中界面坡脚的深度（图8.11a 点G），效果还是比较好的，误差小于5%。

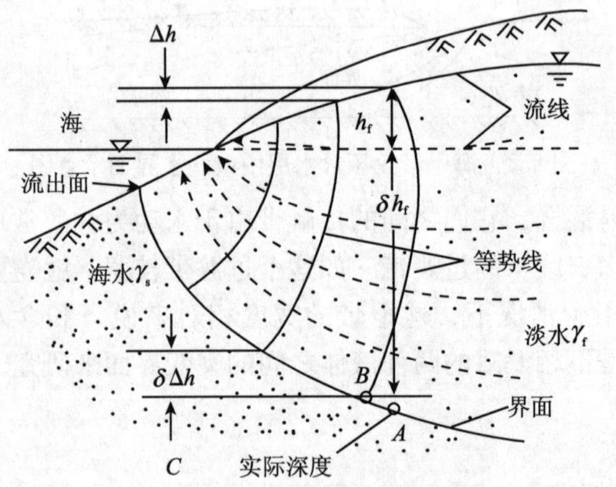

图8.10　海岸附近的实际水流模型

（据 J. Bear，1979）

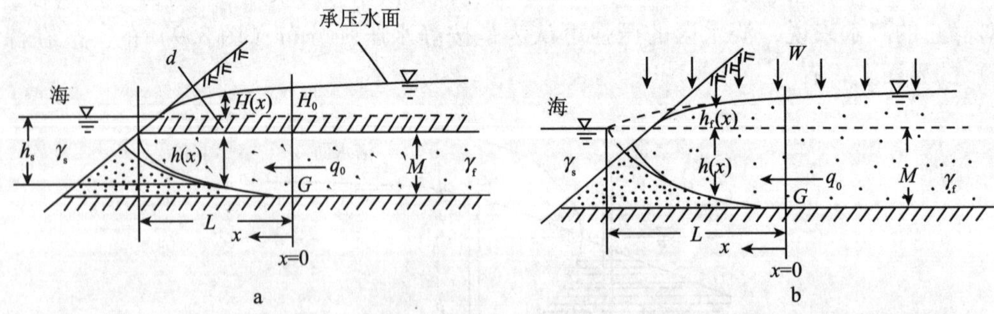

图8.11　Dupuit－Ghyben－Herzberg 法所确定的咸淡水界面形状

（据 J. Bear，1979）

为了确定界面的形状及海水入侵范围与淡水流向的关系，一种比较简易的近似方法是把 Dupuit 假设应用于上述模型。现介绍如下。

首先研究厚度固定的水平承压含水层中的界面问题（图8.11）。水流是稳定流。设原

点位于坡脚（点 G）。该点流向海的淡水流的单宽流量为 q_0，应用 Dupuit 假设，并令

$$\left.\begin{aligned} q_0 &= -K_f h(x)\frac{dH}{dx} = \text{常数} \\ K &= K_f = \frac{kr_f}{\mu_f} \\ H &= H_f \end{aligned}\right\} \tag{8.39}$$

式中：k 为含水层渗透率；K_f 为该含水层对淡水的渗透系数；μ_f 为该淡水的黏滞系数；$h(x)$ 为界面在隔水顶板以下的深度。由式（8.38）得

$$h_s = d + h(x) = \delta H,\quad d + M = \delta H_0$$

式中：d 为隔水顶板到海平面（平均值）的垂直距离；H_0 为 $x=0$ 断面上高出海平面的水头值。把它们代入式（8.39）得

$$q_0 = -\frac{Kh}{\delta}\frac{dh(x)}{dx} \tag{8.40}$$

考虑边界条件，当 $x=0$ 时，$H=H_0$（或 $h=M$），积分上式得

$$q_0 x = \frac{K(M^2 - h^2)}{2\delta} \tag{8.41}$$

表明界面的形状是一条抛物线。当 q_0 已知时，利用式（8.41）可计算不同 x 值时的 h 值，确定界面的位置。

在 $x=l$ 处，取 $h=0$，$d+h=d=\delta H$，因 $d+M=\delta H_0$，于是有

$$q_0 l = \frac{KH_0}{2}(\delta H_0 - 2d) + \frac{Kd^2}{2\delta} = \frac{K}{2\delta}M^2 \tag{8.42}$$

式（8.42）清楚地表示出海水入侵深度（l）与流向海的淡水流量和界面坡脚以上测压水头（H_0）之间的关系。当 q_0 增大时，l 减小。这说明可以通过调节 q_0 或者通过调节补给或开采量来控制海水入侵的范围。

其次，研究潜水含水层中的界面问题（图 8.11b）。含水层上部有均匀入渗补给。假设含水层中的水流是稳定流，而且基本上是水平流动，$h(x)=\delta h_f(x)$，故有

$$q_0 + Wx = -K(h + h_f)\frac{\partial h_f}{\partial x} = -K(1+\delta)h_f\frac{\partial h_f}{\partial x} \tag{8.43}$$

式中：$h(x)$ 为界面在平均海平面以下的深度；W 为单位时间、单位面积上的入渗补给量。分离变量，积分，并考虑 $x=0$ 时，$h_f=H_0$，$h=M$ 得

$$H_0^2 - h_f^2 = \frac{2q_0 x + Wx^2}{K(1+\delta)} \tag{8.44}$$

在 $x=l$ 处，因 $h_f=0$，故有

$$H_0^2 = \frac{2q_0 l + Wl^2}{K(1+\delta)} \tag{8.45}$$

从式（8.44）可以看出，界面的形状为一抛物线。图 8.11b 虚线描述的就是按 Dupuit 假设得到的曲线。式（8.45）表示出 q_0 和 l 的关系。通过控制 q_0（用人工补给）可以控制海水入侵的影响。如在距海岸 x_w 处有抽水流量（Q），当 Q 不太大时，海岸带附近水流状态如图 8.12 所示。抽水井截取了流向海洋的部分稳定淡水流。在界面坡脚 G 处，潜水

面的标高 $H_0 = M/\delta$。S 为驻点，分水线通过该点，该点流速为零。S 点右侧的水流向井，左侧的流向海洋。在平面图上，G 点和 S 点的投影中间相隔某一距离。随着抽水流量的增加，界面逐渐向陆地推进，两点在平面上的投影逐渐彼此靠近，最终重合在一起，即出现水头 $H_0 = M/\delta$ 的驻点。界面也将向陆地推进到此点。这是一种不稳定的临界状态。以后，即使稍微增加一点开采量（Q），都会造成潜水面的进一步下降，导致界面向陆地急速推进（图 8.13），直至达到新的平衡。这种情况对不完整井会引起升锥。在某些条件下，在升锥界面到达抽水井以前可以形成新的平衡；在另一些条件下，上升的界面最后将到达抽水井中，井内出现咸水。如是前者，井内就不会出现咸水。对完整井来说，临界状态的破坏，必然会造成界面向陆地推进，到达抽水井，导致井内出现咸水。因此，一种安全和稳定的情况，就是在抽水井和海岸带之间保持一个潜水面高于 M/δ 的有某种宽度的带，如图 8.12 所示，起到防止海水进一步入侵的屏障作用。为了维持这一屏障，除了控制抽水量外，实践证明，进行人工补给是个好办法。

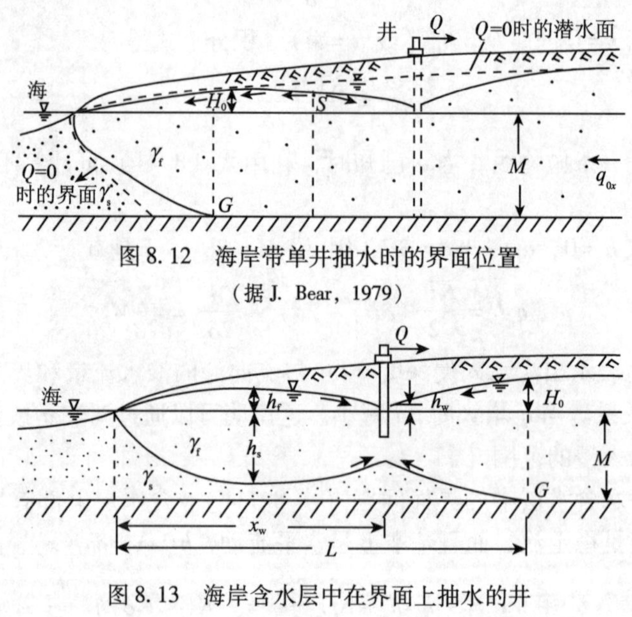

图 8.12　海岸带单井抽水时的界面位置

（据 J. Bear，1979）

图 8.13　海岸含水层中在界面上抽水的井

（据 J. Bear，1979）

Strack 计算了界面坡脚 G 和驻点 S 在平面上一致时，即不稳定的临界状态出现时的临界抽水流量（Q）应满足：

$$\lambda = 2\left(1 - \frac{\mu}{\pi}\right)^{1/2} + \frac{\mu}{\pi}\ln\frac{1 - \left(1 - \frac{\mu}{\pi}\right)^{1/2}}{1 + \left(1 - \frac{\mu}{\pi}\right)^{1/2}} \tag{8.46}$$

式中：λ，μ 为无量纲常数，表达式为

$$\lambda = \frac{KM^2}{q_{0x}x_w}\frac{1+\delta}{\delta^2},\quad \mu = \frac{Q}{q_{0x}x_w} \tag{8.47}$$

式中：q_{0x} 为单位海岸长度上流入海洋的流量。因为 q_{0x}，Q，x_w 都是正的，又必须满足式（8.46），所以 μ 必然有 $0 \leqslant \mu \leqslant \pi$。

8.4.2 考虑过渡带的解法

当过渡带比较宽时（如山东渤海沿岸咸淡水过渡带宽达 1.5 ~ 6.0km），海水入侵问题必须作为水动力弥散问题来研究，未知变量是地下水中溶解盐分（如 Cl^-）的浓度。确定了盐分浓度的分布，过渡带的位置和界面特征及其移动规律也就迎刃而解了。

严格说来，考虑过渡带的海水入侵问题，必须用两个方程来描述。第一个方程用来描述溶液浓度不断变化，导致密度不断改变，从而影响水头变化的液体（淡水和海水的混合物）的流动；第二个方程用来描述地下水中盐分的运移。

由式（1.21）可知，过渡带中随着地下水密度（ρ）的不断改变，在同一压强（p）下的实际水头值（H）会有不同的值，这给以 H 为基础的描述地下水运动的方程（水流方程）带来很大困难。为此，改用以等效淡水水头（参考水头）为基础来建立水流方程：

$$h = \frac{p}{\rho_0 g} + z \tag{8.48}$$

式中：ρ_0为淡水密度。此时，方程有下列形式（坐标轴与各向异性介质的主方向一致）：

$$\frac{\partial}{\partial x}\left(K_{xx}\frac{\partial h}{\partial x}\right) + \frac{\partial}{\partial y}\left(K_{yy}\frac{\partial h}{\partial y}\right) + \frac{\partial}{\partial z}\left[K_{zz}\left(\frac{\partial h}{\partial z} + \eta c\right)\right] = S_s\frac{\partial h}{\partial t} + n\eta\frac{\partial c}{\partial t} - \frac{\rho}{\rho_0}q \tag{8.49}$$

式中：n 为孔隙度；$\eta = \frac{\varepsilon}{c_s}$为密度耦合系数；$\varepsilon = \frac{\rho_s - \rho_0}{\rho_0}$为密度差率；$c_s$ 为与最大密度（ρ_s）对应的浓度；c 为溶液浓度；q 为单位体积多孔介质源（或汇）的流量。上式是在假设液体动力黏滞系数变化很小，并等于淡水黏滞系数，忽略液体压强对密度影响并假设密度随浓度线性变化的基础上导出的（薛禹群等，1992）。与第 1 章所述水流方程不同之处是，它多了 ηc 和 $n\eta\frac{\partial c}{\partial t}$两项。前者表示垂向上由于各点密度不同，在重力作用下所引起的自然对流。后者表示浓度随时间变化所引起的质量变化。由式（8.49）配以相应的定解条件，即构成描述海水入侵含水层中水头分布的数学模型。

描述盐分的运移，采用下列对流－弥散方程（当 x 轴与平均流速方向一致时）：

$$\frac{\partial}{\partial x}\left(D_{xx}\frac{\partial c}{\partial x}\right) + \frac{\partial}{\partial y}\left(D_{yy}\frac{\partial c}{\partial y}\right) + \frac{\partial}{\partial z}\left(D_{zz}\frac{\partial c}{\partial z}\right) - u_x\frac{\partial c}{\partial x} - u_y\frac{\partial c}{\partial y} - u_z\frac{\partial c}{\partial z} = \frac{\partial c}{\partial t} + \frac{q}{n}(c - c^*) \tag{8.50}$$

式中：c^*为注入水（或抽出水）中的盐分的浓度。它与式（8.18）是一致的。求解时，还要给出相应的定解条件，如

$$c(x,y,z,0) = c_0(x,y,z) \tag{8.51}$$

$$c(x,y,z,t)\big|_{\Gamma_1} = \bar{c}(x,y,z,t) \tag{8.52}$$

$$D_{xx}\frac{\partial c}{\partial x}n_x + D_{yy}\frac{\partial c}{\partial y}n_y + D_{zz}\frac{\partial c}{\partial z}n_z\big|_{\Gamma_2} = 0 \tag{8.53}$$

式中：Γ_1，Γ_2 分为浓度给定的第一类边界和隔水边界；c_0 为浓度初值，$\bar{c}$ 为 Γ_1 上给定的浓度；n_x，n_y，n_z 为隔水边界 Γ_2 上外法线方向单位矢量在各坐标轴上的投影。

方程（8.49）和方程（8.50）通过运动方程（坐标轴与主方向一致）耦合起来：

$$u_x = -\frac{K_{xx}^0}{n}\frac{\partial h}{\partial x}, \quad u_y = -\frac{K_{yy}^0}{n}\frac{\partial h}{\partial y}, \quad u_x = -\frac{K_{xx}^0}{n}\left(\frac{\partial h}{\partial z} + \eta c\right) \tag{8.54}$$

式中：K^0 为淡水条件下的渗透系数。方程（8.49）和方程（8.50）和相应的初始条件、边界条件以及式（8.54）构成描述海水入侵的完整的数学模型。式（8.49）中含有浓度（c），式（8.50）的求解又离不开通过水头（H）来求得的实际流速（u）。因此式（8.49）与式（8.50）不能分开求解，必须合在一起用迭代法才能解出不同时刻的浓度分布。

8.5 多孔介质中的热量运移

热量会随地下水流一起运移。为了研究热水、含水层贮能及由此而引起的热污染，需要研究多孔介质中的热量运移问题。

引起温度变化、热量运移的作用主要有：①对流通过液相输运热量；②热传导通过液相和固相输运热量；③和溶质运移中的机械弥散现象相似，由于局部流速不均一所造成的热量运移。此外，还有固相与液相间由于温度差引起的热量运移等。热交换迅速，固相和液相的温度几乎立刻趋于一致（在粒径小于 1mm 的介质中不到 1 分钟即变为相同；在 10cm 的砾石中，小于 2 小时），故后者常可忽略不计。

多孔介质中的热量运移和溶质运移现象有许多相似的地方，如对流引起的热量运移与溶质随水流一起运移相似；热传导与分子扩散相当；热机械弥散与溶质运移的机械弥散相似。因此，热量平衡方程和溶质运移的水动力弥散方程在形式上相似，可直接写出（当取坐标轴和水流流速方向一致时）：

$$C\frac{\partial T}{\partial t} = \frac{\partial}{\partial x}\left(\lambda_{xx}\frac{\partial T}{\partial x}\right) + \frac{\partial}{\partial y}\left(\lambda_{yy}\frac{\partial T}{\partial y}\right) + \frac{\partial}{\partial z}\left(\lambda_{zz}\frac{\partial T}{\partial z}\right) - C_w\frac{\partial(v_x T)}{\partial x} - C_w\frac{\partial(v_y T)}{\partial y} - C_w\frac{\partial(v_z T)}{\partial z} \tag{8.55}$$

式中：T 为温度（℃）；C，C_w 分别为多孔介质和水的热容量（J/(m^3·℃)）；λ 为热动力弥散系数（J/(m·d·℃)）。

$$\lambda = \lambda_c + \lambda_v = \lambda_c + C_w \beta u \tag{8.56}$$

式中：λ_c 为介质的热传导系数；λ_v 为热机械弥散系数；均为二秩张量，λ_{xx}，λ_{yy}，λ_{zz} 为其分量；β 为热弥散度；u 为实际平均流速；v_x，v_y，v_z 为渗流速度的三个分量。推导式（8.55）时，忽略了由于温度差造成水密度不同而引起的上、下自然对流，并认为水和固体骨架间的热交换是瞬时完成的。等式左端表示单位时间单位体积含水层内由于温度变化所造成的热量变化（增量），右端表示该时间内流入、流出该单位体积含水层内的热量。右端前三项表示由热传导和热机械弥散造成的热量运移，后三项表示由于水流运动（对流）所造成的热量运移。如式（8.18）改用渗流速度表示，显然和式（8.56）是可以对比的。

求解热量运移问题还要给出初始条件：

$$T(x,y,z,0) = T_0(x,y,z), \quad (x,y,z) \in D \tag{8.57}$$

和相应的边界条件。如取第一类边界条件，有

$$T(x,y,z,t)|_{\Gamma_1} = \varphi(x,y,z,t), \quad (x,y,z) \in \Gamma_1 \tag{8.58}$$

$$T(x,y,z,t)|_{w_i} = \psi_i(z,t) \tag{8.59}$$

式中：D 为计算区；Γ_1 为计算区的外边界；T_0 为温度初值；φ 为已知温度；ψ_i 为注水井井壁温度；w_i 为注水井的井壁。需要指出的是，多孔介质中的温度受地温梯度支配，所以 T_0 实为天然动态下的地温，计算区上、下界面的温度（φ）也不可能相同；其次，热传导不仅在含水层中进行，在隔水层中也有热传导，只是方程中 $v=0$，$\lambda_v=0$，$\lambda=\lambda_c$ 而已。建立模型时必须加以一并考虑。

思考题

1. 国内一些文献把描述地下水污染问题的方程写成下列形式

$$\frac{\partial c}{\partial t} = \frac{\partial}{\partial x_i}\left(D_{ij}\frac{\partial c}{\partial x_j}\right) - u_i\frac{\partial c}{\partial x_i} + f$$

在存在抽水井的情况下，则有

$$\frac{\partial c}{\partial t} = \frac{\partial}{\partial x_i}\left(D_{ij}\frac{\partial c}{\partial x_j}\right) - u_i\frac{\partial c}{\partial x_i} - \frac{w}{n}c$$

这种形式流传较广。薛禹群等（2007）认为这种情况"只有在 $\partial u/\partial x_i=0$，即无源的稳定流时才成立。""由于自然条件的复杂性，一般情况下不可能处处 $\partial u/\partial x_i=0$，在存在抽水井的情况下更不可能如此，也就是说在实际地质条件下难以存在……用于实际情况，特别在有井抽水时就更不对了，必然会得出错误的结果，如负的浓度值。"试评述。

2. 试写出轴对称条件下一维的弥散方程式。

3. 为什么确定弥散问题的解需要给出研究区域水头场的分布？如果只知道水头的初始状态、边值和有关参数怎么办？

第9章 研究地下水运动的物理模拟方法

由于模拟法所固有的一些局限性，已基本上被数值法所取代了，但在一些基本理论研究和需要观察渗流过程中可能出现的物理现象时，还需要用到这些方法。

9.1 模拟的相似基础

用原样（实际含水层样品）造型研究渗流规律有很多缺陷，如样品缺乏代表性；很难保持原样的物理性质和结构等。因此，实验结果往往偏离实际，甚至歪曲实际。于是改用非原样的多孔介质模型，即用任选的砂样等制造模型，后来进一步改用其他物质制造模型，并利用相似的变量和参数模拟渗流规律。这就是常用的砂槽模拟、电模拟等。这种模拟法不用担心会破坏模型的各种渗流过程导致失真。不同的模型具有各自的优缺点，如砂槽模拟的装置比较笨重，测量方法有待改进。模拟无压流时，常因模型中产生的毛细管上升现象而引起测量误差。

模拟的基础是物理现象和渗流规律间存在着相似性。渗流场中任一点的渗流服从Darcy定律：

$$\boldsymbol{v} = -K \cdot \mathbf{grad}H \tag{9.1}$$

式中：$\boldsymbol{v}$，K 和 $\mathbf{grad}H$ 依次为渗流速度、渗透系数和水头梯度；H 为水头。这一数学形式同样反映了下列物理现象的规律：黏性流体在窄缝槽或阻力管网络中流动的层流定律（这时的$\boldsymbol{v}$，K 和 $\mathbf{grad}H$ 分别代表流场中一点的平均速度、透水系数和压力梯度或水力坡度）；电流在导电介质中传导的Ohm定律（符号分别代表电场中一点的电流强度、导电系数和电位梯度）。此外，热流在导热介质中传输的Fourier定律以及应力场中薄膜的横向形变与剪应力的关系都可用式（9.1）表示。说明渗流和这些物理现象遵守相同的规律，如能给出相似的定解条件，它们应有相似的解。从而启发人们，用这些物理现象的实体组成相似模型，利用模型的相似解就能模拟多孔介质中的渗流规律，它比用原样实验方便。可以缩小渗流区的尺寸；加快渗流速度，节省时间；模型制备简单，便于控制和测量，并能改变某些变量和参数的数量级，以提高测量精度。

考虑到当前的实际情况，本书重点介绍砂槽模拟。其余模型的原理可参考文献（薛禹群，1986）。

利用模型再现渗流区（以后称为原型）动态和过程的依据是原型和模型这两个系统中的物理现象有相似的数学模型，包括微分方程的形式相同，定解条件相似。如砂槽模型除几何尺寸、介质参数和原型不同外，两个系统都是水通过多孔介质流动，所以它们的微分方程的形式（1.74）必然相同。定解条件相似则包括：

1）几何相似。即在原型和模型的有限空间内，对应点的坐标或对应长度应满足固定的比值，即 $\alpha_l = \frac{x_m}{x} = \frac{y_m}{y} = \frac{z_m}{z} = \frac{l_m}{l}$，有下标 m 的为模型的坐标或长度；无下标 m 的为原型的坐标或长度。由此不难推知，两个系统的面积和体积也应满足固定比值：$\alpha_F = \alpha_l^2$，$\alpha_v = \alpha_l^3$。

2）时间相似。原型和模型的时间也应保持固定比值 $\alpha_t = \frac{t_m}{t}$，在整个运行过程中 α_t 保持不变。由此可知，砂槽模型中，必然保持速度相似，即 $\alpha_u = \frac{u_m}{u} = \frac{l_m/t_m}{l/t} = \frac{\alpha_l}{\alpha_t}$。由此可以观测到真实的流线或迹线。

3）参数相似。在两个系统中对应的物理参数，必须保持线性关系。

4）初值、边值相似。在两个系统中，对应物理量的初值，对应物理量及其导数在边界上分布的边值都应满足固定比值。当边值随时间变化时，还要保持边值的时间相似。

总之，在微分方程形式相同的情况下，所有的对应物理量均应保持固定比值，这是原型和模型两个系统相似的充分和必要条件。确定相似系统对应物理量间的比例关系，是设计正确模型的准则，是模拟成败的关键，也是把模拟结果转成原型量的依据。确定相似比例常用的方法有量纲分析法和方程分析法。我们将结合下面将要论述的砂槽模拟来讨论相似比例的确定。

9.2 砂槽模拟

砂槽（渗流槽）模拟用多孔物质制作模型，在模型中研究原型的渗流动态。

9.2.1 砂槽结构

砂槽形状，取决于模拟的原型流场。模拟井流时，因轴对称，可用扇形槽；模拟一维、二维和三维流时，常用矩形槽（图 9.1）。

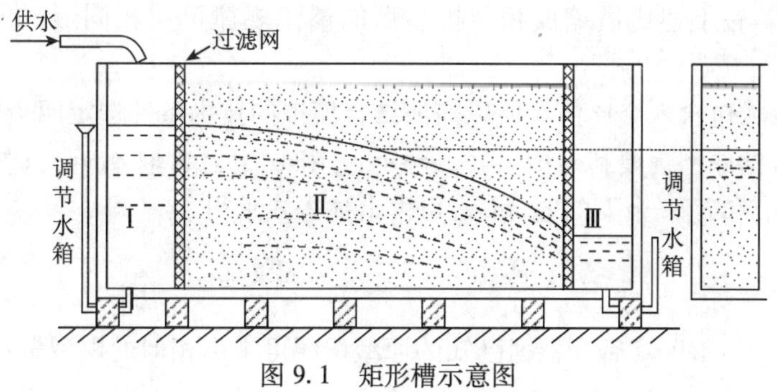

图 9.1 矩形槽示意图

矩形槽由槽首（Ⅰ）、槽身（Ⅱ）和槽尾（Ⅲ）三段组成。各段之间用可移动的过滤网隔开，使槽身（Ⅱ）有伸缩性，以便适应设计模型大小的变化。槽首（Ⅰ）和槽尾

（Ⅲ）分别同供水、排水系统连接，用调整供、排水量和水位的方式分别模拟补给区、排泄区的边界条件。槽身（Ⅱ）装有多孔介质模型，前壁为透明玻璃板；后壁和底部与测量系统连接，以记录模型中水头的分布和变化。槽身顶部也可临时安装喷水装置，以模拟入渗量。槽身中可装入砂或其他多孔材料。对多孔材料要求：结构稳定，化学性质有惰性。装填时要保持规定的均匀性或非均质性，不能残存气体。选用的流体应无侵蚀性、毒性和易燃性。模拟饱和流、非饱和流时，常用均质水；模拟咸淡水界面运移时，采用密度、黏度不同的异质流体；模拟水动力弥散时，常用均质水加示踪剂。

9.2.2 砂槽模型

以承压水流模型为例，说明如何确定模型比例。在均质各向同性介质中，剖面一维承压水流方程组为

$$K\frac{\partial^2 H}{\partial x^2} = S_s\frac{\partial H}{\partial T},\qquad v = -K\frac{\partial H}{\partial x} \tag{9.2}$$

引入一组无量纲比值：

$$\alpha_H = \frac{H_m}{H},\qquad \alpha_S = \frac{S_{s,m}}{S_s},\qquad \alpha_K = \frac{K_m}{K}$$

$$\alpha_x = \frac{x_m}{x},\qquad \alpha_t = \frac{t_m}{t},\qquad \alpha_v = \frac{v_m}{v} \tag{9.3}$$

有下标 m 的表示模型量，无下标 m 的表示原型量。把原型量代入式（9.2），整理后得

$$\left(\frac{\alpha_x^2}{\alpha_K\alpha_H}\right)K_m\frac{\partial^2 H_m}{\partial x_m^2} = \left(\frac{\alpha_t}{\alpha_S\alpha_H}\right)S_{s,m}\frac{\partial H_m}{\partial x_m}$$

$$\left(\frac{1}{\alpha_v}\right)v_m = -\left(\frac{\alpha_x}{\alpha_K\alpha_H}\right)K_m\frac{\partial H_m}{\partial x_m}$$

如令各项比值的组合满足下列等式：

$$\frac{\alpha_t}{\alpha_S} = \frac{\alpha_x^2}{\alpha_K},\qquad \alpha_v = \frac{\alpha_K\alpha_H}{\alpha_x}$$

则所得方程转化为和式（9.2）有相同形式的模型方程。这意味着，如果原型流场用式（9.2）描述，按上述比值缩成相似模型后的渗流规律可用相同形式的模型方程来求解，且不失真。

上述两个等式包含六个比值，所以需要结合模拟的技术条件选定四个比值，其余则按等式计算。如根据原型规模和砂槽尺寸，确定 α_H 和 α_x，且常取 $\alpha_H = \alpha_x$；并按已知的介质参数直接确定 α_K 和 α_S。余下的 α_t 和 α_v 可由上述等式求得

$$\alpha_t = \frac{\alpha_x^2}{\alpha_K}\alpha_S,\qquad \alpha_v = \frac{\alpha_K\alpha_H}{\alpha_x} = \alpha_K$$

这样，在选定 α_H，α_K，α_S 后，根据已知的原型量便可求出相似的模型量：

$$H_m = \alpha_H H,\qquad x_m = \alpha_H x,\qquad K_m = \alpha_K K$$

$$v_m = \alpha_K v,\qquad S_{s,m} = \alpha_S S_s,\qquad t_m = \frac{\alpha_H^2}{\alpha_K}\alpha_S t$$

据此，可以组装砂槽模型。给出定解条件后，即可进行模拟试验。

9.2.3 模拟方法

1）根据研究问题的性质和有关资料做好模拟的准备工作。选好砂槽和用来做模型的多孔介质，初步确定模型比例。组装模型，均匀捣实，缓慢充水，驱除残留气体。

2）标定模型参数。如渗透系数、弥散系数等。方法是：调整边界条件，使模型中的渗流符合解析解的状态。再把测定的要素代入解析解计算参数。根据标定的参数，再调整模型比例。

3）拟合原型参数。如入渗量和含水层参数。这一步主要是根据模拟水头和长期观测资料的拟合程度，检查所给参数的正确性，同数值法中的反求参数相似。

4）开始模拟实验。对模型给出相似的定解条件。如属无压流，只要给出上、下游水位，便可自动形成自由面边界。随时记录水头、流量或溶质浓度等。对流线可用染料形成水线来观察；对变形较快的自由面，常用照相记录。

5）整理模拟结果。一切记录的要素，由模拟量转到原型量时，都必须乘以相似比。

单宽流量，它的相似比为

$$\alpha_q = \frac{q_{\mathrm{m}}}{q} = \frac{v_{\mathrm{m}} z_{\mathrm{m}}}{vz} = \alpha_v \alpha_z = \alpha_K \alpha_H$$

所以相似模型测定的单宽流量，可换算为

$$q = \frac{1}{\alpha_v \alpha_z} q_{\mathrm{m}} = \frac{1}{\alpha_K \alpha_H} q_{\mathrm{m}}$$

思 考 题

1. 为什么建立模型时要严格遵守相似比例？可否随意确定一个比例来建立模型？

2. 自然界中有很多物理现象都和渗流规律存在着相似性，以往也以此建立了很多模型，如电模型、窄缝槽模型、阻力管网模型等，但现在这些模型基本上不再使用，你能解释原因吗？

参考文献

北京地质学院．1961．地下水动力学．北京：中国工业出版社

《供水水文地质手册》编写组．1977．供水水文地质手册（第二册）．北京：地质出版社

Bear J 著，1972．李竞生，陈崇希译，孙讷正校．1983．多孔介质流体动力学．北京：中国建筑工业出版社

Bear J 著，1979．许涓铭等译．1985．地下水水力学．北京：地质出版社

Remson I，Hornberger G M，Molz F J 著，1971．罗焕炎，李鸿吉译．1977．地下水文学的数值法．北京：地质出版社

Аравин В И，Нумёров С Н 著，1949．渗流理论．北京：高等教育出版社

Гиринский Н К 著，1950．再造译，1958．渗透系数测定法．北京：地质出版社，82～95

Каменокий Г Н 著，1943．北京地质学院水文地质教研组译．1955．地下水动力学原理．北京：地质出版社

Полубаринова-Кочина П Я 著，1952．萧树森等译．1957．地下水运动原理．北京：地质出版社

Скабаллановuч И А 著，1954．程慧珠译．1957．水文地质计算．北京：煤炭工业出版社

Щёлкачёв В Н，Лапук В В 著，1949．北京石油学院水力学教研室译．1955．地下水力学．北京：燃料工业出版社

陈崇希．1983．地下水不稳定井流计算方法．北京：地质出版社

陈雨荪．1977．单井水力学．北京：中国建筑工业出版社

陈钟祥，姜礼尚．1980．双重孔隙介质渗流方程组的精确解．中国科学 A 辑，（2）：56～69

吴望一．1982．流体力学．北京：北京大学出版社

薛禹群，谢春红，吴吉春．1992．含水层中海水入侵模型．水科学进展，3（2）：81～88

薛禹群，谢春红，吴吉春等．1990．海水入侵咸淡水界面移动规律研究．南京：南京大学出版社

薛禹群，谢春红．1980．水文地质学的数值法．北京：煤炭工业出版社

薛禹群，谢春红．2007．地下水数值模拟．北京：科学出版社

薛禹群，张幼宽．1984．双重介质渗流模型及其里兹有限元解在矿坑涌水量预测中的应用．水文地质工程地质，（2）：34～43

薛禹群，朱学愚．1979．地下水动力学．北京：地质出版社

薛禹群．1986．地下水动力学原理．北京：地质出版社

杨天行，傅泽周，刘金山等．1980．地下水向井的非稳定运动的原理和计算方法．北京：地质出版社

张宏仁等．1975．地下水非稳定流理论的发展和应用．北京：地质出版社

张蔚榛．1983．地下水非稳定流计算和地下水资源评价．北京：科学出版社

张蔚榛．1996．地下水与土壤水动力学．北京：水利水电出版社

Bear J，Bachmat Y．1987．Introduction to transport phenomena in porous media．Dordrecht：D．Rcidel Publishing Co．

Bear J，Verruijt A．1987．Modeling groundwater flow and pollution．Dordrecht：D．Rcidel Publishing Co．

Boulton B S，Streltsova T D．1977．Unsteady flow to a pumped well in a fissured water-bearing formation．J．Hydrol.，（35）：257～269

Boulton N S．1954．The drawdown of the water table under non-steady conditions near a pumped well in an unconfined formation．Proc．Instu Civil Engrs.，part Ⅲ，3（2）：564～579

Boulton N S．1963．Analysis of data from non-equilibrium pumping tests allowing for delayed yield from storage．Proc．Instu Civil Engrs.，26（11）：469～482

Dagan G．1989．Flow and transport in porous formation．Berlin：Springer-Verlag

Darcy H．1856．Determination of the laws of flow of water through sand，Les Fontaines Publiques De La Ville De Dijon，Victor Dalmont Paris（English translation by Freeze R A，Physical Hydrogeology，ed．by Freeze R A，Back W）

de Marsily G．1986．Quantitative hydrogeology．Orlando：Academic Press

de Wiest R J M．1965．Geohydrology．New Jersey：John Wiley & son

Fried J J．1975．Groundwater pollution．Amsterdam：Elsevier

Gillham R W，Chery J A．1982．Contaminant migration in saturated unconsolidated geologic deposits，Recent Trends in Hydrogeology（ed．by Narasimhan T N）．Boulder：Geological Society of America

Hantush M S, Jacob C E. 1955. Non-steady radial flow in an infinite leaky aquifer. Am. Geophys. Union Trans., 36 (1): 95 ~ 100

Hantush M S. 1956. Analysis of data from pumping tests in leaky aquifers, trans. Am. Geophys. Un., 37 (6): 702 ~ 714

Hantush M S. 1960. Modification of the theory of leaky aquifers. J. Geophys. Research, 65 (11): 3713 ~ 3715

Hantush M S. 1964. Hydraulics of wells. Advances in Hydrosciences, (11), Academic Press, 281 ~ 442

Hantush M S. 1967. Flow to wells in aquifers separated by a semipervious layers. J. Geophys. Research, 72 (6): 1909 ~ 1920

Hubbert M K. 1954. The theory of ground water motion. J. Geol., 48: 785 ~ 944

Huiaman L. 1972. Groundwater recovery. London: MacMillan

Huyakorn P S, Anderson P F, Mercer J W et al. 1987. Salt water intrusion in aquifers: Development and testing of a three dimensional finite element model. Water Resour. Res., 23 (2): 293 ~ 312

Jacob C E, Lohman O W. 1952. Nonsteady flow to a well of constant drawdown in an extensive aquifer. Trans. Am. Geophys. Un., 33 (4): 559 ~ 569

Javandel I, Doughty C, Tsang C F. 1984. Groundwater transport: Handbook of mathematical models. Washington: American Geophysical Union

Karplus W J. 1958. Analogy simulation solutions of fluid problems. New York: McGraw-Hill

Mironer A. 1979. Engineering fluid mechanics. New York: McGraw-Hill

Neuman S P, Watherspoon P A. 1969. Applicability of current theories of flow in leaky aquifers. Water Resour. Res., 5 (4): 817 ~ 829

Neuman S P, Watherspoon P A. 1971. Analysis of nonsteady flow with a free surface using the finite element method. Water Resour. Res., 7 (3): 611 ~ 623

Neuman S P. 1972. Theory of flow in unconfined aquifers considering delayed response of water table. Water Resour. Res., 8 (4): 1031 ~ 1045

Neuman S P. 1975. Analysis of pumping test data from anisotropic unconfined aquifers considering delayed gravity response. Water Resour. Res., 11 (2): 329 ~ 342

Pinder G F, Celia M A. 2006. Subsurface hydrology. New Jersey: John Wiley & Sons

Prickett T A. 1965. Type-curve solution to aquifer test under water-table conditions. Ground Water, 3 (3): 5 ~ 14

Strack O D L. 1976. A single-potential solution for regional interface problem in coastal aquifers. Water Resour. Res., 12 (6): 1165 ~ 1174

Strack O D L. 1987. Groundwater mechanics. London: Prentice-Hall

Streltsova T D. 1976. Hydrodynamics of ground water flow in a fractured formation. Water Resour. Res., 12 (3): 405 ~ 414

Theis C V. 1935. The relation between the lowering of the piezometric surface and the rate and duration of discharge of a well using ground water storage. Trans. Am. Geophys. Un., 16th annual meeting, (2): 519 ~ 524

Walton W C. 1970. Ground water resource evaluation. New York: McGraw-Hill

Wenzel L K. 1942. Methods of determing permeability of water bearing materials with special reference to discharging well methods. U. S. Geol. Survey water Supply, paper 887, Washington, D. C., 192

Абрамов С К, Бабущкин В Д. 1955. Методы расчета притока воды к буровым скважинам, Гос. издат. литер

Абрамов С К. 1955. Гидрогёотичёские расчёты вёртикалъных дрёнажней при осущёний угольных мёоторождений, Углётёхиздат

Чарный И А. 1951. Строгое доказатёлъство формулы дюпюи для безнапорной филътрацим с промёжутком высачивания, Доклады А Н СССР, Т. 79, (6)

中英文名词对照

B

包气带　Zone of aeration
饱和带　Zone of saturation
饱和度　Saturation or Degree of saturation
半承压含水层　Semiconfined aquifer
边界条件　Boundary conditions
边界附近井　Well near boundaries
标量　Scarlar
标准曲线　Type curve
标准曲线对比法　Type curve method
薄膜水　Pellicular water
Boussinesq 方程　Boussinesq's equation
Boussinesq 方程的第二种线性化方法　Second method of linearization of Boussinesq equation
不完整井　Partially penetrating well
不能再降低的含水率　Irreducible water content
不透水层　Impervious formation
不相混溶的　Immiscible
补给，注水　Recharge
补给边界　Recharge boundary
补给井　Recharge well

C

参考水头　Reference hydraulic head referred to as the fresh water head
测压管　Piezometer
测压管水头（测管水头）　Piezometric head
层流　Laminar flow
承压水　Confined water
承压水流　Confined flow
承压含水层　Confined aquifer
承压水水井　Well in a confined aquifer
迟后疏干　Delayed yield
迟后重力排水　Delayed yield
抽水井　Pumping well

抽水试验　Pumping test
初始条件　Initial conditions
初始厚度　Initial thickness
初始承压水面　Original piezometric surface
穿透曲线　Breakthrough curve

D

Darcy 定律　Darcy's law
Darcy 定律适用范围　Range of validity of Darcy's law
单宽流量　Discharge per unit width
单位涌水量　Specific discharge of a well
淡水　Fresh water
淡水密度　Density of the fresh water
弹性贮存　Elastic storage
弹性模数　Modulus of elasticity
导水系数　Transmissivity or coefficient of transmissiblility
等势线　Equipotential line
等水头线　Groundwater contour
等效导水系数　Equivalent transmissibility
等效渗透系数　Equivalent hydraulic conductivity
等效淡水水头　Equivalent fresh water head
第一类边界条件　Boundary condition of first type
第二类边界条件　Boundary condition of second type
第三类边界条件　Boundary condition of third type
地表水　Surface water
地下水　Groundwater
地下水动力学　Dynamics of groundwater
地下水资源　Groundwater resources
地下水分水岭（地下分水岭）　Groundwater divide
地下水污染　Groundwater pollution
地下水面　Water table
地面沉降　Land subsidence
Dirichlet 条件　Dirichlet boundary condition
电导率　Electric conductivity
典型单元体积　Representative elementary volume
定水头边界　Boundary of constant head
定流量抽水　Pumping at constant rate
迭代法　Iteration technique
叠加原理　Principle of superposition
动力黏滞系数　Dynamic viscosity

对流　Convection or Advection
对流－弥散方程　Advection-dispersion equation
多孔介质　Porous medium
多孔介质的弥散度　Dispersivity of porous medium
多孔介质的压缩系数　Compressibility coefficient of a porous medium
Dupuit 假设　Dupuit assumptions
Dupuit 假设计算出来的潜水面　Water table by Dupuit assumptions
Dupuit 公式　Dupuit-Forchheimer formula
多孔介质固体颗粒压缩系数　Compressibility coefficient of the solids of a porous medium

E

二秩张量　Second rank tenser
二个重叠的连续统　Two overlapping continuous system

F

非饱和流动　Unsaturated flow
非饱和带　Unsaturated zone
非均质　Inhomogeneity
非均质介质　Inhomogeneous medium or heterogeneous medium
非均质各向同性介质　Inhomogeneous isotropic medium
非达西流　Non-Darcy flow
非线性运动方程　Nonlinear motion equation
非稳定流　Unsteady flow
分水岭　Water divide
分子扩散　Molecular diffusion
分子扩散系数　Coefficient of molecular diffusion
Fick 定律　Fick's law

G

各向同性　Isotropy
各向同性介质　Isotropic medium
各向异性　Anisotropy
各向异性介质　Anisotropic medium
给定水头的边界条件　Boundary condition of prescribed head
给定流量的边界条件　Boundary condition of prescribed flux
给水度　Specific yield
隔水层　Aquiclude or water resisting layer
隔水边界　Impervious boundary
隔水底板　Impervious base
Ghyben-Herzberg 界面模型　Ghyben-Herzberg interface model
骨架　Matrix
固体骨架　Solid matrix

拐点　Inflection point
观测孔　Observation well
惯性力　Inertial force
过滤器　Screen
过滤器损失　Screen loss
过水断面　Cross-sectional area, area measured normal to direction of velocity of fluid
过渡带　Transition zone

H

海水入侵　Sea water intrusion or sea water encroachment
海岸含水层　Coastal aquifer
含水层　Aquifer
含水层厚度　Thickness of aquifer
含水层损失　Formation loss
含水率　Water content or moisture content
横向弥散度　Transversal dispersivity
横向弥散系数　Coefficient of transversal dispersion
汇　Sink
汇线　Line sink
恢复试验　Recovery test
混合边界条件　Mixed boundary conditions

J

积分变换　Integral transformation
几何相似　Geometric similarity
迹线　Pathline
极限吸湿曲线　Boundary wetting curve
极限排水曲线 Boundary drying curve
机械弥散　Mechanical dispersion
机械弥散系数　Coefficient of mechanical dispersion
基本方程　Foundamental equation
基函数　Basis function
基准面　Datum plane or datum level
校正模型　Calibration of a model
界面　Interface
界面坡脚　Toe of interface
介质　Medium
节点　Node
解的唯一性　Uniqueness of the solution
解的存在性　Existance of the solution
解的稳定性　Stability of the solution

解析法　Analytical method
解析解　Analytic solution
阶梯降深试验　Step-drawdown test
降落曲线　Depression curve or drawdown curve
降落漏斗　Cone of depression
降深　Drawdown
井径　Radius of the well
井函数　Well function
井损　Well loss
井损常数 Well loss constant
井群　Multiple well system
井水位降深　Drawdown in pumping well
经验公式　Empirical formula
镜像法　Method of images
静止界面　Stationary interface
均质　Homogeneity
均质各向同性介质　Homogeneous isotropic medium
均质各向异性介质　Homogeneous anisotropic medium
均匀流　Uniform flow

K

孔隙　Pores
孔隙度　Porosity
孔隙水头　Pore hydraulic head
孔隙降深　Pore flow drawdown
孔隙压缩系数　Compressibility of the pores of a porous medium
扩散通量　Diffusive flux
扩散系数　Diffusivity or diffusivity in unsaturated flow

L

Laplace 方程　Laplace equation
离散　Discrete
粒间应力　Intergranular stress
连续性方程　Continuity equation
量纲分析　Dimensional analysis
裂隙　Fissure
裂隙介质　Fissured medium
裂隙水头　Fissure hydraulic head
裂隙中的降深　Fissure flow drawdown
裂隙贮水率　Specific storativity of the fissure
裂隙贮水系数　Coefficient of storage of fissured space

雷诺数　Reynolds number
流管　Stream tube
流体力学　Fluid dynamics
流量　Discharge or flow rate
流函数　Stream function
流网　Flow nets
流线　Streamline
流速水头　Velocity head
裸井　Uncased hole

M

摩擦阻力　Friction resistance
毛管水　Capillary water
毛管压力　Capillary pressure
毛管压强　Capillary pressure
毛管压力水头　Capillary pressure head
毛管水头　Capillary head
毛管上升　Capillary rise
密度　Density
密度差率　Density difference ratio
密度耦合系数　Density coupling coefficient
弥散　Dispersion
弥散现象　Phenomena of dispersion
弥散度　Dispersivity
弥散通量　Dispersive flux
弥散系数　Dispersion coefficient
弥散主方向　Principal directions of dispersion
弥散主轴　Principal axes of the dispersion
模拟法　Analog method
模型　Model
模型校正　Model calibration
模型识别　Identification of model

N

能量守恒与转化定律　Equation of energy conservation
Neumann 条件　Neumann's condition
逆问题　Inverse problem
逆变换　Inverse transformation
黏滞性　Viscosity
浓度　Concentration

O

Ohm 定律　Ohm's Law

P

排水　Drainage
排水孔隙度　Drainable porosity
偏微分方程　Partial differential equation
Peclet 数　Peclet number
配线法　Type curve method
匹配点　Match point
平均流速　Average velocity

Q

起始水力坡度　Threshold hydraulic gradient
潜水　Phreatic water
潜水含水层　Phreatic aquifer or water table aquifer
潜水面　Phreatic surface
潜水面迟后反应　Delayed response of water table
潜水井　Well in a phreatic aquifer
确定性模型　Deterministic model

R

热传导　Heat transfer by conduction
热传导系数　Thermal conductivity
热动力弥散系数　Coefficient of heat dispersion
热机械弥散系数　Coefficient of mechanical heat dispersion
热交换　Heat exchange
热量　Heat
热量运移　Heat transfer
热弥散度　Dispersity of heat
热容量　Capacity of heat
人工补给　Artificial recharge
容重　Specific weight
容水度　Specific water capacity or specific water storativity
Reynolds 数　Reynolds number
溶质在液相中的分子扩散系数　Coefficient of molecular diffusion of the solute in the considered liquid phase
入渗补给　Accretion
入渗补给强度 Accretion
弱透水层　Aquitard, Semipervious formation

S

三维流　Three dimensional flow

扫描吸湿曲线　Scanning wetting curve
扫描排水曲线 Scanning drying curve
砂槽模型　Sand box model
渗流　Seepage flow
渗流区（域）　Flow domain
渗流量　Discharge or seepage discharge
渗流阻力　Resistance to flow
渗出面　Seepage surface
渗透　Seepage
渗透力　Seepage forces
渗透速度　Filtration velocity or specific discharge or Seepage velocity
渗透系数　Coefficient of permeability or hydraulic conductivity
渗透系数张量　Tenser of hydraulic conductivity or Hydraulic conductirity tensor
渗透率　Intrinsic permeability
渗透定律　Seepage law
渗透系数主方向　Principal direction of hydraulic conductivity
剩余降深　Residual drawdown
势函数　Potential function
适定问题　Well posed problem
识别模型　Model identification
升锥　Upconing
实际潜水面　Actual water table
实际水头　True head
实际资料曲线　Data curve
实井　Real well
示踪剂　Tracer
数值法　Numerical method
数值解　Numerical solution
数值模拟　Numerical analog
数学模型　Mathematical model
双重介质　Double-porosity medium
似稳定状态　Quasi-steady state
水的压缩系数　Coefficient of compressibility of water
收敛　Convergance
水动力导数　Hydrodynamic derivative
水动力弥散　Hydrodynamic dispersion
水动力弥散方程　Equation of hydrodynamic dispersion
水动力弥散系数　Coefficient of hydrodynamic dispersion
水分特征曲线　Typical retention curve

水力半径　Hydraulic radius
水力传导系数　Hydraulic conductivity
水力坡度　Hydraulic gradient
水力学　Hydraulics
水均衡　Water balance
水头　Hydraulic head
水头损失　Head loss
水头恢复　Recovery of water level
水位降深　Drawdown
水跃　Seepage face
水流方程　Flow equation
水流折射　Refraction of flow
死端孔隙　Deed-end pores
速端曲线法　Hodograph method

T

Taylor 级数　Taylor series
透水性　Permeability
Thiem 公式　Thiem equation
Theis 公式　Theis's equation
Theis 曲线　Theis's curve
填砂井　Gravel-packed well
田间持水量　Field capacity
停滞点　Stagnation point
突变界面　Abrupt interface

W

完整井　Fully penetrating well
位置水头　Potential head
温度　Temperature
稳定的　Stable
稳定流　Steady flow
紊流　Turbulence or Turbulent flow
无限含水层　Infinite aquifer
无限直线井排　Infinite array of well
无压水流　Unconfined flow
误差函数　Error function
物理点　Physical point

X

吸力　Suction
吸着水　Hygroscopic water

下过滤器的井　Screened well
咸水　Salt water
线性方程　Linear equation
线性插值法　Linear interpolation
线性算子　Linear operator
相对粗糙度　Relative roughness
相对渗透率　Relative permeability
相似　Similarity
虚井　Imaginary well
虚宗量 Bessel 方程　Modified Bessel equation
虚宗量 Bessel 函数　Modified Bessel function

Y

压力　Pressure
压强　Pressure
压强水头　Pressure head
压缩性　Compressibility
压缩系数　Coefficient of Compressibility
延迟指数　Delayed index
岩块特征长度　Average porous block dimension
岩块贮水率　Specific storability
应力　Stress
映射法　Method of images
影响半径　Radius of influence
涌水量　Discharge
有限差分法　Finite difference method
有限元法　Finite element method
有效孔隙度　Effective porosity
有效井径　Effective well radius
有效应力　Effective stress
余误差函数　Complementary error function
预报问题　Forecasting problem
源　Source
源汇项　Source/Sink term
越流　Leakage
越流含水层　Leaky aquifer
越流量　Leakage
越流系数　Coefficient of leakage
越流因素　Leakage factor
运动黏滞系数　Kinematic viscosity

运动方程　Equation of motion

Z

张量　Tensor
折射系数　Refraction law
蒸发　Evaporation
蒸腾　Transpiration
质量守恒定律　Mass conservation law
直线图解法　Straight line method
滞后　Hysteresis
自由面　Free surface
重力水　Gravitational water
重力排水　Gravity drainage
自然对流　Natural convection
自然对数　Natural logarithm
总水头　Total head
总应力　Total stress
纵向弥散度　Longitudinal dispersivity
纵向弥散系数　Coefficient of the longitudinal dispersion
注水井　Injection well
贮水率　Specific storativity
贮水系数　Storativity or coefficient of storage
贮水性　Storage
状态方程　Equation of state
自流井　Artesian well of flowing well
驻点　Stagnation point
最大密度　Maximum density